航天科技图书出版基金资助出版

航天飞机
——三十年的挑战

The Space Shuttle：
An Experimental Flying Machine

〔英〕 本·埃万斯（Ben Evans） 著

王国辉 译

中国宇航出版社

·北京·

First published in English under the title
The Space Shuttle：An Experimental Flying Machine；
Foreword by Former Space Shuttle Commander Sid Gutierrez
by Ben Evans，edition：1
Copyright © Springer Nature Switzerland AG，2021
This edition has been translated and published under licence from
Springer Nature Switzerland AG.
Springer Nature Switzerland AG takes no responsibility and shall not be made liable for the accuracy of the
translation.

本书中文简体字版由著作权人授权中国宇航出版社独家出版发行，未经出版者书面许可，不得以任何方式抄袭、复制或节录本书中的任何部分。

著作权合同登记号：图字：01－2022－3244 号

图书在版编目（CIP）数据

航天飞机：三十年的挑战 /（英）本·埃万斯
(Ben Evans) 著；王国辉译 . －－北京：中国宇航出版
社，2022.10
书名原文：The Space Shuttle：An Experimental
Flying Machine
ISBN 978－7－5159－2138－9

Ⅰ. ①航… Ⅱ. ①本… ②王… Ⅲ. ①航天飞机－技术史－世界 Ⅳ. ①V475.2－091

中国版本图书馆 CIP 数据核字（2022）第 197228 号

责任编辑 张丹丹　　　**封面设计** 宇星文化

出版
发行　**中国宇航出版社**

社　址　北京市阜成路 8 号　邮　编　100830
　　　　（010）68768548
网　址　www.caphbook.com
经　销　新华书店
发行部　（010）68767386　　（010）68371900
　　　　（010）68767382　　（010）88100613（传真）
零售店　读者服务部　　　　（010）68371105
承　印　天津画中画印刷有限公司

版　次　2022 年 10 月第 1 版
　　　　2022 年 10 月第 1 次印刷
规　格　787×1092
开　本　1/16
印　张　15.75　彩　插　20 面
字　数　383 千字
书　号　ISBN 978－7－5159－2138－9
定　价　98.00 元

本书如有印装质量问题，可与发行部联系调换

航天科技图书出版基金简介

航天科技图书出版基金是由中国航天科技集团公司于 2007 年设立的，旨在鼓励航天科技人员著书立说，不断积累和传承航天科技知识，为航天事业提供知识储备和技术支持，繁荣航天科技图书出版工作，促进航天事业又好又快地发展。基金资助项目由航天科技图书出版基金评审委员会审定，由中国宇航出版社出版。

申请出版基金资助的项目包括航天基础理论著作，航天工程技术著作，航天科技工具书，航天型号管理经验与管理思想集萃，世界航天各学科前沿技术发展译著以及有代表性的科研生产、经营管理译著，向社会公众普及航天知识、宣传航天文化的优秀读物等。出版基金每年评审 1～2 次，资助 20～30 项。

欢迎广大作者积极申请航天科技图书出版基金。可以登录中国航天科技国际交流中心网站，点击"通知公告"专栏查询详情并下载基金申请表；也可以通过电话、信函索取申报指南和基金申请表。

网址：http：//www.ccastic.spacechina.com

电话：(010) 68767205，68767805

译者序

航天飞机（Space Shuttle）的研制与飞行是人类太空探索的伟大壮举，5架轨道器、30年服役、135次任务、357名航天员、852人次搭乘，无可争议地铸就了世界航天史上的一个重要里程碑。《航天飞机——三十年的挑战》是对这一历程的精心描绘和优美叙述，它所诠释的进取精神和无畏勇气激励着一代代航天人在挑战未知的道路上一往无前。

不同于以往著述，英国作家本·埃万斯（Ben Evans）有感于航天飞机项目的迷人魅力和令人惊叹的工程学实践，开展了海量文献的查阅总结和近千次的亲历者采访，通过《航天飞机——三十年的挑战》一书，以丰富的案例、翔实的记述和细腻的笔法向全世界的读者展现了对航天飞机的独特观察和深入思考。本书共包括八个部分，采用从登上历史舞台到黯然离场的时间维度和从起飞到着陆的空间维度相互交叉融合的叙事方法，介绍了航天飞机项目的初心使命、三十年的技术发展脉络以及人与飞行器的荣辱与共、同生共死。全书情真意切、跌宕起伏，让航天飞机及其亲历者与读者实现了超越时空的共情，无论是收获成功的喜悦，还是攻坚克难的焦灼，抑或是苦难挫折的沉痛。

航天飞机作为一架可重复使用的试验验证飞行器，虽然最终未能实现NASA（美国国家航空航天局）预期的低成本、实用化运营，但毫无疑问的是，它已经做得足够好，它所代表的技术水平甚至超越了所处的时代。

2022年是我国载人航天工程实施三十周年，这与本书形成了一种特殊的巧合。三十年来，在载人航天工程牵引下，中国人研发了自己的载人运载火箭——长征二号F（CZ-2F）、载人飞船——神舟飞船（SZ），实现了千年飞天梦。目前正在实施的载人空间站建造工程是载人航天"三步走"的最后一步，长征五号B（CZ-5B）运载火箭、长征七号（CZ-7）运载火箭、天舟货运飞船、天和核心舱、问天实验舱、梦天实验舱相继走进公众视野，遨游浩渺星空。同时，我国新一代载人运载火箭和新一代载人飞船也正在研制过程中，中国人探索太空的步伐将越走越远、越走越稳。载人航天，人命关天，航天飞机的伟大实践无疑将会给我国载人航天事业的发展带来宝贵的启示，给广大一线科研工作者以重要的参考，这也是翻译本书的初衷。

正如 NASA 前航天员、美国空军退役上校席德·古铁雷斯所说的那样，《航天飞机——三十年的挑战》不是一本工程手册，它探讨了工程师和管理者必须做出的决策，并揭示了这些决策对当时和后世的深远影响。虽未能有幸与埃万斯先生本人谋面并当面请教，有些遗憾，但译者为能把本书带给国内读者深感荣幸，相信每一位阅读本书的人都可以从中获益良多。在翻译成书的过程中，中国运载火箭技术研究院总体设计部的何巍研究员、彭越研究员、陈士强高工、秦瞳高工以及樊晨霄、朱海洋、姜周、刘晖、崔垒、徐家宝、张浩锐等多名火箭设计师参与了部分章节的翻译和校订工作，提出了宝贵的意见和建议，深表谢意。由于水平有限，虽然竭尽全力展示本书的风采，但缺憾不足恐在所难免，恳请读者不吝赐教。

译者

中国运载火箭技术研究院

北京　南苑

2022 年 8 月

序

　　《航天飞机——三十年的挑战》是一部关于航天飞机研制历程的研究深入、文笔优美的作品。本·埃万斯将技术、经济、政治影响以及创造并驾驶这架神奇飞行器的真实人物编织在一起。如果您曾经对为什么航天飞机看起来是现在这样的有过疑惑，本·埃万斯以一种通俗易懂的方式对其进行了解释。大多数工程设计都是折中权衡的结果，航天飞机就是其中最好的范例。

　　本·埃万斯让我想起了斯蒂芬·安布罗斯（Stephen Ambrose）。安布罗斯曾在《兄弟连》等书中让第二次世界大战老兵讲述他们的经历。而以同样的方式，本·埃万斯也让通常情况下守口如瓶的航天员讲述他们在高风险、高压力环境下驾驶航天飞机的个人经历，包括他们的兴奋、沮丧和恐惧。对于航天飞机的恐惧是有迹可循的。作者描述了许多千钧一发的关键时刻和面临危险的红色警报，披露了导致"挑战者号"和"哥伦比亚号"事故的致命漏洞和危险处境。您将从本书中了解到的大部分内容只有经历过这些事件的人才能获得——通过口耳相传或隐藏在晦涩的政府报告中。但本·埃万斯将这一切联系在一起，讲述了一个引人入胜、发人深省和信息丰富的故事。我沉浸其中，对自己所学到的东西感到惊讶。

　　本书应该是每位工程学和管理学专业学生的必读图书。这不是一本工程手册，但它探讨了工程师和管理者必须做出的决策，并揭示了这些决策的后果，包括它们对人类的影响。本·埃万斯对航天飞机的看法与您从 NASA 公共事务部听到的精心打磨的叙述大不相同。这是一本让我放不下书。

席德·古铁雷斯（Sid M. Gutierrez）

美国空军退役上校

NASA 航天员（1984—1994）

STS - 40 驾驶员（1991 年 6 月）

STS - 59 指挥官（1994 年 4 月）

致　谢

　　如果没有许多人的支持，这本书是不可能完成的，我非常感谢他们。我必须首先感谢我的妻子米歇尔（Michelle），感谢她在我策划、研究和撰写手稿期间给予我的爱、支持和鼓励。和往常一样，当我在周末和假期里熬夜，在笔记本电脑上打字或翻阅成堆的书籍、旧剪报、杂志、采访记录、新闻资料或网站时，她没有丝毫抱怨。以爱之名，这本书是献给她的。我还要感谢 Praxis 的克利韦·霍伍德（Clive Horwood）的热情支持，感谢戴维·M. 哈兰（David M. Harland）审阅手稿并提供了丰富的建议和指导，感谢 AmericaSpace.com 的吉姆·希尔豪斯（Jim Hillhouse）的十年友谊，以及前航天飞机席德·古铁雷斯指挥官为本书作序。我深深感谢他们的支持，以及他们对这个逾期项目的耐心，这个项目确实比我想象的要困难得多。另外，还要感谢艾德·亨格威尔德（Ed Hengeveld），他一直慷慨地为本书提供合适的插图，其中包括许多"难得一见"的插图，这些插图为方便读者理解提供了很大的帮助。我还要感谢我的父母玛丽莲（Marilyn）和蒂姆·埃万斯（Tim Evans），以及桑迪·迪尔恩（Sandie Dearn）、马尔科姆（Malcolm）和海伦·乔纳（Helen Chawner）。非常感谢那些多年来鼓励我对所有"太空"事物着迷的朋友，包括：已故和非常想念的安迪·萨蒙（Andy Salmon）、安迪·罗兰兹（Andy Rowlands）、戴夫·埃维茨（Dave Evetts）以及 GoSpaceWatch 的迈克·布赖斯（Mike Bryce），罗伯（Rob）和吉尔·伍德（Jill Wood）。我们的金毛犬米利（Milly）也提供了一个现成的轻松来源，因为它会抓住任何可能的机会把我从笔记本电脑旁拖走，和它一起玩儿或带它去散步。

前　言

　　航天员史蒂夫·霍利（Steve Hawley）曾表示，航天飞机是一项技术上如此艰巨的壮举，以至于简单地发射它就是一个奇迹。它需要成千上万的人共同努力，以确保数百万个离散的机械和电子部件完美地协调工作。事实上，其中数百个部件对机组人员和航天器的安全至关重要，它们的单点故障可能导致灾难。航天飞机是一个带翼的飞行器，用螺栓紧紧固定在一个巨大的推进剂贮箱和一对助推器上，像火箭一样发射，像航天器一样飞行，然后像飞机一样下降返回到地球，平稳着陆……然后，经过一段时间的整修，一次又一次地重复之前的经历。它的发射场和世界各地的几个紧急着陆点都需要完美的天气条件。它需要对大量低温推进剂进行精确控制，并且计算能力比当今的一部手机还小。由于许多航天员都认为关于生存能力和紧急逃生的规定存在瑕疵，这需要敢于驾驶这种最具试验性的试验飞行器的女士们和先生们具有钢铁般的勇气。

　　我和航天飞机一起长大。它在我几个月大的时候第一次飞越加利福尼亚州的沙漠，在我上幼儿园时它第一次发射升空，在我高中毕业时它成功地布置了哈勃空间望远镜，在我从大学毕业时它开始建造国际空间站。在其 30 年的活跃运营服务中，1981 年 4 月 12 日首次发射，2011 年 7 月 21 日最后一次着陆，这支由 5 架带翼轨道飞行器组成的机队令人印象深刻地飞行了 135 次。机队领袖"发现者号"完成了 39 次任务，"亚特兰蒂斯号"完成了 33 次，"哥伦比亚号"完成了 28 次，"奋进号"完成了 25 次，"挑战者号"完成了 10 次。少则两人多则八人的机组人员发射和维修卫星，开展科学研究并建造和维护空间站。在那段岁月里，航天飞机实现了令人难以置信的梦想，开启了比以往任何时候都更丰富的空间探索时代。随着美国为进入深空的下一个伟大步骤做准备，航天飞机的技术得以延续和发展。发动机、助推器和宇航服的改进版本将为下一代人类探险家提供支撑，往返月球。

　　但是，航天飞机从开始出现到最终退役，都是一种非常危险的飞行器。即使在服役阶段后期，随着安全性的显著改善，发生发射灾难的概率预计也将达到 1/500；到飞行结束时，这个数字被修订为不超过 1/100。在最初的规划中，航天飞机旨在成为航天领域的商业客机，能够定期、可靠、廉价地将乘客和有效载荷送入太空，每年飞行数十次。但随着这种飞行器的设计因外部政治和军事压力而发生变化，它逐渐变得更加复杂。当它最终飞行时，每次任务都获得了太多的关注，以至于无法实现那些最初的梦想。无论如何，曾深度参与该研究计划的人们几乎不会料到如此政治化的结果成为现实。

航天飞机的缺陷曾两次被悲剧性地暴露出来。1986 年 1 月，它的一个助推器故障导致 7 名航天员死亡。2003 年 2 月，其贮箱故障和热防护系统严重损坏，又夺去了 7 条生命。这两次失败都归因于人为和技术缺陷。在这两个时间段之间，许多其他任务都与灾难擦肩而过：从发射台上的发射尝试失败到飞行中的发动机故障，从隔热罩遭受严重损坏到令人发狂的计算机故障。

这本书是在航天飞机首次飞行 40 周年前夕写成的，那时机队中幸存的成员已经退休近 10 年。本书提供了对这种可重复使用飞行器固有风险的一瞥，同时为读者展现了一些成功的视角。当然，要追踪航天飞机面临的每一个问题，每一次天气延误、每次反作用控制系统（RCS）推进器故障、每次计算机瘫痪、每次厕所坏了，需要讲述的内容远远超过本书的篇幅，因此本书中描述的问题远非详尽无遗。但是，《航天飞机——三十年的挑战》一书试图提供航天飞机在其三个惊人的十年服役期中最明显的技术和人类挑战的快照。

目　录

第 1 章 艰难起步

1.1 第一步

1980 年的最后一个星期一，随着佛罗里达州早上 8 点的时钟敲响，一个新的时代开始了。清晨，垂直总装大楼（VAB）的门半开半掩，露出一个与众不同的航天器。垂直总装大楼是一座高 53 层的方糖形状的大楼，矗立在梅里特岛上的肯尼迪航天中心（Kennedy Space Center，KSC）沼泽般平坦的地面上。它在刚刚升起的晨曦下闪烁着微光，温暖的曙光轻轻抚摸着它柔和的表面，在强烈的对比中突显出迷人的质感和轮廓。为了纪念哥伦比亚女神，第一架被送往发射台的航天飞机被命名为"哥伦比亚号"（译者注：Columbia，源于哥伦布，后期也作为拟人化形象的美国女神）。经过 10 年的艰辛研制，这架历史上最伟大的试验飞行器即将展翅高飞。

1980 年 12 月 29 日，这个 56 m 高的庞然大物从垂直总装大楼破茧而出，进入了佛罗里达略带咸味的空气中，它无可争议地打动了在场观看的每一位观众，注定会让许多人惊讶得目瞪口呆。一群穿着西装、衬衫和牛仔裤的工程师和经理们聚精会神地看着"哥伦比亚号"嘎吱作响地驶离，有些人双手插在口袋里，另一些人则在低声细语地交谈。当人们下一次再在这座建筑中看到它时，它将是一艘"二手"航天器，那时它已经环绕地球 36圈，并且在轨道上停留了两天，同时深度介入了一项轨道任务（见图 1-1）。事实上，航天飞机这一概念的核心原则就是带翼"轨道器"（"哥伦比亚号"就是其中之一）的完全可重复使用，它们能够比以往任何时候更频繁地将更多的人送入太空，并将实现这一壮举所需的人力和物力等成本控制在较低水平。

然而，低成本设想并不是航天飞机唯一的显著特征，它自身体现出的特点和价值也是值得注意的。它的一切细节都时刻提醒着人们它的"宏伟壮观"。即使在 21 世纪的今天，我们也可能会叹服这座巍然矗立于这个时代的"金字塔"，也很难用寥寥几句话来概括它的巨大规模和纪念意义。因为单单是转运航天飞机的"爬行者（Crawler）"转运装置（见图 1-2），也已经是工业史上的奇迹了。它负责沿着亚拉巴马州和田纳西河的道路将2 000 t 重的航天飞机从垂直总装大楼拖曳到肯尼迪航天中心具有历史意义的 39 号发射台两个工位中的一处（距离约为 5.6 km）。时至今日，它仍然是世界上最大的自动驱动陆地车辆，重量超过 2 700 t。在工作时，因为有一个移动发射平台（MLP）和货舱满载的航天飞机在背上，履带式转运装置只能以 1.6 km/h 的移动速度缓慢前行。

然而，并不是所有的任务都能按计划进行，从 1983 年 10 月到 2010 年 12 月，共有 18次任务在"转运"到发射台后又被迫"转运回"到垂直总装大楼。出现这些插曲的一小部

图 1-1　图中显示了非同寻常的"蝴蝶和子弹"构型的"哥伦比亚号"航天飞机、移动发射平台以及
转运装置于 1980 年 12 月 29 日转运到 39A 发射台。清晰可见的是白色涂装的外挂贮箱和两个
固体助推器（见彩插）

分原因是佛罗里达的恶劣天气。1990 年 10 月的热带风暴 Klaus、1995 年 8 月以及 1996 年
7 月和 9 月的飓风 Bertha 和 Fran 肆虐，导致航天飞机被迫离开发射台返回垂直总装大楼。
2006 年 8 月，受到热带风暴 Ernesto 的恶劣天气的威胁，一架航天飞机从发射台撤下，在
返回垂直总装大楼的途中天气却开始好转，于是履带车停止了回滚，这一大堆东西又重返
发射台。但不容否认的是，多年来被迫返回的大多数案例都是由于技术问题造成的，这些
难题在航天飞机位于发射台的垂直状态下无法解决：存在缺陷的助推器喷管、两次发射尝
试失败后更换发动机、有效载荷问题、氢泄漏、推进剂管路舱门铰链断裂，甚至被啄木鸟
和冰雹攻击（将在第 4 章中讨论）。移动发射平台和转运装置本身也无法避免不出问题。
在 1997 年 1 月的一次转运中，移动发射平台甲板上发现了一条长 7.3 m 的裂缝，同时转
运装置的四辆履带车之一的转向连杆轴承出现故障，以及氢气泄漏，这些共同导致了飞行
任务受到直接影响。这些问题明确地提醒我们，发射前所做的所有工作和努力是十分必要
的，并不是例行公事。

图 1-2 2011 年 6 月，在将最后一架航天飞机（STS-135）放置在发射台上后，"爬行者"撤离，其尺寸之大可见一斑

随着"哥伦比亚号"的缓缓移动，参观者们继续观摩和聊天。一架直升机在头顶上飞过，为后世拍摄并留下了这一奇观。技术人员戴着安全帽和耳机，手持对讲机，沿着履带车巨大的履带缓慢前行，他们保持着对任何损坏或结构磨损迹象的高度关注。那一天，随着时钟不停转动，清晨的寒意被佛罗里达温暖明媚的午后阳光渐渐驱散。最终，这只"大鸟"〔正如航天飞机指挥官杰克·洛斯马（Jack Lousma）曾经描述的那样〕安全到达了目的地，开始沿着向上的斜坡转运到 39A 发射台的混凝土台面上。这是官方授权的美国太空计划发射场地，已于 1973 年被列入"国家历史遗迹"（NRHP）。在"哥伦比亚号"抵达这里的 10 年之前，它在阿波罗登月任务中发射了强大的"土星五号"运载火箭。也正是从这里，美国人的第一个空间站——天空实验室等接续进入轨道。毫无疑问，39A 发射台现在又可以为自己开启了生命周期中一个非同寻常的崭新篇章而自豪了。

精密的调平机构使航天飞机在缓慢爬坡的过程中保持着完美的姿态。下午 3 点，在把宝贵的货物（译者注：这里指航天飞机和移动发射平台）安全地转运到发射台表面的混凝土基座上后，履带式转运装置缓缓离开了。它给人留下了笨拙呆板的印象，与火箭"应该"的样子完全不符。不同于以往的火箭，航天飞机不是"铅笔"（译者注：书中用铅笔代指传统细长构型的运载火箭）。两个可重复使用的固体助推器（SRBs），每个长 45.5 m，像一对巨大的罗马蜡烛，在起飞时刻提供了绝大部分推力（约为 80%，或 2 500 t）。一个 47 m 长的外挂贮箱（ET）在每次飞行后都会被丢弃，它将液氧和液氢输送到航天飞机的 3 台主发动机中，提供了 535 t 的推力。作为一型轨道器，航天飞机与过去的 DC-3 喷气式客机相当，总长度为 37.2 m，翼展为 27.8 m。"轨道器+外挂贮箱+固体助推器"的构型让航天员斯托里·马斯格雷夫（Story Musgrave）比作是"一只被牢牢禁锢在子弹上的大蝴蝶。"

　　"航天飞机是一种不对称的运载工具，""哥伦比亚号"首飞任务控制中心的上升段飞行主管尼尔·哈钦森（Neil Hutchinson）回忆道，"它看起来似乎不可能正常发射，因为它不是一支传统意义上的'铅笔'。不是所有人都是空气动力学专家，所以早些时候有些工程师想知道这种构型在飞行时到底会如何工作。事实上，航天飞机是一个非常棘手的运载工具。在特定时间点，它必须精准地指向正确的飞行方向，否则机翼将被巨大动压折断或被外力从外挂贮箱上扯下来，这不是一个简单随意的发射过程。"因此，航天飞机的空气动力学问题仍然存在很多说不清的地方，尽管在首次飞行前进行了数百次工程试验、发射中止模拟和计算流体力学研究，未知因素仍然存在。"我不确定现在 NASA 是否有能够承担风险的人，"哈钦森补充道，"但是首飞的风险真的很大。"

1.2　瞄准可重复使用

　　从 1981 年 4 月到 2011 年 7 月的 30 年间，共有 5 架航天飞机——"哥伦比亚号""挑战者号""发现号""亚特兰蒂斯号"和"奋进号"，发射了 135 次，飞行了 8.73 亿千米，绕地球飞行了 1 323 天，共绕地球 21 030 圈，搭载了来自 16 个国家的 357 名航天员，其中 2/3 以上的人至少两次乘机执行飞行任务，少数人的飞行任务多达 6 次甚至 7 次。总体来说，"发现号"飞行了 39 次，"亚特兰蒂斯号"飞行了 33 次，"哥伦比亚号"飞行了 28 次，"奋进号"飞行了 25 次，"挑战者号"飞行了 10 次。在这些年里，航天飞机的发展达到了巅峰，实现了以往难以想象的人类梦想：它可以发射和回收卫星，进行了跨多个自然学科的尖端研究，以前所未有的细节揭示了我们的母星（home planet），建造和补给了国际空间站（ISS）。但它实现这些成就的代价是两起骇人听闻的人类悲剧和许多其他的不幸事件，这些事件距离成为灾难几乎只有一步之遥。事实上，从一开始，航天飞机就是政治和军事相互妥协的直接产物。

　　实际上，理查德·尼克松（Richard Nixon）对太空并没有与生俱来的热爱。1969 年 1 月，他以美国第 37 任总统的身份就职，当时他有一整套政治优先事项，而美国的太空项目对这些优先事项的影响相对较小。可以想象，（对于当时新上任的总统先生来说）结束一场不受欢迎的越南战争、解决国内动乱、学生抗议和种族分裂等问题，都不是以数十亿美元的太空计划为基础的。尼克松认为，太空计划对普通民众的贡献甚微。在他上任伊始，阿波罗计划这场全国性的载人登月运动的既定目标纯粹是为了打败苏联。尼克松在白宫的前任约翰·肯尼迪（John Kennedy）和林登·约翰逊（Lyndon Johnson）已经完成了这一侵略性目标，以展示其对冷战对手的政治和意识形态优势。1969 年 7 月，尼尔·阿姆斯特朗（Neil Armstrong）和巴兹·奥尔德林（Buzz Aldrin）在月球的静海行走时，尼克松实际上已经对进一步的月球探索没有什么兴趣了。

　　但此时，尼克松总统仍然默许美国开展未来太空探索活动。1969 年 2 月，空间工作组（STG）在 NASA 的职权范围内召开会议，由美国前副总统斯皮罗·阿格纽（Spiro Agnew）担任主席，其任务是绘制阿波罗任务之后的美国太空技术发展路线图。该小组向白宫提出了 4 个选择：一个先进的月球基地、一次载人火星之旅、一个环绕地球飞行的空间站或一个可重复使用的带翼"航天飞行器"，它可以比以往更可靠、更频繁、更廉价地访问太空。只有后者激起了尼克松的兴趣。这是一种能像飞机一样反复发射和着陆的装备，它的发射频率可以和民航媲美，而且成本低，可能会让它有机会与美国昂贵的一次性火箭产业竞争（甚至或许会取而代之）。航天飞机得到了美国航空航天学会（AIAA）和美国总统科学顾问委员会（PSAC）的大力支持。他们指出，航天飞机"替换所有现有运载火箭"的早期目标不仅承诺部署和回收卫星并建造空间站，而且还兑现了它的初衷，那就是降低太空运输的单位成本。

　　即使在当时那个历史节点上，可重复使用的有翼航天器的想法也远非新鲜事。早在 1930 年，德国航空航天工程师欧根·桑格（Eugen Sanger）构想了一种速度超过 10 倍声速的火箭推进飞机，可飞到 70 km 高度。他发现增加机翼增强了这种飞行器的应用潜力，再入过程中产生的"升力"使它们能够在大气层中"跳跃"，增加了环绕地球飞行的能力并返回降落在发射场。几年之后，当查克·耶格尔（Chuck Yeager）驾驶由火箭驱动的"Bell X-1"时，梦想变成了现实，这架飞机在 1947 年 10 月顺利通过声障。在这一速度下，空气动力加热还不是一个实质性的障碍。但随着美国军方专注于将重型弹头投掷能力提升到洲际距离，速度和稳定性的重视程度被提高到了前所未有的新高度。1952 年，美国国家航空咨询委员会（NACA），如今 NASA 的前身，开始研制一种能够超过马赫数 5（公认的"高超声速"飞行的速度门限）的飞机，并开始考虑如何实现更高的稳定性和更好的热防护。

　　如果飞行器调整机头沿速度朝向再入大气层，其流线型外形可能引入灾难性的气动热和破坏性的气动载荷。但是如果重新再入时，机头处于稍微高一点的攻角位置（并且将其平坦的腹部呈现给高超声速气流形成的迎风面）提供了一种更易于管理的方法，允许它在稀薄的高空大气中逐渐降低飞行速度，最大限度地减少再入加热，并降低空气动压。然而，再入温度仍然比以往任何时候都极端。Bell 已经在研究一种名为"Inconel-X"的铬镍合金，当它与不锈钢"Shingles"结合使用时，可以将热量从机身辐射出去，并结合水冷系统给翼前缘进行降温。

　　1954 年，科学顾问委员会（Scientific Advisory Board）的飞机专家组提倡该领域对高超声速流动的研究应该成为未来 10 年的主要研究目标。他们告诉美国空军参谋长内森·特文宁（Nathan Twining），（对于高超声速流动领域）基于当前的认知以及物理知识是不够的，并认为对现有力学定律的应用也可能是完全不到位的。委员会认为，让飞机飞行超过马赫数 5 并达到 150 km 高度的时机已经成熟，其研发成果是单座的北美"X-15"。它在 1959—1968 年间从加利福尼亚的爱德华兹空军基地（Edwards Air Force Base）起飞并执行了 199 次飞行任务，创造了有史以来载人飞行的最高速度纪录。它的最高时速达到了

7 274 km（马赫数约为 5.9），最大飞行高度达到了 107.8 km。其中的两次任务飞行高度超过了 100 km，飞越了国际航空协会（FAI）认可的大气边界（指 100 km 卡门线）。"X-15"不仅将速度和高度提升到了新的水平，还验证了可节流火箭发动机（XLR-99），为航天飞机主发动机的研制奠定了基础。

在其他方面，载人飞行装置的辅助领域也正在取得重大进展。1963—1967 年，美国空军试飞了一系列小型无人高超声速滑翔飞行器，并开展了包括气动热力学/弹性结构系统环境试验（ASSET）和精确回收试验，机动再入（PRIME）——飞行速度高达 25 000 km/h，军用投掷能力超过 1 000 km。无论是气动热力学/气动弹性结构系统环境试验还是机动再入都不能降落在跑道上，而是需要伞降返回地球，但它们表现出了极强的机动性，能够承受大气层中极高的再入温度。它们的问世为 1963—1975 年从爱德华兹空军基地起飞的 M2-F1、M2-F2、HL-10 和 X-24 升力体飞行器的研制铺平了道路。这些升力体飞行器证明了人类航天员〔包括未来的航天飞机指挥官迪克·斯科比（Dick Scobee）〕可以操纵降落无翼飞行器，其外形可以提供与机翼相同的气动升力。

即使在阿格纽和空间工作组努力制定空间探索"路线图"之际，NASA 仍在考虑"整体发射和再入飞行器"，并启动了一项 4 年计划——为美国工业界分析、定义、设计、生产和操作阿波罗号之后的新航天器而进行阶段性招标。1969 年，洛克希德（Lockheed）公司、通用动力/康维尔公司（General Dynamics/Convair）、麦道公司（McDonnell Douglas）和北美罗克韦尔公司（Rockwell）获得了研发合同，该项目被称为航天飞机的"A 阶段"。空间工作组的罗伯特·西曼斯（Robert Seamans，NASA 前副局长，自 1969 年 1 月起担任空军部长）说，这项计划引起了军方的浓厚兴趣。

航天飞机的尺寸、外形和运载能力如何界定？在这种兴趣（无论好坏）与日俱增的同时，NASA 组建了一个空间站任务小组（SSTG）。1969 年 5 月，在负责太空飞行的副局长乔治·米勒（George Mueller）的领导下，该机构将航天飞机的近地轨道（LEO）任务载荷能力从 11.3 t 提高到 22.6 t，以满足越来越多的需求，使其成为可运载未来空间站和卫星的"货车"，其"有效载荷舱"长度为 6.7 m。1969 年 8 月，在与国防部讨论后，乔治·米勒决定不再使用一次性助推器，而是使用完全可重用的两级系统。尽管"部分可重用性"被认为是降低"太空货车"研发成本的适当手段，一旦航天飞机以高频次执行多种飞行任务，这种情况将变得很难说。同时，完全的可重用性会不可避免地增加研发成本，但正如一条航空线路，随着运营时间的增加，成本将不断下降。航天飞机最终的系统如图 1-3 所示。

正如空间站任务小组在 1969 年 6 月告诉空间工作组的那样，这种飞行器的多用途角色要求它承担多种任务类型。除了支持未来的空间站建设，它还应该可以部署、检修、补加和维修卫星并进行相应的研究工作。NASA 认识到，为这些应用建造足够灵活的飞行器（同时，保持足够的飞行经济性）对完全可重复使用的系统提出了严格的要求。潜在的组成部分包括自动飞回式助推器、现成的发动机、垂直而不是水平起飞模式以及在上升过程中"顺序"点燃发动机。然而很快，美国空军根据自己对 2 780 km 投掷能力的需求再次

图 1-3　航天飞机最终的构型采用"平行燃烧"布局，具有 3 台主发动机（参考 STS-51 的点火程序）和 2 枚固体助推器，在发射台上同时点火并验证健康状态（见彩插）

评估了这项计划，希望可以使航天飞机迅速返回安全的军用机场。"军方对远程投掷能力相当感兴趣，"当时 NASA 航天器设计部门负责人考德威尔·约翰逊（Caldwell Johnson）说，"这样他们就可以在任何给定的时间到达任务轨道上任何希望到达的地点，然后迅速返回。"它还需要具备 29.5 t 的货运能力和 18.2 m 的有效载荷舱长度，以容纳其大型侦察/情报卫星。这大大超过了 NASA 预期的 6.8 t 的货运能力。

前北美罗克韦尔公司的首席项目工程师阿兰·柯兰特（Alan Kehlet）说："空军对航天飞机的设想和 NASA 对航天飞机的设想是截然不同的。""一个把它想象成大象，另一个则把它想象成巨大的大象（译者注：作者以两种动物比喻在概念阶段 NASA 和军方对航天飞机构想的分歧。空军想要一个超大的有效载荷舱（以满足他们的任务需求），NASA 则想要一个小型飞行器来为空间站补加推进剂，两种需求背道而驰。这些相互矛盾的要求左右着轨道器和助推器的设计尺寸。"

1969 年 9 月，阿格纽所在的空间工作组向尼克松提交了报告。报告指出，可重复使用的航天器通过降低成本和提高操作灵活性，以及支持"广泛"的任务，大大改进了 NASA 目前的运作方式。空间工作组为美国提供了 3 个长期计划。第一个项目每年耗资 100 亿美元，设想在地球轨道上建立一个空间站（由航天飞机提供服务），以及一个可以支撑绕月飞行的综合基地和开启一次载人火星之旅。第二个，每年耗资 80 亿美元，取消月球综合基地计划。第三个是每年耗资 50 亿美元，仅仅保留空间站和航天飞机。

不幸的是，尼克松拒绝了这 3 个计划。

1.3　总统的青睐

NASA 现在处于一种尴尬的地位，它必须建立政治支持才能获得航天飞机计划的批准。1969 年 10 月，"A 阶段"研制团队提交了他们的轨道器/助推器概念。北美罗克韦尔公司（最终赢得了建造航天飞机的合同）提出了一种平直翼轨道飞行器，长 61.5 m，翼展 44.5 m，安装在助推器的前部位置。根据空军要求，其有效载荷舱长 18.2 m，宽 4.5 m，但仍只能运输 6.8 t 货物。它由一对助推器发动机和 4 台涡轮喷气发动机提供动力，可搭载 2 名航天员和最多 10 名乘客。助推器长 85.3 m，翼展 73.4 m。轨道器/助推器将垂直起飞并在高空执行 90°滚转，在 70 km 处与助推器分离。然后，轨道器首先将自己转移到 185 km 的"停泊"轨道，然后再转移到 500 km 的"相位"轨道。与此同时，助推器将降落在跑道上，轨道器在任务结束时也会降落回来。北美罗克韦尔公司预计将建造 6 架航天飞机，每年执行 50 次飞行任务。

1970 年 5 月，参与竞标的 4 家公司被筛选到只剩 2 家。北美罗克韦尔公司和麦道公司被选中进行"B 阶段"的初步设计工作。到了这个阶段，航天飞机的首飞计划定于 1977 年，预计将建造两个轨道器。一种是直翼构型，最小航程为 370 km，另一种是三角翼构型（见图 1-4），最大航程为 2 780 km。在大航程轨道器的设计中加入三角翼，使其在以高超声速和亚声速飞行状态减速时可以在宽马赫数范围内具有更好的气动升力。增加设计复杂性的原因是需要设定不同的控制模式来管理飞行器，实现在最小的气动阻力下，同时在方向舵和副翼的支持下，从 28 200 km/h 的轨道速度进入稠密大气层飞行并最终减速到 370 km/h 进行降落。NASA 航空航天工程师埃默里·史密斯（Emery Smith）说："必须在控制系统开始发挥作用时对其进行切换，并将不用的控制系统'移出控制位'。""导航必须确保任务目标时刻保持在合理范围内，这样才不会导致机毁人亡。当时我们在全国各地的承包商都在处理同样的问题。"

　　根据设计要求,每架轨道器一次可以在太空停留一周,每年执行 25～75 次任务,从着陆到下次发射的周转时间仅为 14 天。但 6.8 t 的有效载荷能力仍然远远低于空军的要求。此外,助推器不仅可以将轨道飞行器送到 70 km 的高度,而且在分离时的速度将达到 11 200 km/h,这将是有史以来最大、最重和最快的飞机,比波音 747 大 25%,速度快 10 倍,加满推进剂时为 1 400 t。尽管其低温贮箱的巧妙设计允许它们承载其中一些重量和气动载荷,但在再入大气层时,仍然存在与压力相关的断裂、泄漏和潜在的气态氢在其外层防护罩下积聚的灾难性风险。

　　然而,当 20 世纪 70 年代中期 NASA 的资金前景逐渐明朗时,它却再次面临着许多其他麻烦。

图 1-4　1999 年 5 月,"发现号"准备执行 STS-96 任务,图为该航天飞机的三角形机翼。更宽的机翼允许它可以适应更大的空域和速域——从高超声速飞行到亚声速飞行环境均可适应

　　1971 财年的拨款只有 32 亿美元，管理与预算办公室（OMB）通知 NASA，这种（拮据）情况在 5 年内不太可能改善。其导致的结果是有足够的资金来建造可重复使用的轨道器，却没有可重复使用的助推器。再加上内部分析表明，完全可重复使用的航天飞机与一次性火箭相比根本没有竞争力，因此 NASA 的重点再次转移到部分可重复使用的设计上。1971 年 6 月，早期的"外挂贮箱"概念现在重新进入考虑范围。这要求将用于航天飞机主发动机的液氧和液氢推进剂转移到轨道器之外，并放入一次性使用的设备中（见图 1-5）。

图 1-5　从 1971 年 6 月起，航天飞机的 3 台主发动机的推进剂被移出轨道器并进入外挂贮箱（喷涂"铁锈"
般的颜色），并被安装在两枚固体助推器（SRBs）上，上述这一操作在垂直总装大楼进行（见彩插）

　　尽管为每次任务建造一个新箱体的预估成本为 74 万美元，然而该设计省去了翻新助推器热保护系统的麻烦，使轨道器更小、更轻并大幅降低了其研发成本。北美罗克韦尔公司的轨道器相应地从 A 阶段的 61.5 m 缩小到 B 阶段的 58.5 m，最终缩小到了 37.2 m。由于外挂贮箱不会被重复使用，所以它本身对热防护的需求很小，并且箱体的总成本随着飞行次数的增多、飞行频率的增加和制造效率的提高将逐渐下降。航天飞机本身的主发动机数量从 2 台增加到 3 台，以增大安全能力，这降低了在单台发动机发生故障时推力损失 50% 的安全风险。此外，由于航天飞机主发动机可以在紧急情况下提升推力工作，在中止发射情况下 3 台发动机可以为任务提供更大的灵活性。NASA 现在开始考虑"分阶段"的方法。最初，可重复使用的轨道器将与一次性助推器一起进行测试，并规划"可重复使用助推器的全面硬件研发"后续逐步开展。

　　"研究给出的首选组合是一个两级、三角翼可重复使用的回收系统，其中轨道器具有可以丢弃的外部推进剂贮箱。"NASA 局长詹姆斯·弗莱彻（James Fletcher）在 1971 年 6 月解释说，"尽管迄今为止的研究工作大多都是基于并行方法开展的，其中轨道器和助推器的研发和测试将同时进行，我们一直在研究一种理念，那就是如何为研发、测试和验证系统的关键新技术特性进行排序。我们现在相信'分阶段'方法是可行的，并且可能具有显著的优势。"

　　1971 年 7 月，4 个专业团队——北美罗克韦尔公司、麦道公司、格鲁曼航天公司（Grumman Aerospace）和洛克希德公司，连同马丁·玛丽埃塔公司（Martin Marietta）、通用动力公司和波音公司作为主要分包商一同被选中，来验证这个方法。进入考虑范围的助推器包括"土星五号"的 S-IC 第一级、"大力神 3"火箭的"产物"——直径为 6.6 m 的单个固体发动机或一组分段式固体助推器，每个直径为 3～4 m。液体推进剂助推器在飞行过程中更加灵活，而固体助推器能产生更大的推力，虽然固体发动机一经点燃就无法关闭，但其设计更简单，研发风险更小。合同后来延长到 1972 年 4 月，重点是并行建造整个航天飞机。至此，对建造完全可重复使用的两级飞行器的希望也破灭了。

　　随着研发过程在 1971 年 10 月进入"B 阶段"，究竟使用哪种类型的助推器仍然是一个悬而未决的问题。航天飞机到底是采用"顺序分段燃烧"（助推器在地面点火，轨道器发动机在飞行中点火）或"并行燃烧"（所有发动机在地面点火）的问题也是如此。后者的优势使航天飞机主发动机能够在飞行之前就被验证是否为可启动的和健康的。因此，推力辅助轨道飞行器（TAOS）的概念在 1971 年年底获得了广泛接受。其轨道器/外挂贮箱组合将从发射到进入轨道的整个过程中并行运行。在分离之前，助推器（无论是否可重复使用）将为上升段的前 2 分钟提供额外推力。与之并行燃烧的推力辅助轨道器的研发经费预计约为 60 亿美元，周期为 6 年。

　　尽管如此，它仍然是一个存在问题的解决方案。"在航天飞机之前，我们建造的航天运载器只有运载火箭，它们像电线杆一样堆叠并排成一排。"前航天飞机工程办公室经理鲍勃·汤普森（Bob Thompson）说，"一套很好的推力矢量系统在轨道器后面安装，然后在分离时抛掉它们。工程师们想像以往一样，把火箭助推器放在轨道器之后，沿纵轴推动它，但是如果想在起飞时就启动轨道器发动机，那种想法就不是特别可行了。我们很想在起飞之前启动这些发动机以确保它们正常工作，所以我们想把轨道器下沉到'火山坑'（译者注：指使用轨道器与助推器并行结构）中，这样我们就可以同时点燃所有的发动机。"这种需求萌生了把外挂贮箱本身作为承力结构的新想法，这样固体助推器可以直接固定到外挂贮箱上，这一组合体就可形成前文所说的"被禁锢在巨大子弹上的蝴蝶"构型（见图 1-6）。

　　为了获得尼克松的批准，弗莱彻不得不向国防部做出一份妥协后的提议，承诺使用航天飞机满足其所有发射需求，将大概占据未来所有太空运输任务量的 1/3。这使得航天飞机必须能够完全满足军事要求。以前经常被军方鼓吹的 18.2 m 有效载荷舱长度和将 29.5 t 的有效载荷送入地球轨道或接近 18.2 t 的有效载荷进入极地轨道的能力是毋庸置疑

图 1-6　外挂贮箱和两枚固体助推器（SRBs）。图中显示的是在 2002 年早些时候，STS-110
飞行机组正站在他们的"座驾"前合影。固体助推器和外挂贮箱的连接点清晰可见（见彩插）

必须达到的指标。此外，美国空军希望航天飞机可以从加利福尼亚州的范登堡空军基地
（Vandenberg Air Force Base）到达极地倾斜轨道，以为其机密在轨卫星提供服务，然后
在一个 90 min 的轨道周期后返回地球。在此类任务中，随着地球自转，着陆点向东移动，
因此航天飞机需要具备长达 2 780 km 航程的能力，这比 NASA 在 24 h 后返回发射场的想
法要大得多。尽管如此，在发射中止方面，NASA 也得到一些随之而来的好处，包括能够
将航天飞机降落在沿航向的地点，或者在只经历一个轨道周期后快速返回。

早在 1970 年 9 月，NASA 就将航天飞机的有效载荷能力从 6.8 t 增加到 11.34 t，然而这仍然不到空军需求的一半。有效载荷舱的大小仍然至关重要。到 1971 年中期，美国空军负责研究和开发的助理部长格兰特·汉森（Grant Hansen）告诉 NASA 太空飞行副局长戴尔·迈尔斯（Dale Myers），任何小于 18.2 m 的载荷舱设计都意味着近一半的军用货物无法运输。因此也就不足为奇了，空军对航天飞机信心的缺乏促使他们宣布将继续研发自己的"大力神"和"宇宙神"一次性火箭。空军的立场在 1971 年年底有所改变，同意为航天飞机的现有设计思路继续买单。

到 1972 年年初，论证结果倾向于采用两种尺寸的有效载荷舱。NASA 将指标调整到 13.7 m 和 18.15 t，但空军仍然坚持 18.2 m 和 29.5 t 的指标。在位于加利福尼亚州海岸线的"西部白宫"，弗莱彻和 NASA 副局长乔治·罗（George Low）向尼克松展示了推力辅助轨道飞行器设计的模型，总统对此很着迷。他喜欢把普通人带入太空的概念，但是总统尚存一些忧虑无法打消（译者注：总统的考量因素显然更多，也更全面）。弗莱彻保证，1972 年启动后的航天飞机计划将在年底前为 8 800 人提供直接就业，1973 年 12 月将为 24 000 人提供直接就业。随着阿波罗计划的结束，苏联的载人航天计划逐渐占据上风，此时美国没有能力将人送入太空的暗淡前景是总统无法接受的。因此，尼克松正式要求 NASA "立即着手"建造航天飞机，此时的总统已经不关心轨道器是否有 13.7 m 或 18.2 m 长的载荷舱，也不关心这架机器是否有载货凭证。他主要关心的是，在确保美国能把人送入太空的同时，NASA 预算不会超过政府规定的约 50 亿美元的财政上限。

1.4　重中之重

有了尼克松总统的支持，关于航天飞机将以什么形式出现的问题终于有了最终答案。基于美国空军的偏好，并且大部分航天飞机承包商也缺少处理钛合金经验的事实，铝合金被选为机身骨架材料。但是这种方案需要其热防护系统（TPS）采用一种复杂且昂贵的拼接式硅基防热瓦，以保护其金属机身结构不受再入过程中高温、高超声速气流冲刷的影响。在这种结构中，所有的发动机——包括轨道器和助推器的发动机，都将在发射时由地面点火。助推器的类型选择也发生了明显的变化，彻底朝着有利于固体发动机的方向发展。波音公司计划改进 S-IC（译者注：S-IC 为土星 5 号一级），但成本不可能低到足以满足管理与预算办公室（OMB）的指导价格要求，而且在任何情况下固体发动机都将大幅压缩成本。NASA 得到的拮据预算提高了固体发动机的地位，固体发动机的成本优势将使它在其他方面的"缺陷"被暂时容忍，从而（保持足够的资金）应对意外的研发问题。1972 年 3 月 15 日，NASA 正式决定采用固体助推器，当时弗莱彻宣布：它们的直径将达到 4 m，而且制造速度更快，价格便宜 7 亿美元，使航天飞机的总成本从 55 亿美元降至 51.5 亿美元。人们注意到，固体助推器将完全可重复使用，它在高度为 45.7 km 时分离并开伞溅落，而航天飞机主发动机将继续完成入轨飞行。不出意外，NASA 最后同意满足空军的要求，载荷舱长度达到 18.2 m，宽度则达到 4.5 m，能把重达 29.5 t 的载荷送入高度 185 km "正东射向"的地球轨道。

1972 年 3 月 17 日，NASA 向北美罗克韦尔公司、麦道公司、格鲁曼航天公司和洛克希德公司以及它们的主要分包商马丁·玛丽埃塔公司和波音公司发布了新的任务需求。这一阶段定义为"阶段 C/D"，合同要求每架轨道器的"可用"寿命为 10 年，并在大修前能够执行至少 100 次飞行任务。航天飞机必须能够在轨道飞行后返回其发射场，尽管其航程能力（最初）尚未确定。北美罗克韦尔公司对航天飞机的改进设计长 38 m，翼展 24.3 m。其飞行驾驶舱上的泡沫状舱盖提高了航天员对有效载荷舱的可视性，起落架缩回位于机翼上的"轮孔"，而不是在机身上（出于整体热防护需要）。

在航天飞机主发动机"金字塔"布局的两侧，有一对在空间使用的轨道机动系统（OMS）（见图 1-7）发动机和两个用于主动段前 30 s 的固体火箭逃逸发动机（ASRM），以形成紧急情况下的"有意义的"逃逸能力。吸气式发动机安装在航天飞机后部的有效载荷舱中，进气口正好位于垂直稳定器下方。但是，随后 NASA 取消了吸气式发动机和固体火箭逃逸发动机，以满足空军的有效载荷要求。此外，取消固体火箭逃逸发动机还节省了 3 亿美元，并提高了其实用性，毕竟这只会在任务开始的几十秒钟内有效。航天飞机的轮子、制动系统和轮胎都是从 B-ⅠA "枪骑兵（Lancer）" 轰炸机的设计中升级来的，一个帮助在跑道上减速的"减速伞"继承于 B-52 "同温层堡垒（Stratofortress）" 轰炸机的设计（具有讽刺意味的是，减速伞随后也被取消了，尽管它们将在航天飞机时代的后期又被重新引入）。北美罗克韦尔的外挂贮箱选用了一个圆柱形结构，长 64 m，直径 10 m，顶端有一个反推火箭"吊舱"。两枚固体助推器配备有翼片，以提高分离后的操纵稳定性。助推器位于外挂贮箱顶端下面 18.3 m 处，其喷管在工作时正好在航天飞机机翼后缘排气。

图 1-7　轨道机动系统提供了执行轨道对接、离轨以及轨道机动能力。两个大型的轨道机动系统
发动机（其中一个在图中可见）布局在航天飞机尾部机身的角落里，分别位于主发动机的两侧。
该图的中心还可以看到后部安装的反作用控制系统（RCS）推进器

　　航天飞机的提案于 1972 年 5 月正式提交，NASA 于 1972 年 8 月 9 日授予北美罗克韦尔公司一份价值 26 亿美元的合同，用于研发两架航天飞机。其中，一架［最初被称为"宪法号（Constitution）"，但最终被命名为"企业号"］将在低大气层中进行一系列进场和着陆试验（ALTs），然后再为空间任务进行改装；而另一架（"哥伦比亚号"）将从一开始就为轨道飞行而建造。在这 4 个团队中，北美罗克韦尔公司的提案在任务适用性和轻量化设计方面得分最高。NASA 的资源评估委员会对其制导、导航和控制系统的设计表示了高度的赞扬，认为该架构简洁，只需要最小化的用户界面。此外，该公司还对可维修性和周转期进行了出色的分析，而且花费最低。两架宇航级轨道器，一个全尺寸结构试验样机（STA）和一个主推进测试样机（MPTA）被纳入合同。航天飞机将实现空军的最终需求，具备 2 035 km 的航程能力。令人失望的是，这种大航程工况基本上没有被使用到。NASA 工程分析部门前负责人布鲁斯·杰克逊（Bruce Jackson）回忆说："太遗憾了，他们的要求是为了规定一个特定的航程（译者注：这样可以纳入美国空军的指标体系），但他们从未使用过。军事需求决定了航天飞机的配置，而不是由 NASA 的要求决定的。之所以如此配置，仅仅是因为空军对其提出了航程的要求，而这是一笔巨大的费用支出。"

　　从一开始，合同就要求将 50% 的经费分包给其他美国公司。1972 年 11 月，北美罗克韦尔公司发出了设计和制造航天器机翼、机身和垂直稳定器的标的。不幸的是，航天飞机合同的授予立即遭到了持续的炮轰，尤其是因为北美罗克韦尔公司的总部位于尼克松的家乡——加利福尼亚州（拥有 55 张选举人票）唐尼市（Downey），公司董事会的 5 名成员为他 1972 年的总统竞选连任捐款数额巨大。美国民主党全国委员会（DNC）主席琼·韦斯特伍德（Jean Westwood）严厉批评总统"有计划地将美国纳税人的钱用于自己的选举目的"。此外，NASA 的戴尔·迈尔斯早年的大部分职业生涯都是在该公司度过的，他亲手挑选了资源评估委员会的成员，因此一段丑陋的相互指责时期开始了。直到 1973 年 4 月，北美罗克韦尔公司与罗克韦尔制造公司合并后的"罗克韦尔国际公司"才与 NASA 签订了最终的航天飞机生产合同。

　　尽管如此，其他公司落选还是有其合理的工程理由。例如，洛克希德版本的航天飞机被认为太重且"过分复杂"（根据弗莱彻的说法），且在上升段有 1 min 的时段无法进行航天员逃逸。回想起来，这是一个具有讽刺意味的批评，因为最终的航天飞机设计在整整 2 min 的时间里（在第一级飞行燃烧固体推进剂的过程中）都没有可行的航天员逃生途径。麦道公司的提案被认为在技术上存在缺陷和薄弱环节，而格鲁曼航天公司位居第二。该提案令人印象深刻，它指出了基本问题并提出了良好的解决方案，但在成本和管理方面遇到了困难。前格鲁曼航天公司总裁乔·加文（Joe Gavin）说："我无法得知最终评选发生了什么。但有传言说，尼克松先生把它放在了加利福尼亚，这就是我想说的全部。"就连北美罗克韦尔公司的方案也有几个不足之处，包括工艺复杂的乘员舱。一个有趣的事情是，该公司雇用少数族裔的做法使其获得了某种优势。到了 1972 年，该公司拥有比其他公司更多的非洲裔、西班牙裔和亚裔工人。因此，高分数和低成本是 NASA 决定选择由北美罗克韦尔公司建造航天飞机的主要理由。事实上，当乔治·罗要求未中标者就合同授予的总体公平性发表评论时，3 家公司都认为这是他们参加过的最好、最公平的竞争。

　　对于航天飞机主发动机的三个竞标商，竞争的结果让人不尽满意。1968 年，通用航空喷气公司（Aerojet General）、普惠公司（Pratt & Whitney）和北美罗克韦尔的洛克达因公司（Rocketdyne）被选为 A 阶段的发动机供应商，该发动机以液氧和液氢为推进剂，节流性能为 73%～100%，从而可以在主动段限制最大气动载荷和过载水平。在 A 阶段，其设计可以在低推力工况下运行，以进行在轨机动，尽管在 B 阶段设计中取消了该功能，并且替代性地引入了轨道机动系统的概念。航天飞机的运载能力需求随着空军需求的介入而增强，因此航天飞机主发动机的推力需求也随之增加。这一变化将洛克达因公司的发动机推向了领跑者，因为它比其他发动机更接近强制性的性能要求。通过增加数字控制器，发动机节流范围可实现 50%～115%，尽管航天飞机机体承包商的要求是在中止飞行阶段不高于 105%，且在最具挑战性的、穿越大气层的飞行阶段不低于 65%。

　　1971 年 7 月，NASA 选择洛克达因公司设计、制造和交付发动机。但普惠公司愤怒地向美国审计总署（GAO）抗议，指责 NASA 不公平地偏袒前者。该公司本来自信地期望赢得合同，甚至在主流航天杂志上刊登广告宣布它们已经准备就绪。普惠公司声称该竞标行为"显然是非法的、随意的、反常的、不健全的、轻率的采购决策"。但在 1972 年 3 月，总审计长埃尔默·斯塔特斯（Elmer Staats）做出了对 NASA 和洛克达因公司有利的裁决。斯塔特斯抨击了普惠公司的有关行为。在这起案件中，斯塔特斯告诉他们的律师，这个决定对 NASA 同样不公平，因为他们曾帮助普惠公司将最初的未经深思熟虑的提案提升到合理的水平（译者注：指 NASA 不仅没有偏袒他人，反而帮助过普惠公司）。斯塔特斯指出这是由于普惠公司自身缺乏勤勉精神、研发能力和创造力而导致的问题。1972 年 8 月，NASA 和洛克达因公司之间的发动机合同终于签订了。随着事态发展，航天飞机主发动机却陷入了复杂的研发困境。

　　前 NASA 工程部主任亨利·波尔（Henry Pohl）回忆道："主发动机（见图 1-8）的性能非常好，对于当时而言，推力室室压非常高，达到的推重比指标也非常突出。""如果我们再等两年才开始研发航天飞机，可能就做不到了。因为那时设计主发动机的人和以前设计火箭发动机的人是同一拨。在他们开始设计航天飞机主发动机之前，这个小组已经设计并制造了 7 种不同的发动机。如果我们再等两年，他们中的很多人都退休了。随着这些经验丰富的设计人员离开，我们也就必须从头重新学习发动机研发。"

　　每台航天飞机主发动机高 4.2 m，重 3.4 t，可以在 65%～104% 范围内进行节流。航天员杰瑞·林恩格（Jerry Linenger）在其回忆录《从地球出发（Off the Planet）》中写道："如何能够以超过 100% 的性能运行一台发动机对我来说没有什么概念，但归根结底，航天飞机的主发动机比设计者想象的要强大。""因此，我们实际上可以让主发动机在比最初认为的设计值高 4% 的推力下运行。"当然，第二架航天飞机"挑战者号"得益于重新设计的航天飞机主发动机部件，和她的姊妹号"哥伦比亚号"相比，每增加一个推力百分点，"挑战者号"就可以将额外 450 kg 的有效载荷送入轨道。

　　随着轨道器及其发动机方案的确定，外挂贮箱和固体助推器也随之明确下来。1971

图 1-8 3台航天飞机主发动机（SSME），在机身尾部呈金字塔形，为每次任务提供约20％的升空推力

年 6 月，NASA 决定保持系统的部分重用性能和更轻的外挂贮箱设计，而设计的助推分离速度（在分离时刻固体助推器将被抛掉）从 10 950 km/h 降低到 7 600 km/h。为每次任务制造新贮箱所带来的代价，被更小规模的航天飞机和携带更少的推进剂量补偿了回来，由此可以实现更轻的结构和使用更少的热防护系统（该系统十分昂贵）。波音公司、克莱斯勒公司（Chrysler）、麦道公司和马丁·玛丽埃塔公司于 1973 年 5 月提交了外挂贮箱提案。3 个月后，马丁·玛丽埃塔公司获得了建造 3 个地面测试产品和 6 个飞行贮箱的合同，每个贮箱高57.4 m，直径8.1 m。为了在每次任务完成后，将其安全地脱离轨道进入地球大气层，在其机头上安装了一个反推火箭吊舱。然而，随着设计的成熟，该反推火箭设计被取消了，鼻锥被设计成尖拱形状，以更好地减小空气阻力。外挂贮箱的长度被相应地减小到 47 m。

　　两枚固体助推器的尺寸和重量也随着技术进步而实现小型化，并且分离速度如愿下降到 7 600 km/h。事实上，固体助推器在从航天飞机上被抛下时将离发射场更近，这一因素使其设计重量减小了 40%。较低的分离高度需要更轻的热防护重量，并允许部分助推器的结构由更便宜、更轻的铝合金制造，而不是钛或 Incone - X。一个承包商甚至提议将分离速度降低到 6 750 km/h，这将使 80% 的机身由铝合金制造。1973 年 10 月，通用航空喷气公司、洛克希德推进公司、西奥科尔联合技术公司（Thiokol and United Technology）提交了建造固体助推器的方案报告。西奥科尔公司于 1974 年 6 月赢得了合同。在最终方案中，固体助推器的长度从 56 m 缩短到 45.5 m。每枚助推器由一个可重复使用的固体火箭发动机（SRM）和 4 个不锈钢装药段组成（译者注：固体助推器为分段式，通过多段的组合实现推力的增大），每段的直径为 3.7 m。

1.5　芙蓉出水

　　在与罗克韦尔国际公司签订合同后的几个月里，航天飞机的研制进度加快了。该公司向其竞争对手提供了重要的分包合同，根据乔·加文的说法，格鲁曼航天公司在位于长岛的贝斯佩奇工厂制造了航天飞机的三角形机翼——所谓的"安慰奖"（第一架于 1975 年 4 月交付）和两架改装"湾流-2（Gulfstream - Ⅱ）"型飞机，后者用于训练航天飞机航天员的进场和着陆技术。罗克韦尔国际公司试图邀请普惠公司共同开发主发动机，但遭到了拒绝。同时，麦道公司签订了制造轨道机动系统吊舱的合同，研制轨道机动系统发动机的工作由通用航空喷气公司承担。轨道机动系统能够产生 2.7 t 的推力，用于使航天飞机入轨、在轨、返回并在太空中执行重大机动动作，采用四氧化二氮和甲基肼推进剂，并于 1978 年 9 月首次在新墨西哥州 Las Cruces 附近的白沙（White Sands）试验场进行试车。这项试验活动于 1980 年 2 月结束。此外，44 个反作用控制系统（RCS）推进器（16 个安装在轨道器的机头上，28 个安装在后机身上，其中 38 台为主发动机，6 台为游动发动机，详见图 1 - 9）将在空间飞行和初始再入期间提供姿态控制。它们是由马夸特公司（Marquardt）制造的。1980 年 2 月获得认证前，主推进器点火测试超过了 14 000 次，游机点火测试超过了 100 000 次。

　　随着时间的推移，这些部件逐渐暴露出它们的性能问题。在超过 1/4 的航天飞机任务中，至少有一个反作用控制系统推进器被认定出现"工作失效问题"，其他推进器则出现燃烧剂或氧化剂泄漏、加热器失效、喷油器温度过低、微动开关故障等其他质量问题。1982 年 6 月，在"哥伦比亚号"执行 STS - 4 任务前，当地的暴雨甚至把雨水倒灌进了喷管。在几次飞行中，安装在前向反作用控制系统分支管上的轻型防雨罩（应该在上升段的早期分离）被发现未完全分离，在各自推进器的"边缘"留下碎片等情况。许多问题对整个任务的成败都影响不大，但有几次飞行任务直接受到反作用控制系统故障的影响。值得注意的是，在 1995 年 2 月，"发现号"航天飞机将首次与俄罗斯"和平号"空间站对接。然而，一个后向安装的反作用控制系统推进器发生故障，另一个开始泄漏。随后，安装在

图 1-9　安装在鼻锥上的前向反作用控制系统（FRCS）在飞行前进行测试。喷管出口用红色盖子固定。图中中部偏右的是碳纤维增强轨道器（RCC）鼻锥罩（见彩插）

机头上的反推装置发生泄漏。这不仅降低了机动能力，而且对"和平号"及其执行高风险任务的机组人员构成了威胁。根据飞行规则，尾部安装的推进器需要完全发挥作用才能继续交会操作。几天之后，泄漏的严重程度逐渐减轻，"发现号"完美完成了交会对接任务。但这起事件成为一个插曲，它暴露了反作用控制系统可靠性不足导致的高风险。

　　另一方面，球状轨道机动系统吊舱（译者注：布局在轨道器垂直尾翼两侧，详见图 6-4）及其强大的发动机，将继续在航天飞机的整个生命周期中完成近乎完美的表演。事实上，1998 年 4 月开始，轨道机动系统用于在上升段"协助"主发动机，实现 1.8 t 运载能力的提升。但是它偶尔会出现氮气蓄压器泄漏、喷嘴裂纹、推进剂泄漏、加热器失效等问题，以及推进剂流量计卡死和调节器故障。吊舱的主要问题是在上升段或飞行过程中频繁损坏防热瓦或造成防热层松动以及撕裂（译者注：防热瓦的脱落直接导致了"挑战者号"的失事）。2001 年末，研制人员对用于将轨道机动系统吊舱固定到轨道器上的未正确钻孔的螺栓孔进行了全面的检查。2002 年 5 月，一个氮气阀泄漏直接导致发射延迟。

　　航天飞机 74.3 m^3 的载人区域由两层驾驶舱组成，上层"飞行甲板"用于操作，通过地板上的舱口连接到下一层的"中层甲板"，用于工作、吃饭和睡觉。驾驶舱背后是

18.2 m 长的有效载荷舱和后机身，机身内装有 3 个航天飞机主发动机、两个轨道机动系统吊舱和垂直尾翼。石墨-环氧树脂有效载荷舱门在当时是由复合材料制成的最大的航空航天结构，必须在到达轨道的几小时内打开，以允许内衬其内表面的散热器排出电气系统产生的热。

由 5 段结构组成的翻盖式舱门在轨道器上被相向铰链连接，机械锁定在前部和后部的舱壁上，并在中心线热密封。通常情况下，它们是由机电装置驱动开闭的，但如果舱门无法及时打开，则会被要求尽早返回地球。如果它们没有在任务结束时被正确关闭，两名机组成员将在太空行走时手动将其关闭。大多数情况下，舱门都不会发生事故，尽管执行器偶尔会失速，插销难以固定，关闭指示灯也不正常。在 1985 年 3 月的一次飞行前处理过程中，一个工作平台意外掉落到其中一个舱门上，导致发射延迟了两周。1991 年 6 月，一段舱门的密封装置脱落，还夹带了一些尾部舱壁周围覆盖的隔热层，但舱门最终还是成功关上了，直到任务结束时也没有发生事故，航天飞机安全着陆。1994 年 11 月，有废水倾倒在有效载荷舱门上，形成了相当大的一块冰。

随着航天飞机产品的面世，基础建设设施也随之成形。1973 年 6 月，NASA 在加利福尼亚州唐尼市用于制造轨道器的工厂开始进行改造。同年 9 月，肯尼迪航天中心成为其主要的发射和着陆场，它拥有巨大的垂直总装大楼和在阿波罗计划中就已服役的 39 号发射综合体的两个发射台。总共花费了 10 多亿美元，用以在卡纳维拉尔角投资发射设施，这使得卡纳维拉尔角成为航天飞机的主要基地。然而，位于加利福尼亚的范登堡空军基地也被作为候选发射场，该州民主党议员阿兰·克兰斯顿（Alan Cranston）成立了一个工作组来支持这项事业。其他基地包括新墨西哥州的白沙试验场，那里拥有必要的遥测和发射支持设施，以及海拔1 200 m 的合适位置。

1972 年 4 月，肯尼迪航天中心（见图 1-10）被选为 NASA 的"东射向"轨道首选发射地点，范登堡空军基地被选择用来执行极地倾斜轨道发射任务和军事载荷发射任务。拥有两个发射场带来了独特的好处。肯尼迪航天中心的极地轨道任务有可能飞越古巴，从而带来政治风险，并对新墨西哥州和美国南部造成安全隐患。同样，尽管 57°轨道倾角的任务也可以在佛罗里达州开展（在上升过程中，通过执行"急转弯（dog-leg）"的机动策略，可以实现高达 62°的倾斜机动），但是把在高速飞行状态的轨道器/外挂贮箱组合体进行转向的额外能力需求会导致运载能力下降。1990 年 2 月，唯一一次达到 62°的飞行任务是从肯尼迪航天中心沿"非射面"飞行方位向南飞行，然后在大西洋上空机动到更高的方位。但在这样做的过程中，其上升剖面图显示它会经过 Cape Hatteras、Cape Cod 等部分人口稠密的地区和加拿大部分地区，从而造成安全风险。因此，只有极度重要的任务才会从这里发射。

范登堡空军基地也有自身的局限性。在西海岸基地的东射向任务，有直接飞越美国心脏地带的风险，并且没有足够安全的区域抛固体助推器和外挂贮箱。因此，明确选择肯尼迪航天中心和范登堡空军基地双发射场是因为其"在成本、运营和安全方面优于美国任何可能的单一发射地点或成对的其他发射地点"。根据评估，需要 1.5 亿美元才能使肯尼迪

图 1-10　从一开始，肯尼迪航天中心及其 39 号发射综合体的两个发射台就被用作航天飞机发射。
图中 39A 号平台上的是"哥伦比亚号"，时间为 1993 年 3 月 22 日。在 39B 号发射台上可以
看到它的姊妹号"发现号"，几周后它将执行自己的任务

航天中心达到发射航天飞机的要求，空军出资 5 亿美元升级其位于范登堡空军基地的 6 号
航天发射综合体（SLC）的老旧设施。作为在航天飞机发展过程中对空军政治支持回报的
一部分，预计至少会有一架航天飞机将被半永久地派驻在范登堡空军基地。

建造 15/33 号跑道［也称为航天飞机着陆设施（SLF）］的计划也处于后期阶段。该
跑道是肯尼迪航天中心的一条巨大的简易跑道，长 4 500 m，宽 90 m，两端各有 300 m 的
铺砌跑道。该跑道不仅用于轨道器从太空返回，还用于执行返回发射场（RTLS）的"应
急中止选项"。一旦在任务开始的几分钟内出现紧急情况，那么就会被要求立即进行着陆。
即使在现在，航天飞机着陆设施仍然是世界上最长的滑行返回跑道。然而，1974 年 10 月，
NASA 确定，至少"最初的几次"航天飞机飞行任务或将返回广阔的干湖床上形成的 17/
35、05/23 或 15/33 跑道，或者降落在加利福尼亚州爱德华兹空军基地的全混凝土 04/22
跑道，"那里拥有额外的安全裕度和良好的天气条件"。爱德华兹空军基地在航天飞机飞行
期间仍将是排在肯尼迪航天中心后面的"第二选择"着陆点。1979 年 3 月，位于白沙的巨
大的压实石膏平台被选为正东任务的后备基地，那里天气干燥，拥有两条跑道，每条跑道
长 4 500 m，两端各有 3 000 m 的超限长度，以"X"字形相互交叉。白沙不仅是航天员的
绝佳训练场地，而且此处航天飞机着陆设施与爱德华兹空军基地以及跨洋中止着陆跑道的

情形非常相似。在航天飞机关键的第一圈轨道运行中，白沙也位于其飞行路径的正下方，这使得它非常适合在发生严重故障时支持立即返回地球。与此同时，在范登堡的北部基地，现有的 1 700 m 长的跑道和 12/30 号跑道的超限段也相应加长至 4 500 m，以适应西海岸极地轨道飞行任务。

1.6　全面测试

从合同开始签订到 1981 年 4 月航天飞机首飞之间的几年里，防热瓦和防热涂层拼凑而成带来的、令人沮丧的问题成为该计划被严重推迟的最重要的原因。在每次任务结束时，热防护系统防热瓦和隔热毡需要保护航天飞机在严酷的气动加热条件下穿过大气层。航天飞机的骨架采用传统的铝合金设计，NASA 和洛克希德公司致力于改进一种可重复使用的陶瓷表面绝热材料（RSI）作为隔热材料。它的厚度使其能够保护航天飞机免受高达 1 370 ℃的再入温度的影响，同时令下面的铝合金机体保持较低温度。此外，防热瓦的轻质性和耐温性意味着，在轨道器的重量上最多可以减轻 4.5 t，并且直接节省 8 000 万美元的研发成本。但是防护材料很脆，覆盖整个机体很费劲，它必须以超过 20 000 片瓦片的形式安装，而且每一片是单独设计的（见图 1 - 11）。由于机身在加热时会膨胀，而飞行中不能出现任何间隙，因此它们被安装在"动态"底座上，隔热毡被夹在防热瓦和铝合金机体中间。

据预测，航天飞机的其他区域（特别是它的头锥和机翼前缘）的温度将大大超过 1 370 ℃。因此，设计使用增强型碳纤维（RCC），以防止温度超过 1 500 ℃的极端工况。这样，在保持机身冷却的同时，黑色高温可重复使用表面绝热（HRSI）防热瓦能够承受高达 1 260 ℃的温度。这些瓦片将覆盖航天飞机的腹部和部分轨道机动系统的吊舱和机身。安装在垂直尾翼和主机身上的白色低温可重复使用表面绝热（LRSI）瓦片可以防止回火烧蚀，这些部位温度高达 650 ℃。一系列轻质耐用的先进柔性可重复使用表面绝缘（AFRSI）"毛毯"将用于气动加热预计不超过 400 ℃的地方。

在 20 世纪 70 年代末，工程师们实施了一种"致密化"处理过程。他们将二氧化硅溶液应用于防热瓦基层，以提高其与衬垫的附着力。"当你看到一个飞行器时，你总是会遇到这样一个问题，不同位置的局部流动特性千差万别。这取决于微观的尺寸，因为这里或那里将形成旋涡，"NASA 前总工程师米尔顿·西尔韦拉（Milton Silveira）说，"瓦片上的压力是不同的。一些瓦片比其他瓦片的密度更高，你要寻找的是轨道器周围的流场，以便将密度更高的瓦片放在流动较强的区域。在气流较强的地方，需要进行一定量的测试和分析，以确定这些较高加热区域的位置，并进行防热瓦的合理选用。这一直是一个令人担忧的问题。"但即使 1979 年 3 月"哥伦比亚号"从罗克韦尔国际公司位于加利福尼亚州的工厂交付给肯尼迪航天中心后，还耗费了工程师们将近两年的时间来测试、安装、拆除、重新测试和安装这些防热瓦。技术人员在一个阶段平均每人每周只能安装 1.3 块防热瓦（暑期也有学生帮忙），有时似乎几乎没有任何进展。

图 1-11　热防护系统防热瓦的安装是一个漫长而艰苦的过程。超过 20 000 块单独的
防热瓦保护航天飞机免受极端热应力的影响

　　这使得本来就已经很复杂的任务变得更加复杂，因为人们一直担心这些防热瓦根本无
法完成任务。在从加利福尼亚州到佛罗里达州的转运途中，有几十片防热瓦从"哥伦比亚
号"上掉落。分析表明，即使地面测试已经按预定要求成功完成，轨道机动系统吊舱上的
防热瓦也可能会在飞行中破裂和分离。

　　1976 年 4 月，这一风险仍然存在。一个可能的噩梦指向所谓的"连锁"反应上：在上
升段或再入段飞行过程中，如果一块瓦片以某种方式从机身上脱落，科研人员担心它可能
会将上百片瓦片拖走。这样的情况将不可避免地导致最高级别的风险：机毁人亡。1979
年 9 月，一项通过太空行走执行防热瓦监视和修补的计划开始实施。一种场景下，一个可
伸缩的吊杆可以为舱内航天员提供舱外损坏情况的电视信号。另一个选择是让航天员穿上
套装（一种独特的喷气式空间飞行背包，称为载人机动单元），进行原位修复或直接替换。

具体措施为用一把特制的填缝枪修补缺失的防热瓦，用预处理好的烧蚀材料块修复受损区域。1980 年 1 月，NASA 与马丁·玛丽埃塔公司签订合同，研发热防护系统修理包，相关成果"不会在试飞中首先使用，将保留以便在以后的飞行中使用"。这些与热防护系统有关的问题，以及对热防护系统可靠性的检查和维修手段，将在航天飞机的使用寿命内一次又一次地出现。而该机构未能果断解决这一问题，最终将导致机组人员死亡的悲剧。

1981 年，在"哥伦比亚号"第二次发射前不久，当加注到反作用控制系统（RCS）中的剧毒四氧化二氮意外泄漏到航天飞机头锥时，防热瓦的脆弱性凸显出来。当工作人员准备断开地面支持设备与飞行硬件的连接时，快速断开失败。NASA 推进和动力部门的切斯特·沃恩（Chester Vaughan）说："剧毒推进剂继续在流动，除了泄漏到外部，这些东西没有其他地方可去。"快速断开失效的问题被定位到其"头部"的硝酸铁浓度过高，导致润滑剂变硬。虽然问题在几分钟内就发现了，但泄漏物质在"哥伦比亚号"的鼻锥上沉积了约 80 L 氮氧化物，因此导致 378 块保护性防热瓦受损，以至于必须被拆除、去污和更换。"如果不是防热瓦和粘接材料不兼容，所有的事件几乎都不会发生，"沃恩继续说，"所以在大约 1 h 后，防热瓦开始从航天飞机上松脱、滑落下来。"正如第 6 章将要讨论的，瓦片式热防护系统的恼人弊端在这里已经显现。

如果说防热瓦的制造和可靠粘接在机身上只是带来一些麻烦，那么将主发动机从图样转变为飞行产品则着实令人头疼不已。1974 年，在合同签订后，洛克达因的研发团队在密西西比州的国家空间技术实验室（NSTL）进行了推力测试，第二年接着开展了针对系统集成验证的满工况推力室试验。1976 年 3 月，第一台发动机在 65% 的推力下进行了 42.5 s 的测试。这时，很多严重技术缺陷被暴露出来。高压燃烧剂和氧化剂涡轮泵的涡轮叶片（主发动机为氧、燃涡轮泵分体式独立设计）潜在裂纹导致了试验失败，它促使决策者决定把监测和改进仪器设备的工作进行合并。1977 年 4 月，他们开始了 25 次针对航天飞机主发动机的进一步改进和广泛仪器监测试验活动，尽管麻烦的涡轮泵问题继续影响着整个工作进程，但并没有发现重大的问题。1979 年 7 月，主燃料阀发生断裂，导致氢气泄漏到航天飞机后机身的一个外壳中，但是试验系统及时关闭，并未遭受重大结构损坏。4 个月后，3 台发动机组合原计划在试验台上进行 510 s 的试车，这相当于整个飞行时间。但在点火后不久，由于氧化剂涡轮泵再次失效而停止。当然，失败是成功之母，1979 年 12 月的一次完美测试之后，紧接着在 1980 年 4 月发生了一次发动机过早关闭，随后一次试验又圆满成功，接着又发生一次发动机的意外关闭。1980 年 11 月，一个喷嘴上的脆弱钎焊部分发生故障，在发动机上留下了一个相当大的孔。这几乎成了一个笑话。"我们这周又弄坏了什么发动机产品？"尼尔·哈钦森甚至都会自我嘲讽。

具有讽刺意味的是，尽管固体助推器代表了 NASA 的新技术，但它们的研发却出人意料地顺利。1977 年 9 月，位于犹他州的西奥科尔工厂对一段未装药的壳体进行了第一次"爆震破坏"试验，以验证其结构的完整性和断裂力学性能，以便更好地分析裂纹增长和损伤演化机理。1977 年 7 月至 1979 年 2 月，针对固体发动机进行了 4 次静态点火。随后于 1979 年 6 月至 1980 年 2 月进行了 3 次鉴定试验，并于 1980 年 9 月进行了第二次"爆震破坏"试验。1977 年 6 月至 1978 年 9 月，6 次带有全尺寸航天员模型、引导伞和主降落伞的空投试验在位于加利福尼亚州的 EI Cetiro 开展，以评估助推器减速伞系统在实际飞行条件下的性能。事实上，针对固体助推器的验证试验超过了 726 次，仅在其中 7 次试验中发现有问题，期间总共进行了超过 62 000 s 的热试车，这实际已经达到了考核航天飞机主发动机性能所需要的时间。

1.7　功败垂成

"哥伦比亚号"于 1980 年 12 月 29 日黎明时分首次亮相。在经历了艰难的 10 年后，这成为一个分水岭。在这 10 年中，航天飞机完全偏离了 NASA 的初衷。"哥伦比亚号"的建造工作于 1974 年 6 月开始，1979 年 3 月 8 日它终于驶出了帕姆代尔（Palmdale）。4 天后，它通过陆路被拖运到爱德华兹空军基地，令沿途在加州暮春的闷热中开车的人惊讶不已，然后被固定在一架波音 747 飞机——专门改装成的航天飞机运输机（SCA）的顶部，并将以"背驮"的方式飞到佛罗里达州。3 月 25 日，在美国大陆的多个州飞行了 4 100 km 后，它们最终抵达佛罗里达州，航天飞机运输机的机轮最终驶上了混凝土跑道。然后"哥伦比亚号"从波音飞机上卸了下来，并被运送到了佛罗里达州附近的轨道器处理厂房（OPF）。最终，在 1980 年 11 月 24 日，它被转移至垂直总装大楼，并被安装在它的外挂贮箱和固体助推器上。

值得注意的是，在第一次发射之前，"哥伦比亚号"进行了倒计时演示测试（WCDT），该测试在 1981 年 1 月 20 日以一次 20 s 的静态点火试车进入尾声（见图 1 - 12）。这次飞行状态点火（FRF）展示了航天飞机以额定功率 94% ～ 100% 之间进行节流的能力以及喷管摆动能力。在"土星五号"发射之前，也曾进行过类似的"湿"（或全加注状态）测试，但没有一次是在发动机点火的状态下进行的。飞行状态点火的准备工作以一种"真实"倒计时的方式进行。发射控制员在 T - 53 h 启动时钟，并为固体助推器通电，地面支持设备和系统也对接上了"哥伦比亚号"。在模拟发射前 4 s，发动机以 120 ms 的间隔完美启动，产生了橙色光泽的火焰和一串马赫环，并在 T - 0 时刻准确地将其额定推力增加到了 100%。3 s 后，工程师模拟收回外挂贮箱连接器和固体助推器压杆。在 15 s 稳定、连续的推力试验后，试验系统向所有 3 台发动机发出关机命令。

飞行状态点火是所有 5 架航天飞机的首飞之前都要进行的，另外，在 1988 年 8 月"发现号"STS - 26 任务之前由于"挑战者号"失利还额外进行了一次试验，被称之为"恢复飞行"。然而，并非所有的飞行状态点火都按照计划运行。"挑战者号"在 1982 年 12 月 18 日的飞行状态点火期间，工程师们发现尾舱内的气态氢含量大大超过了允许值。当确定无法定位泄漏的原因和泄漏点时，第二次飞行状态点火启动了。在舱段内外都安装了新的传感器，以确定泄漏的氢是来自内部还是外部。怀疑最初集中在第二种可能性上，因为振动和电流已经进入了舱段后部，在发动机的防护罩后面。同时，安装了附加的传感器并且设置了舱段吹除，以防止"外部"氢源渗透。1983 年 1 月 25 日，"挑战者号"主发动

图 1-12　即将执行 STS-1 任务的"哥伦比亚号"坐落在肯尼迪航天中心 39A 号发射台上

机以 100％的功率运行了 23 s，期间再次显示有氢泄漏，此时还有几天的排故时间。管道中的开裂焊缝导致上部发动机被拆除，损坏部件的替换品随后运抵现场，但垂直总装大楼的检查发现其液氧换热器的入口管线存在泄漏，这一问题可以追溯到其被安装到"挑战者号"之前。替换品在通过检验后（包括全飞行状态的试车），最终被运往佛罗里达州。

在进行这项工作的同时，其他人正在进行另一项艰苦的努力，以确保其他两台"原装"发动机不会出现任何泄漏。不幸的是，问题又出现了。工程师们在发动机的一条供氢管路内窥镜观察中发现了细小的细线裂纹，右侧发动机也发现了一个类似的问题。两台发动机最终都被拆除，并返场回到垂直总装大楼进行修复。随着主发动机替代品从国家空间技术实验室的到来，3 台于 1983 年 3 月中旬安装的发动机都被移除，这些替代品经验证可用于飞行。泄漏是由点火系统中 45 cm 长的"铬镍铁合金-625"管路中的一段"渗漏"引起的，而且发生在保护套下。它被钎焊到小型氢输送管路上，这段管路把液氢送入点燃发动机的火花点火器。这个衬套用于阻止潜在的磨损。洛克达因公司在国家空间技术实验室试验台上练习切断套筒后，工程师们按程序将产品运往佛罗里达州，在"挑战者号"的每台发动机上用一根无衬套"铬镍铁合金-625"管代替。

幸运的是，最后 3 架航天飞机的飞行状态点火——1984 年 6 月 2 日的"发现号"、1985 年 9 月 12 日的"亚特兰蒂斯号"、1988 年 8 月 10 日的"发现号"（第二次）和 1992 年 4 月 6 日的"奋进号"都表现得相对良好。在一次飞行状态点火中，"发现号"遭遇了主发动机保护装置部分脱落事故。由于一个插销式燃料阀的问题，它的第二次飞行状态点火于 1988 年 8 月 4 日被取消，直到这一问题解决后试验才得以顺利完成。尽管如此，飞行状态点火还是清除了航天飞机通往首飞之路的最后一块拦路石。在"哥伦比亚号"的事例中，它为"STS-1"任务（航天飞机的首次轨道飞行任务代号）清除了道路上的障碍：根据"STS-1"的宣传资料，这次为期两天的任务将不会在 1981 年 3 月 17 日前开展，但是几次技术事故和一次人为悲剧将在这架试验飞行器身上上演。在飞行状态点火之后，工程师们不得不修复一些区域的超轻烧蚀材料，它们在一次 1 月份的低温推进剂测试中从外挂贮箱上脱落下来，因此把发射日期推迟到了 4 月 5 号之后。而由于波音公司的机械师和工人罢工再次把日期推迟到了 4 月 10 日之后。与此同时，3 月 19 日，STS-1 的指令长约翰·扬（John Young）和航天员鲍勃·克里平（Bob Crippen）参加了终端倒计时演示测试（TCDT）。在此期间，他们穿上了压力服，乘车前往 39A 号发射台并登上"哥伦比亚号"（见图 1-13）。在航天飞机的整个生涯中，每次任务之前，都要在发射台与航天员进行这些综合测试。在得克萨斯州休斯敦的约翰逊航天中心（JSC），约翰·扬和鲍勃·克里平与肯尼迪航天中心发射控制中心（LCC）和任务控制中心（MCC）的综合团队携手合作，在模拟主发动机故障和关闭之前，演练了他们最后倒计时的每一步。然后，他们练习了逃离轨道器，乘坐紧急逃生索降篮从发射塔回到地面。然而，一旦这种令人毛骨悚然的场景真的发生了（它似乎发生了不止一次），航天员们"可能会发现自己在穿越看不见的氢离子火焰，并不得不与死神过招。"

图 1-13　STS-1 的后备乘员穿着压力服，检查索降篮，在发射前紧急情况时，索降篮会将他们从发射平台拖到地面的加固掩体。左边是 STS-1 的指挥官约翰·扬，航天员鲍勃·克里平和后备航天员迪克·特鲁利（Dick Truly）、后备指挥官乔·恩格尔（Joe Engle）（两人都是背对相机）位于画面右边

　　尽管死神没有在 2 月 20 日造访"哥伦比亚号"，但它一直在附近游荡。在约翰·扬和鲍勃·克里平完成终端倒计时演示测试后不久，航天飞机在例行的气态氮吹除测试之后首次夺取了生命。一组罗克韦尔公司技术人员已确定要进入"哥伦比亚号"的尾部发动机部件进行例行的收尾检查。他们相信这个狭小的空间已经被可呼吸的新鲜空气清洗，并认为里面的环境是安全的，所以他们没有戴上气袋或面罩就进舱了。然而，无色、无味的氮气残留依然存在，这些人甚至在没有来得及呼吸的情况下就失去了知觉，根本无法发现事情不对劲。另一个技术员戴上氧气瓶把他们拖了出来，但把他们送到医院的时机因悲剧性的沟通不畅而延误。

　　在混乱中，人们错误地认为发生了致命的氨泄漏，因此，39A 平台大门的保安拒绝允许救护车进入，认为他们没有携带必要的呼吸器。最后，当情况变得逐渐明朗时，受伤的人被空运至安全区域，但暴露于氮气中几分钟后的危害已经造成了。

　　约翰·邦斯塔特（John Bjornstad）在去医院的路上死亡，福雷斯特·科尔（Forrest Cole）陷入昏迷，几天后死亡。另一名技术人员则不得不忍受着剧烈的偏头痛，他的妻子称之为不间断的偏头痛。这种情况一天 24 小时，一直持续了三年半。还有尼克·马伦（Nick Mullon），他救了另外两个人的生命。由于缺氧和氮过度摄入的危害，马伦左脑受损，饱受睡眠障碍、焦虑和与幸存者余生内疚相关的心理疾病的困扰，于 1995 年 4 月去世，那时距离他儿子高中毕业仅仅只有 3 周。

　　当"哥伦比亚号"最终进入太空时，STS-1 的航天员们向遇难者表达了敬意。扬说："他们相信这项伟大的太空计划，那对他们来说意义重大。""我相信他们（遇难者）如果能看到我们的飞行器现在即将翱翔太空，将会激动万分。"时间会悲伤地告诉我们，约翰·邦斯塔特、福雷斯特·科尔和尼克·马伦只是多起因航天飞机事故而死亡的人中的第一批。

第 2 章　人机合一

2.1　改变

1989 年 6 月 17 日星期六上午 9 点左右，老式的 AT-6D "得克萨斯人" 飞机在小城厄尔（Earle）郊区首次引起目击者的注意，就在阿肯色州和田纳西州交界，孟菲斯以西约45 km 处。当他们仰头观看时，被螺旋桨的回响声和 "Old Growler" 的活塞发动机不停转动的轰隆声迷住了，他们可能已经注意到了那个飞行员——一个粗声粗气的人。这个小胡子越战老兵名叫戴夫·格里格斯（Dave Griggs），在阿肯色州东部金色的麦田上表演了一系列副翼滚转动作。虽然它只是一架小型飞机，但其辉煌历史令人印象深刻："得克萨斯人" 自从 20 世纪 30 年代起，就用于培养美国战斗机飞行员的空战技巧，并赢得了 "飞行员制造者" 的昵称。但半个世纪后，它更多地出现在飞机博物馆或航空展上。但是，戴夫·格里格斯在 45 种不同类型的飞机上飞行了超过 9 500 h 后，他不可能知道在 6 月的那个明媚的早上，这架小小的 "得克萨斯人" 将成为他人生的谢幕表演座机。

格里格斯当时正准备在厄尔以西几百公里的克拉克斯维尔（Clarksville）参加周末航展，在空中飞行的时间只有约 40 min。目击者回忆说，当时飞机正从麦克内利机场西侧逐步接近跑道，在他们所说的 "低缓" 进场中，可以看出飞行员正在尝试降落。国家交通安全委员会（NTSB）在其官方事故报告中指出："然后它在 8 号跑道上空被操纵到一个反向姿态。" 在这个阶段，格里格斯正在地面上空 20 m 处飞行。"在保持短暂的倒立之后不久，飞机拉起以直立姿态滚转。" 报告继续描述，"然而，飞机是倾斜的，它在跑道上向右倾斜。当飞机的机翼触到跑道时，飞机已经失控，最后'滑入'一片熊熊火焰中。" 49 岁的格里格斯遇难了。他当时已经是海军退役少将、工程师、丈夫、父亲，也是一名经验丰富的航天飞机航天员。

事故发生时，他已经接受训练并成为 "发现号" STS-33 任务的机组成员，预计在 5个月后发射。虽然事故并非发生在执行任务中，也不是在 NASA 的飞机中，但他的死亡还是给航天员团队带来了极大的冲击。葬礼后，他的 STS-33 机组同事凯西·桑顿（Kathy Thornton）无力地走进位于得克萨斯州休斯敦的前哨基地酒馆（Outpost tavern），她的脸颊被泪水浸湿，最后她在吧台前放了一个纪念花圈。这不是航天员第一次也不是最后一次在服役期间丧命，但在所有航天飞机任务中，STS-33 似乎有着一种黑暗的悲剧张力。格里格斯去世后，NASA 不得不宣布一名新航天员作为替代。鉴于发射前可用的训练周期很短，使用新手航天飞机飞行员是不可取的。许多经验丰富的航天飞机飞行员已被分配到其他机组。最后，STS-33 的指挥官弗雷德·格雷戈里（Fred Gregory）建议选择一名经验丰富的飞行员，他的名字叫作约翰·布莱哈（John Blaha）。他在几个月前完成了一次太空飞行，此时，他正在为另一项任务（STS-40）进行训练，但那项飞行任务有足够的时间让一名新手飞行员接替他。6月底，布莱哈正式加入格雷戈里、桑顿、曼利·"桑尼"·卡特（Manley 'Sonny' Carter）和斯托里·马斯格雷夫等人的团队开展任务训练。

代替布莱哈在STS-40上执行任务的是一名"新秀"飞行员席德·古铁雷斯。他告诉笔者："我不知道有一项任务即将落到我身上。当时是夏天，我们全家都在度假，我们开车去了东海岸，拜访海洋城的亲戚，参观华盛顿特区周围的景点。""在开车回家之前，我们先在西弗吉尼亚州一个朋友的度假屋里休息。那个时候还没有手机甚至个人寻呼机，我会给我的助手打好电话，让她有事情联系我。从西弗吉尼亚州的度假屋回到休斯敦，我告诉她，我们只是惬意开车，随着美景走走停停，所以有些时候我的助理联系不上我们一家。当我们停下来在华盛顿读报纸时，得知了戴夫的不幸遭遇。"那个周末，古铁雷斯回到家里并走进前院，然后接到隔壁邻居家的祝贺电话，但是他认为邻居是在挖苦人。

"我说的是你的飞行任务。"

"什么意思？"

"你上报纸了！"然后他注意到了古铁雷斯手中的那张。"不是那个。几天前就发生了这样的事情。"古铁雷斯急忙进屋开始翻找那张报纸，并发现了一篇宣布选择他作为STS-40飞行员的文章。作为一名空军飞行员，这个消息对他来说是非常值得高兴的，但是在格里格斯的死亡阴影的笼罩下，这种喜悦也夹杂着几分悲伤。

STS-33于1989年11月发射。航天员们通过佩戴他们正式的机组袖标来纪念格里格斯，其中包括一颗金星，以纪念他们死去的同事。飞行结束后，他们5个人都换了其他职位，到第二年年底，他们都被赋予了新的任务。但在1991年4月5日一个安静的午后，大西洋东南航空公司2311航班从亚特兰大出发，经过1个小时的飞行，正在接近位于佐治亚州布伦瑞克的Glynco机场（现在的Brunswick Golden Isles机场）。当飞机接近跑道时，地面上没有结冰，在近乎完美的天气条件下，目击者发现飞机的飞行高度远低于正常高度。突然，飞机向左急滚，然后头冲下俯冲下来，坠毁在一片树林里。20名乘客和3名机组人员全部身亡。死者中有两名小孩、一名得克萨斯州参议员和航天员桑尼·卡特。

卡特去世的那天，"亚特兰蒂斯号"航天飞机刚刚发射执行STS-37任务。那天，在任务控制中心值班的是卡特在STS-33任务中的队友斯托里·马斯格雷夫，他的任务是通过无线电与机组人员通信。但是，斯托里·马斯格雷夫本人也不得不被告知这一打击性的消息。"我记得我去找到了斯托里，但我无法告诉他即将发生的事情和他将要被告知的事情，"NASA飞行主任菲尔·伊格拉夫（Phil Engelauf）在为斯托里·马斯格雷夫的个人传记《水路（The Way of Water）》接受的采访中说道："当我把他从前屋带出来的时候，到了休息室，他站在那里与几位同事交谈，我恰巧看到他脸上的血色完全消失了。他坐在控制中心的一个台阶上，双手捂着脸并在那里坐了好几分钟都没有说话。从那以后，那一刻的情景一直伴随着我。"

虽然没有多少航天员在训练驾驶航天飞机时丧生，但格里格斯和卡特的双重悲剧使我们这些局外人往往会忽视这一群体的真实情况。航天员在许多方面都心甘情愿承担航天飞行潜在的风险和航天飞机所造成的危险，其中许多人来自军队，尽管如此（或者可能是因为这个原因）他们作为一个团队的亲密程度通常比任何飞行中队都要高；在某些方面，他们之间的亲密程度甚至比家人更高（见图 2-1）。指挥 3 次航天飞机任务的鲍勃·克里平认为，作为他这个岗位的一个基本组成部分，就是充分了解他的机组人员对某些故障和紧急情况的反应。对他来说，建立一种"情感纽带"来实现他们之间的相互信任是极为必要的，因为每一位航天员都知道有一天他们可能会不得不相依为命。

图 2-1　一组航天员和培训师在练习通过索降篮逃生到发射台上，模拟采用"模式 1 撤离"从航天飞机上逃生

　　　死亡、疾病、家庭悲剧和其他导致机组人员变动的问题，给准备驾驶航天飞机这一本已艰巨的挑战又增加了一层复杂性和变数。机组人员的配偶也是如此，在回忆录《太空漫步（Sky Walking）》中，航天员汤姆·琼斯（Tom Jones）回忆了一群航天员的妻子和卡特的遗孀达娜（Dana）之间的对话。

　　　"你们都很亲近吗？"她问。

　　　"也倒不是。"

　　　"但是你可能需要发展这些关系，"卡特夫人然后回答，"也许有一天你会发现整个群体会彼此依赖。"

2.2　上紧发条

　　　1985 年 4 月 12 日上午，7 名航天员登上"发现号"航天飞机，他们确信不会在当天发射。肯尼迪航天中心上空笼罩着浓密的灰色阴云，以至于航天员唐·威廉姆斯（Don Williams）开玩笑地说，也许他应该给气象人员一份云层"过顶"报告来控诉这糟糕的天气。在威廉姆斯身后，任务专家戴夫·格里格斯解开衣服坐在座位后面和楼下中层甲板的同事聊天，同样确信在这个阴云密布的天气下不可能执飞。一艘船意外驶入危险管制地区直接导致早上的两个发射"窗口"中的第一个被错过了。1 h后，第二个机会出现了，但大自然母亲吟唱着"我不想我们现在就走，我们只想待在这一起闲聊"，威廉姆斯回忆道："每个人都认为我们会在 24 h 内完成一次计划调整，然后在第二天重新发射。"

然后，当发射控制中心的工程师和经理考虑呼叫取消时，NASA 的管理人员詹姆斯·贝格斯（James Beggs）走进了发射大厅。之后，在与有效载荷客户协商后，NASA 测试主管（NTD）批准延长发射窗口，并手动重启倒计时。"突然之间，大家都争先恐后地收紧自己的安全带，戴上头盔并且回到了自己的工位。"威廉姆斯补充道，"我们不敢相信他们会在这样的情况下达发射命令，因为天气还是不好。"最后，航天员杰夫·霍夫曼（Jeff Hoffman）将格里格斯绑回座位，然后回到自己的座位上，那个位置靠近"发现号"的侧舱门。在第二个发射窗口错失前不到 1 min，"发现号"顺利升空并进入太空。但当天上午的事件表明，无论是否有意，满足发射计划的管理压力和一些头脑发热的动因，仍然是决定在该时间段内发射航天飞机的重要驱动因素，但其实是不合常理的。

1986 年 1 月，在"挑战者号"失利之前，人们一直希望这支可重复使用的航天飞机机队能使原本进入近地轨道的艰难任务变得越来越"常规"，达到每一两周发射一次的频率。因为航天飞机将把人类航天飞行从少数人的特权变成大众行为。这种普遍的言论得到了 NASA 幕后操纵者的支持。他们认为，航天飞机将比一次性火箭更频繁、更便宜地将商业卫星送入轨道，并为客户代表提供"免费"太空座位的福利，这是其他发射服务无法提供的独特好处。飞行主任尼尔·哈钦森回忆道："外部力量一直在推动将航天飞机投入商业使用。"

这种奇特的"群体思维"将航天飞机描述为媲美波音 747 的太空航班，这与航天飞机是一种高度劳动密集型机器（译者注：航天飞机很难量产）的现实截然相反。航天飞机有效载荷系统结构部门前经理罗伯特·雷恩（Robert Wren）说："当你乘坐的 747 飞机发展到了一定程度，它的一切都被实际应用飞行考核过了，现在你只要向不同的客户销售数百架就行，因此它们是十分有用的运载工具，是量产化的飞机产品。""但是航天飞机从来没有这样做过，它真的不打算这样做。它是如此复杂、如此精密，以至于你唯一可以将它归类的类别就是：一种试验性运载工具。"每次执行任务后，再次翻修的过程是如此复杂，每架航天飞机实际上飞回来后都需要被再次分解检查和重新组装。经过如此一番整修工作，在下一次飞行前几乎就是一架全新的飞行器。此外，还有制动和轮胎的问题以及航天飞机主发动机令人恼火的故障等因素需要考虑。热防护系统的遗留问题以及固体助推器致命的设计缺陷等都有待解决。这些都只是上百个潜在的可能导致灾难性失败后果中的几个最为普通的问题。NASA 前分系统负责人约翰·"唐尼"·霍特（John 'Denny' Holt）承认，"航天飞机从来就不是真正意义上的实用性运载工具"，"但是它具备一定发展潜质"。

在 1986 年 1 月之前，随着一次又一次的任务发射成功，这种表象使人们相信航天飞机确实是可以运营的。从广义上讲，它不仅可以足够"安全"地运载专业航天员，也包括其他行业的普通平民（见图 2-2）。然而这是一个灾难性的谬论。从一开始，该飞行器就确定了 3 个主要"市场"：商用、科学和军用。1984 年 8 月，首飞的欧洲"阿里安 3 号"火箭开始证明其作为可靠运载火箭的价值。与此同时，NASA 关于每一两周飞行一次航天飞机的承诺似乎越来越空洞。1985 年 4 月 12 日，在"发现号"发射的前几天，据透露，"备用"的"德尔它（Delta）"一次性火箭正在制造中，以避免航天飞机进一步延误。对于可重复使用航天器的研制进度保持能力，似乎没有引起足够重视。1985 年计划执行 13 次任务，但这一年里仅仅飞行了 9 次。NASA 太空飞行助理局长杰西·穆尔（Jesse Moore）坚持认为，航天飞机与"阿里安 3 号"运载火箭完全不同。航天飞机是载人的，对于航天员来说，"日程安排是次要的，任务安全和成功是首要的"。他的意见毫无疑问是中肯的，也忠实反映了当时 NASA 内部大多数人的观点。然而在"挑战者号"失利后，调查人员发现了航天飞机部件存在质量问题的关键证据，表明 NASA 在执行"安全飞行第一"的原则上打了折扣，在航天飞机使用维护的实际工作中漠视了潜在的风险，这使之前穆尔的论调十分讽刺。

图 2-2　有效载荷专家克丽斯塔·麦考利夫（Christa McAuliffe）在航天飞机模拟器中，聆听 STS-51L 指挥官迪克·斯科比介绍飞行甲板上的各个系统

事实上，1985 年驱动航天飞机起飞的主要因素不是主发动机的液氧和液氢燃料，也不是固体助推器中的高氯酸铵，甚至不是航天员们的血、汗、眼泪和不断的训练，而是计

划压力。随着飞行任务的连续成功和常态化，压力与日俱增。1982 年 3 次航天飞机飞行任务，到 1983 年增加到了 4 次、1984 年的 5 次和 1985 年的 9 次。1986 年计划达到 15 次，2006 年则计划达到 24 次。位于得克萨斯州休斯敦的约翰逊航天中心的两个模拟器每年只能支持（最多）十几次飞行训练。这样密集的计划显然是为了政治公关。NASA 前导航和推进系统经理大卫·维特尔（David Whittle）回忆道，"很明显，你不会一年飞 12 次，也不会让飞 100 次。除了让我们忙个不停，航天飞机没有扮演其他更重要的角色。但我认为我们从未想过会一年飞 12 次。我认为控制中心无法满足这样的需求，因为这里面需要消耗很大的人力、物力资源（见图 2 - 3）。"

图 2 - 3　1992 年 1 月，在 STS - 42 任务之前，3 个主发动机中的 1 台被安装在"发现号"航天飞机上。为每一次任务准备这些极其复杂的飞行器通常需要几个月的时间

1982 年 11 月，"哥伦比亚号"成功地在 STS - 5 任务中发射了航天飞机的第一、第二颗商业通信卫星，使 NASA 获得了一份 1 800 万美元的合同。人们预计，这种可重复使用的航天飞机最终将超过"阿里安 3 号"，但很少有人期待它能长期保持这种状态。"从来没有人觉得航天飞机的任务会持续很长时间，因为事实上它走了一条昂贵的技术途径，"航天员詹姆斯·"奥克斯"·范·霍夫坦（James 'Ox' van Hoften）回忆道，"他们现在都在考虑使用无人运载工具，可能这才是应该做的事情，因为（像航天飞机）这样发射卫星太昂贵了。"

在航天飞机第一次飞行任务和第 25 次"挑战者号"失事飞行之间，虽然飞行频次大幅增长，但在财政成本、技术挑战和人员安全风险方面，它的代价确实是昂贵的。大量的问题迟滞了计划好的发射节奏，从原先计划中的一周一次发射变为每两周发射一次，期间共有 4 架航天飞机轮换执行任务。航天飞机需要具备快速周转能力。"直到航天飞机飞行后，负责所有分系统工作的工程师才开始畏缩。"霍夫曼说道。他甚至回忆起一位工程师曾对他说，当得知每架航天飞机必须在短短的 16 天内完成转运的时候，自己的下巴都要惊掉了。"这又是一件完全不可容忍的事情，"霍夫曼说道，"一架航天飞机至少需要 3 个月的时间才能完成转运，这已经相当快了，但这就是当时人们思考问题的典型方式。"在与作者的通信中，一位前航天飞机工程师对于每年执行 9～10 次飞行任务持强烈的保留态度。他认为这已经达到了可用资源的极限状态，即便让位于 KSC 的航天飞机加工车间 24 小时不间断地进行整修作业，也无法完成既定的严苛工作目标。在"挑战者号"失利前的几个月内，许多承包商每周工作 72 小时，经常 12 小时轮班，这是不合理的。"

"在 1986 年 1 月 6 日试图发射 61C 任务的过程中，这类安全措施的潜在影响暴露出来。"罗杰斯委员会（总统委派负责调查"挑战者号"事故）发布的调查报告指出，"疲劳和轮班工作是导致这次严重事故的主要因素，该事故涉及一次在预定关机前 5 min 内的液氧耗尽。"STS - 61C 是"挑战者号"失利之前最后一次成功的飞行任务，这是一个有趣的例子，不仅因为这是仅有的两次航天飞机飞行推迟不少于 6 次的任务之一。这次任务最初的目标是在 1985 年 12 月 18 日飞行，它通常在发射前 24 小时为工程师提供额外的时间，用以关闭"哥伦比亚号"尾部的机身舱门。第二天，在倒计时 14 s 开始后，右侧固体助推器的液压动力装置（HPU）表明涡轮转速高于允许限值。这个信号最终查明是有问题的，但这已没有实际意义了，因为 NASA 发射窗口的时间不够了，所以这一发射尝试被迫取消。另外，两次试图让"哥伦比亚号"升空的努力都因为恶劣天气而受挫。

但这两次尝试确实让人大吃一惊，罗杰斯委员会的谴责报告指出，导致"挑战者号"的失利和 7 名航天员死亡的事故原因被证明是灾难性的：1986 年 1 月，倒计时在 T－31 s 时自动停止，原因是一名工作过度、精疲力竭的技术人员不小心从贮箱中排出了 1 800 kg 的液氧。在接到指令时，贮箱加泄阀门似乎没有正确关闭。同时，由于一个液氧传感器脱落并卡到了主发动机的管路中，"哥伦比亚号"再次遭遇故障。如果"哥伦比亚号"当天发射，那么这台受到影响的发动机可能已经将传感器吸入其高压液氧涡轮泵中，这台泵的涡轮叶片将以 30 000 次/min 的速度旋转，然后直接把涡轮泵撕碎、摧毁航天飞机并导致机组人员丧生。　"那可真是糟糕的一天，"STS - 61C 飞行员查利·博尔登（Charlie Bolden）在后来的回忆中指出，"如果我们启动了发射程序，这将是灾难性的，因为发动机会爆炸。"

此外，罗杰斯委员会发现了令人不安的证据。这些证据表明，NASA 为提高飞行频率和满足紧张进度而制定的条例是考虑不充分的。在"挑战者号"悲剧发生之前，到 1986 年 1 月，个别航天飞机的备件出现了怨声载道的供应短缺，甚至出现只有 65％ 的备件到位的情况。这导致了越来越轻率的"拆东墙补西墙"现象的出现，那就是从一架航天飞机上"扒下"一个部件安装到下一架航天飞机上。而且，资源倾向于将重点放在"近期"优先事项上，而不是长期问题上。1985 年 10 月，国会削减了 83.3 亿美元的航天飞机预算，直接迫使更多的主要备件延期采购。此外，从一架轨道器到另一架轨道器的维修增加了两架轨道器都受到人为损坏的风险。航天飞机指挥官保罗·韦茨（Paul Weitz）在他提供给罗杰斯委员会的证词中说，"每次你让工作人员进入航天飞机的内部和周围时，它都有可能受到任何类型的意外损坏：不管是把工具落在哪，还是在不知不觉中踩坏了线束或管子。"

　　在灾难发生以前的时候，备件短缺问题对飞行频率的影响不大，毕竟可以临时从其他轨道器上借用一下。在前几年，总有一架轨道器正在建造或正在进行维护和翻新，这使得"拆东墙补西墙"的情况时有发生。但在1986年，4架飞机都完成了全部准备任务（见图2-4），因此没有足够的时间对问题进行充分的调查。"我们从来都没有足够的时间，"前航天飞机主管阿诺德·奥尔德里奇（Arnold Aldrich）说，"一旦我们开始飞行，任务就来得如此之快，一个接一个，你根本无法停下来修缮维护任何东西。"另一位高级处理主管预测，即使"挑战者号"安全飞行，1986年的飞行计划也会在那年春天晚些时候因为备件短缺问题而搁浅。罗杰斯委员会指出："让问题更加复杂的是，NASA很难从其'单次飞行'的任务泥潭中拔出来，去系统性关注计划中的飞行任务频次，""它在为其可重复使用的机队制定产品维护计划方面进展缓慢，在研发使其能够处理与增加的飞行任务频率相匹配的、更高水平的训练质量方面进展缓慢。"当然，"挑战者号"灾难发生之前的几个月，航天飞机任务频率的逐步上升，直接使整个工程在确保飞行器安全和机组接受充分训练的能力达到饱和（本章后面也将提及）。

图2-4　正如每个航天飞机机组人员在每一次发射前夕所做的准备工作一样，包括在发射台上的灭火训练工作。图中所示的航天员在"挑战者号"发射前在一个训练设备中针对不同的情况进行"灭火"，当时团队正努力解决由于紧张的飞行计划带来的各种问题

　　在"挑战者号"失利后的几年中，工程师们完成了超过250项硬件和软件改进工作，同时航天飞机的飞行频次大大降低，达到了更易于管理的水平。这为不同任务的飞行结果

分析提供了足够时间，这种工作可以为更好地执行下一个任务做足准备。依据 1988 年 9 月的运营监测和协调计划，每隔 7～8 次任务后，每架航天飞机将停止使用，以便在主承包商罗克韦尔公司位于加利福尼亚州帕姆代尔的工厂以及在肯尼迪航天中心进行延寿，包括维护、检查和翻新工作。这不仅使升级工作得以实施，更新碳纤维制动片、阻力滑槽、外部气闸、改进的计算机和更好的航电设备，也给了工程师们足够的时间来减轻不必要的负担，同时对电路缺陷和结构腐蚀等情况进行观察，并检查隐藏在复杂系统中的小问题。工程师凯文·坦普林（Kevin Templin）说：“航天飞机始终保持正常的工作节奏。”1996—1997 年期间，在第一个航天飞机设备维护期内，她正在忙于“奋进号”的相关工作，“当执行飞行任务时，有些设备可能会出故障，这种问题通常会发生得很快，并且这是一个非常动态的过程。我们的措施是为了保证不失败，这样就必须在关键设备上设置冗余。我们将安全故障诊断系统安装在航天飞机上，这样我们就能在灾难性故障出现前进行提前预示。”坦普林的话再次提醒人们，航天飞机在“普通”任务（无论是入轨、在轨，还是重返大气层）期间所遇到的各种环境，与它曾经打算效仿的商用客机相比，存在着天壤之别。

在“挑战者号”之后，航天飞机任务缩减的另一个方面是作为“主要”有效载荷的商业卫星，NASA 遵循着这样的逻辑，即只在需要航天飞机独特能力的任务中才让航天员冒险。事实上，1985 年 6 月，当 Arabsat-1B 作为有效载荷在 STS-51G 上飞行时，据报道，它没有通过所有的发射前安全审查。“机组人员建议不要飞行，”STS-51G 航天员约翰·法比亚（John Fabian）说，“安全办公室建议不要飞行，但 NASA 管理层决定执行任务。”在美国，不为沙特阿拉伯这样的主要盟友运送货物，这种政治尴尬难以忍受。“与商业方面合作是一次很好的经历，”前首席飞行主任兰迪·斯通（Randy Stone）回忆道，“虽然从这个角度来看，有点麻烦，因为我们不能像商业人士希望的那样迅速完成所有事情。”但前 NASA 局长詹姆斯·贝格斯坚定不移地笃信，从机队中移除商业服务是一个错误。“争议是你不应该冒生命危险，”他反思道，“但是当你驾驶航天飞机时，无论如何你都是在冒生命危险。”1992 年 5 月，该政策出现了偏差，当时“奋进号”执行了它的首飞任务，即回收搁浅的 Intelsat-603 商业通信卫星，然后安装新发动机并将其送回轨道。尽管 STS-49 和 9 000 万美元的打捞行动取得了成功，但这表明“挑战者号”的一些教训正在逐渐从 NASA 的意识中消失。军方也不再使用高度可见的航天飞机为其运送秘密有效载荷，而是重新使用一次性火箭。再加上在测试和维护方面更加保守，使得航天飞机在“挑战者号”之后的全盛时期的飞行频率下降到每年不超过 7 次发射。

2.3　机组动态和现实生活

在航天飞机早期的平静时期，受过 NASA 训练的“核心”机组人员——指挥官、飞行员和任务专家通常被分配为完整的单位，尽管他们的有效载荷经常发生变化，因为技术困难推迟了一些飞行，而其他人则继续推进航班清单。其中一次飞行是 STS-41E，最初计划于 1984 年 8 月部署一对商业卫星和一个自由飞行的太阳天文台。但是在几周前令人痛心的发射台中止后，STS-41E 被取消并重新安排在 1985 年 2 月（那次飞行也被取消，不幸的机组人员最终在次年 4 月执行了完全不同的有效载荷任务）。对于航天员来说，这种性质的取消和延误非常令人失望，他们已经训练了数月，并在精神和身体上为飞行做好了准备，然而被不断变化的任务清单反复折磨。STS-41E 指挥官卡罗尔·"勃"·鲍勃科（Karol 'Bo' Bobko）认为，保持机组人员的士气是他的责任。"我记得'勃'让我们大家一起吃晚饭，"机组成员杰夫·霍夫曼回忆道，"他意识到他必须为士气做点什么。"

STS-41E 机组人员的遭遇在前"挑战者号"时代可以说是司空见惯。

一些航天员发现自己同时被分配执行两项任务，这使得机组人员难以有效地凝聚在一起并完成必要的训练。"在那些日子里，航天飞机每年计划要飞行 60 次，"飞行运营理事会训练部前副主任卡尔·谢利（Carl Shelley）说，"我们放弃了幻想，因为飞行这活儿根本不可能会非常常规。我的工作是，好吧，到底要通过什么渠道让足够多的航天员来飞行这么多次航班？航天员一年能飞多少次？我们最终得出结论，在最好的条件下，也许我们可以让他们进行 4 次飞行。"在一些航天员看来，以这种背靠背的方式快速飞行是正确的做法（见图 2-5）。"没有比刚刚着陆的人更训练有素的航天员了。"航天飞机指挥官约翰·布莱哈曾如此认为。

图 2-5　1995 年 7 月，STS-70 指挥官汤姆·亨里克斯（弯腰检查航天飞机的起落架）和飞行员凯文·克雷格尔（左）在"发现号"上着陆后。不到一年后的 1996 年 6 月，他们转而一起执行第二次任务

　　"如果他们转身回来又飞，个人观点，我认为进行大约一个半月的训练后他们就可以发射了。因为上升和再入会消耗如此多的训练，而你已经有了一个（不错的）基础，你只需一些上升和再入的熟练程度，就可以做到这一点。"航天员凯西·沙利文（Kathy Sullivan）也强调了让最近飞行的机组人员轮换的重要性。"如果你在一两年内再次进行飞行，那么整个第一次飞行的基本经验仍将是比较新的，因此你可以跳到后续的发射任务中。"其他人，包括杰夫·霍夫曼，发现他们的家人问他们是否有假期。

　　与许多最完美的计划一样，它从未发生过。只有 27 名航天飞机航天员（约占总数的 7%）在一年内发射了不止一次，没有比这更频繁的飞行了（一个完整的机组人员在 1997 年 4 月到 7 月的 12 周内发射了两次，但他们的飞行任务是使用相同的轨道器和有效载荷）。飞行过于频繁造成困难的一个典型例子是史蒂夫·内格尔（Steve Nagel），他于 1984 年 2 月被任命为计划于 1985 年 10 月发射任务的飞行员。当时，他正在为 1984 年 10 月的另一次飞行训练。如果两者都按预期飞行，它们之间的间隔大约一年，会给他一个合理的时间准备。但是，当内格尔的第一次飞行计划被推迟到 1985 年 6 月，并且他的第二次飞行计划没有相应推迟时，问题就出现了。结果，他发现自己处于令人尴尬的境地，要为两个相隔仅 4 个月的复杂任务进行训练。他的第一次飞行的指挥官注意到了这个问题，并成功地通过谈判让内格尔留在了两个机组中，但事实证明这远非理想状态。

　　另一位经常肩负高密度任务的航天员是鲍勃·克里平，他在 1983 年 6 月至 1984 年 10 月期间指挥了 3 次飞行任务，最后两次任务仅相隔 6 个月。理由是随着航天飞机的飞行频率加快，航天员需要从一个任务快速轮换到下一个任务。这种做法暴露了严重的运营问题。当他被分配到他的最后一个任务 STS-41G 时，克里平仍处于前一次飞行训练的中途，几个月内无法加入他的新机组。更糟糕的是，该机组成员相对缺乏经验，并且是在他缺席的情况下进行训练。STS-41G 航天员戴夫·利斯特马（Dave Leestma）说："我们承受着很大的压力，要知道我们在做什么，而不要搞砸了。因为任务运营部门正在认真地看着我们，看看这是否可以完成。""你能在一名机组人员缺席的情况下训练吗？而他正在进行另一次飞行。"

　　幸运的是，唯一的另一位资深机组人员萨莉·赖德（Sally Ride）之前曾与克里平一起飞行过。她知道他是如何"驾驶"航天飞机飞行的，并且能够代替他担任几个月的代理指挥官。STS-41G 的航天员凯西·沙利文说："萨莉在许多方面基本上都是连接的纽带，无论是对克里平，还是对我们所有新手来说都非常重要。""我们刚开始训练，即将开始飞行，而且之前没有和克里平一起工作过。萨莉可能是一个稳定的依靠，并让我们对这 3 件事有一些信心。这对我们很有帮助，一方面可以快速通过那些经过详细设计的、必须大量训练才能形成习惯的操作流程；另一方面可以有效规避只有克里平在场的情况下才能知悉的禁忌事项。"然而，即使克里平确实加入了他们，并利用他丰富的经验来执行任务，机组成员仍然发现自己要为在航天飞机模拟器中投入每周 90 h 的令人筋疲力尽的工作做好准备。从 NASA 的角度来看，这种航天员同时兼顾多个机组的任务模式提供了宝贵的数据，表明航天员每年可以执行多次任务。但从局外人的角度来看，包括记者亨利·库珀

（Henry S. F. Cooper），它的作用与它试图创造的事物相反。"这违反了 NASA 培养一批经验丰富的航天员的政策，尤其是……实现每月一次飞行的频率，"库珀在他的《升空前》一书中写道，"鉴于他的迟到，再次选用克里平似乎更加不寻常。"

因此，机组人员动态调整是每个航天飞机机组人员在最具挑战性的情况下，发挥最佳作用的关键推动因素。决定每次飞行的"基调"（以及其成功或失败的责任）的核心人物是任务指挥官（见图 2-6）。"在领导位置有一定的孤独感……随之而来的是完成任务的责任，"前航天飞机指挥官唐·威廉姆斯说，"如果出了什么问题，那不是别人的错，而是指挥官的错。在海军，如果一艘船在半夜搁浅，而你是舰长，恰巧你在你的铺位上。此时，不是舵手或甲板上的军官应该撤职，负责的应该是舰长。当你指挥一项任务时，情况也是如此。你选择的任何着陆点都是好的着陆点。"

图 2-6　每次飞行的指挥官都在对机组人员的期望方面定下基调，并对任务的成功负全责。
STS-107 指挥官里克·赫斯本德（Rick Husband）在水中求生训练期间向一名机组人员竖起大拇指

在封闭和高度紧张的环境中一起进行了一年或更长时间的训练,航天飞机指挥官在营造和谐的机组状态方面的作用至关重要。"指挥官对任务的成功负责,这是理所当然的,"前航天飞机指挥官、NASA 副局长弗雷德·格雷戈里说,"指挥官的次要角色是确保机组人员玩得开心。团队变成了一个家庭。这不是一个功能失调的家庭,而是一个同时接受优点和缺点的家庭。一个人不会变得如此任性,以至于他或她认为团队的成功只取决于一个人。我总是说一个好的机组就像跳芭蕾舞:它在某些方面很有音乐感,而且非常协调和美丽。你站在它后面看它,它看起来很完美,像一幅油画,虽然有很多小瑕疵。"

指挥官的领导风格与每一次任务的成功息息相关。约翰·布莱哈曾在 STS - 33 上担任格雷戈里的驾驶员,之后他自己指挥了两次飞行。他对那些避免对机组人员进行"微观管理",但允许他们犯错误,以确保在发射日前做好充分准备的指挥官印象特别深刻。"他们都是敏锐的人,"布莱哈指出,"他们不需要被当成小孩子一样照顾。你必须告诉他们,他们的责任是什么,然后不要忽视他们。"航天飞机指挥官兼首席航天员罗伯特·"霍特"·吉布森(Robert 'Hoot' Gibson)表示同意,"我的领导风格不是发出命令并告诉他们该做什么,"他承认道,"不要过度监督。没有人喜欢你紧紧盯着他们的一举一动,挑剔他们所做的每一件小事,如果他们做得不对就被言语相加。你不必捶胸顿足。每个人都知道谁是指挥官。你不需要强调这一点。"

有几次,航天飞机机组人员在训练中途调整,因为航天员因疾病、受伤、纪律处分或家庭变故等原因被更换。1990 年 7 月,吉布森和另一位资深航天飞机指挥官戴维·沃克(Dave Walker)因违反 NASA 飞行规则而受到责罚。吉布森在参加周末航展时与另一架飞机相撞,而沃克则无意中将他的 T - 38 喷气教练机飞得太靠近商用客机。因此,两人都被暂停飞行并失去了各自的航天飞机指挥权,但可以继续执行后续任务。一名航天员从一项任务中退出,以照顾罹患癌症的妻子。1993 年 5 月,斯托里·马斯格雷夫在热真空室的设备测试中遭受严重冻伤,差点失去了他在第一次哈勃空间望远镜维修任务中担任首席太空行走者的职位,幸亏一位阿拉斯加专家及时处理才挽救了他的手指。其他人因不明的原因错过了飞行任务,包括马克·李(Mark Lee),他在一项重大国际空间站(ISS)建设任务中作为首席太空行走者接受了两年多的训练,结果被停飞和替换,而且没有任何解释。李的 STS - 98 同事汤姆·琼斯在他的回忆录《太空漫步》中写道,"不公让其他队员感到厌恶,以至于他们想辞职。但他们知道,将徽章扔在桌子上后,就会任命另一个经验不足的机组,我们的同事将有不到一年的时间来准备执行任务。"

任务也会因机组人员生病而延误。1990 年 2 月,STS - 36 的指挥官约翰·克赖顿(John Creighton)在发射前几天出现了严重的咳嗽和上呼吸道感染。他被要求搬出航天员宿舍,以限制与其他 4 名队员的接触。他们无法抗拒恶作剧的机会,用长柄扫帚将餐盘推到卧室门口,为他提供早餐、午餐和晚餐,然后撤退,同时头上戴着塑料袋。但是,疾病对成功执行价值数百万美元的航天飞机任务产生的严重影响可能还没有受到足够的重视。1990 年 10 月,"尤里西斯(Ulysses)号"太阳探测器需要在极短的三周窗口内发射。为了避免任何航天飞机机组人员生病的可能性,NASA 史无前例地决定指派一个后备团队来

"跟随"他们的训练。随着情况的发展，后备队的训练逐步取消了。1990 年年末，航天员盖伊·布卢福德（Guy Bluford）在为 STS-39 进行深入训练时，背部椎间盘突出。虽然物理治疗效果很好，但这种疾病需要手术，这增加了布卢福德（7 名队员中仅有的两名退役军人之一）不得不被替换的可能性。幸运的是，任务指挥官迈克·科茨（Mike Coats）明智地重新安排了机组人员的训练工作量，这让布卢福德得以进行手术、恢复并重新加入飞行。总的来说，他只失业了两周，一个月内就恢复了健康。

然而，这些事件突显了疾病或受伤（以及无情训练和"睡眠转换"带来的极度疲惫）可能对机组人员安全、成功执行任务的准备情况产生的影响。1991 年 9 月，在航天员迈克·兰普顿（Mike Lampton）计划执行一项重要的地球科学任务的 6 个月前，他被诊断出癌症，并调整为执行 STS-45 任务。1997 年 1 月，在航天员唐·托马斯（Don Thomas）准备飞行前 8 周，他从楼梯上滑下，摔断了脚踝。一名替补被指派代替他，但托马斯及时康复了并能够按计划飞行。不太幸运的是航天员克里斯托弗·"格斯"·洛里亚（Christopher 'Gus' Loria）和蒂姆·科普拉（Tim Kopra）。2002 年 8 月，洛里亚在发射前 3 个月被解除了 STS-113 飞行员的职位，原因是家中发生事故进而导致职业生涯终结的背部问题。而蒂姆·科普拉在 2011 年 1 月的一次自行车事故中摔伤了臀部。不久前，他刚被选中担任 STS-133 的首席太空行走者。NASA 别无选择，只能换另一位航天员，这也创下了最短训练流程的记录——仅仅 5 周。在科普拉出事故前几天，老航天员里克·斯图科（Rick Sturckow）被指派继续 STS-134 指挥官马克·凯利（Mark Kelly）的训练。原因是凯利的妻子，国会女众议员嘉贝丽·吉佛斯（Gabriell Giffords）被行刺了，身负重伤。事发时距离 STS-134 发射仅剩 3 个月。幸运的是凯利的妻子顺利康复，使得斯图科无须代替凯利进行训练。

所有的这些事件，尽管出乎意料和充满悲情，而且有可能损害紧密结合的机组人员的默契，但幸运的是，从 NASA 选拔角度出发，这对航天员进行了彻底的兼容性筛选。"选拔委员会总是有一个理念，每隔一段时间，我们就会搞砸，我们将无法挑选出真正应该挑选的人。"吉布森说，他曾参加过几次航天员选拔委员会。"但我们真的不想选择不应该选择的人。他们的观点非常保守，这种模式效果非常好。"在为特定任务分配机组人员时也遵循了类似的流程。"你们花了很多时间一起工作，这是队员选择过程的一部分，"航天飞机指挥官和前首席航天员丹·布兰登施泰因（Dan Brandenstein）说，"你不会把油和水放在一起，而是要寻找相容的人。NASA 会寻找一个很好的组合，他们需要具有符合任务要求的专业人士。"

2.4　训练、团队协作和压力

"挑战者号"失利后，航天飞机指挥官汉克·哈茨菲尔德（Hank Hartsfield）向罗杰斯委员会的调查人员反映了一个严酷的事实。"即使没有发生事故，我们也会碰壁，"他作证说。由于约翰逊航天中心只有两个航天飞机模拟器可用，计划在 1986 年晚些时候进行的两项任务将要求他们的队员在所有任务和紧急情况下接受全面培训……"模拟"时间不超过 33 h。"这太荒谬了,"哈茨菲尔德说,"这是第一次,有人必须站起来说我们必须推迟发射,否则我们不会让机组人员接受训练。"即使是最有经验的航天员,为特定任务进行的训练也可能让他在精神和身体上精疲力竭(见图 2-7)。航天飞机指挥官史蒂夫·奥斯瓦尔德(Steve Oswald)指出:"训练是结构化的内容下沉到最基础的环节,而且一成不变。""对于那些以前没有飞过的人,你将再次经历所有的事情。这一定是一个漫长的过程。我玩得很开心,但后来我就受不了了。"

多年来,不止一位航天员表示,训练制度如此专注于如何从各种可以想象的紧急情况或失败中恢复过来,以至于完全没有问题的发射(幸运的是,大多数发射都是如此)反而让人们认为是意犹未尽。1991 年和 1994 年经历过两次完美飞行的布莱恩·哈蒙德(Blaine Hammond)开玩笑说:"现在 90% 的训练都无关紧要了。虽然许多任务推迟了原定的目标日期,但有些飞行比计划得要早,这给训练工作量带来了另一个负担。"一个案例是 STS-48,它的发射从 1991 年 11 月提前到 1991 年 9 月。指挥官约翰·克赖顿和他的队员最初在模拟器中的优先级较低,现在发现自己排在队列的前面,被迫迅速赶上。"突然之间,我们发现要跳过其他几次任务,而且要早点,不是晚点。所以我们真的不得不争先恐后,"克赖顿回忆道,"那是一段艰难的约 9~10 个月的非常紧张的训练。"

从选择到发射,航天飞机飞行的专门训练通常需要至少一年的时间,旨在将机组人员作为个人和有凝聚力的团队进行加压,以应对各种意外事件。即使是有钢铁般意志的航天员,也会给他们带来巨大的压力。1985 年初,STS-61C 指挥官"霍特"·吉布森和飞行员查利·博尔登在模拟器中,练习发射和上升运行时处理多个故障。首先,他们遇到了发动机故障,然后是与电路无关的小问题。吉布森以前飞过,而博尔登没有。发现故障后,博尔登努力"保护"受影响的发动机。在将注意力转向第二个问题时,无意中选择了错误的总线并关闭了一个正常的发动机。"当我这样做时,发动机失去动力,变得非常安静,"他后来回忆道,"我们从轨道器上的一台发动机停机——我们本来可以摆脱的——变成了两台发动机停机,我们在水中,死了!"如果那个模拟是一次真正的发射,博尔登会给他们所有人带来死亡。吉布森靠在驾驶舱上,拍了拍他的飞行员的肩膀。

"查利,让我告诉你霍特定律。"

"霍特定律是什么?"

"无论事情变得多么糟糕,你总是可以让它们变得更糟!"

但人类毕竟只是人类,即使是经验丰富的航天飞机指挥官也会时不时地犯错。在一次发射模拟中,吉布森注意到固体助推器没有正确分离,因为它们在上升 2 min 时应该这样做,这是一个潜在的灾难性故障。很快,他越过驾驶舱,拨动了一个开关,按下了一个按钮,手动实施分离。但在他急于解决问题的过程中,按错了开关,意外地实施了外挂贮箱的分离,而不是助推器,结果是主发动机迅速关闭。与外挂贮箱和固体助推器的"快速分离"后,模拟的"航天飞机"失控坠入大海,这无疑将导致死亡。"我杀了我的全体机组成员,"吉布森反思道,"为什么会这样?因为我很着急。没有人有机会阻止我,因为我太

图 2 - 7　STS - 60 航天员肯恩·赖特（Ken Reightler）在得克萨斯州休斯敦的约翰逊航天中心训练从全尺寸航天飞机模拟器中紧急撤离。这项训练被设计为尽量接近真实情况

快了！”事件发生后，吉布森制订了一项规则，驾驶舱内被视为“不可逆转”的任何行动都只能在另一名机组人员的同意下进行。此后，指挥官或飞行员将口头宣布他们打算按下开关，而另一名航天员必须在执行之前回答“我明白并同意”。它提供了一个鲜明的提醒，在霍特定律的作用下，航天飞机的不可挽回性及人类航天员的易错性，可能会在一瞬间，

将本来可生存的紧急情况转变为不必要的、危及生命的灾难。

其他指挥官的领导方式大不相同，但同样有效。在他的回忆录《坚忍（Endurance）》中，航天员斯科特·凯利（Scott Kelly）描述了 1999 年 12 月他作为航天员的第一次任务 STS-103 的训练。领导这次飞行的是柯特·布朗（Curt Brown），他已经执行过 5 次航天飞机任务，被认为是航天员办公室最有才华的指挥官之一。在一次训练中，当布朗在模拟器中出现故障后继续工作，按照对任务成功重要性的顺序识别并关注每个问题时，凯利发现了计算机故障。凯利写道："这通常也是他的责任，但因为我没有那么忙，而且我自己可以拿到他的键盘，所以我为他修好了。""我在柯特还埋头于冷却系统问题中的时候输入了命令。"几分钟后，布朗从工作中抬起头，注意到计算机故障警报消失了。

"FF One 的端口故障是怎么回事？"

"我帮你搞定了。"凯利回答道。

"你做了什么？"

布朗很生气。尽管穿着笨重的压力服，绑在航天飞机小型飞行甲板模拟器的座位上，布朗伸手越过驾驶舱，用力猛击凯利的手臂，命令他永远不要再这样做了。"他表达了自己的观点，虽然我不同意他的方法，但我很欣赏他的直率，"凯利写道，"未经他的明确同意，我再也没有碰过他驾驶舱一侧的任何按钮或开关。"

这个插曲不仅完美表明航天员和正常人一样具有非常鲜明的个性，而且航天飞机任务的训练设计得和真实的东西一样有压力。监督这次高风险培训的是一个模拟监督团队，他们为自己赢得了令人"闻风丧胆"的声誉。他们的任务是将各种系统故障和意外的"小精灵"引入训练演习中，以在尽可能接近真实任务的条件下加压（或强化）机组人员。前飞行主任马特·阿博特（Matt Abbott）打趣道，"在现实生活中，事情并没有像模拟中的那样严重。"虽然模拟主管从来没有打算给机组人员如此多的紧急情况，以至于他们不可能从所有紧急情况中恢复过来，但这次演习无疑有助于将机组人员和任务控制团队打造为紧密的团队，这些团队逐渐了解每个人的语气和声音。一位后来成为航天员的模拟主管忍不住将他以前的职业习惯带入他的新职业。在一个模拟器运行期间，首席航天员约翰·扬坐在指挥官的座位上，他顽皮地按下了主发动机的关闭开关。机舱变得不祥的安静，扬被迫宣布紧急情况并执行跨洋中止着陆（TAL）。汤姆·琼斯（Tom Jones）在回忆录中重述了这则轶事，他想知道这位新航天员将如何反应。"你为什么要关掉最资深航天员的一台发动机？"他难以置信地发问。最后，肇事者哈哈大笑，供认不讳。这位前任教官宝刀不老，当即指出扬是误操作了。出乎意料的是，扬喜欢这个恶作剧。

接受模拟监督团队测试的不仅是航天员，任务控制中的飞行控制员也是如此。他们负责监督航天飞机任务的各个方面，他们的训练能够发现系统中最细微的差别和最复杂的软件问题。"这是你能想到的最具挑战性的工作，"飞行主任杰伊·格林（Jay Greene）回忆道，"模拟是心理模拟，与 NASA 提供的任何东西一样具有挑战性。有两件事正在发生，一个是实现训练机组人员与控制中心良好合作，另一个是尽可能训练十几个不同的操作员。与其有一次失败——这可能是你在发射过程中最担心的失败——他们宁可尝试给每个人一些可以处理的事情。飞行主任必须协调每个人的问题，并提出一个解决方案，将机组人员安全地送入轨道或成功中止发射并返航。在一天的时间里，我们可能会运行 8 个模拟用例，每个模拟用例都可能有 10 个不同的错误，用例由模拟器主管输入。到一天结束时，你会遇到 80～100 个问题需要处理。"那些充满挑战的训练的结果，是几乎任何其他行业都看不到的深厚友情（见图 2-8）。尼尔·哈钦森说："当你攻击完对方后，你就必须'坦白'，因为当你犯规时，你没有任何隐瞒。"无论模拟器如何模拟真实的航天飞机发射条件，它们的价值在主发动机和固体助推器在发射场上真正点燃的那一刻消失，地球的枷锁被打破了。

图 2-8　飞行工程师罗伯托·维托里（Roberto Vittori，前）和飞行员格雷格·约翰逊（Greg Johnson）在 STS-134 训练期间，正在航天飞机模拟器中练习上升程序，这是"奋进号"于 2011 年初的最后一次航行

"他们试图通过倾斜航天飞机模拟器来忽悠我们，"航天飞机指挥官保罗·韦茨（Paul Weitz）说，"但它无法与 3 台主发动机和两枚固体助推器相比。你知道你在一往无前的道路上飞驰，且希望它能让你一直在正确的方向上，因为这种感觉棒极了。"萨莉·赖德补充说，"模拟器中的感觉与真实情况出乎意料的接近。它摇晃得恰到好处，声级也差不多，背上的感觉足以以假乱真。""它无法模拟你感受到的重力，但在航天飞机发射时重力也不太大。体感已经非常接近。当然，你在驾驶舱中看到的细节也非常逼真。模拟器与航天飞机驾驶舱相同，你在计算机屏幕上看到的就是你在飞行时将要看到的。"但坐在巨量高爆炸性火箭燃料的顶上爬上太空的深切感受，是所有模拟器都无法模拟的。

2.5　士气和恐惧

尽管大多数航天员都具有 A 型人格①，但随着航天飞机计划经历了两次人类悲剧——1986 年 1 月发射期间"挑战者号"的失事和 2003 年 2 月重返大气层时"哥伦比亚号"的毁灭，恐惧感和士气低落在所难免。很明显，这两起事件都突显了两个关键点：人们越来越意识到灾难的风险远大于之前的计算值（曾经被认为是 1/350），以及航天飞机航天员的巨大勇气。"我并不想乘坐一架航天飞机，它有 1/350 的概率坠毁或发生可怕的灾难，"NASA 约翰逊航天中心前主管杰斐逊·豪威尔（Jefferson Howell）说，"航天员意识到存在风险，但我认为他们没有意识到风险有多大。他们是非常勇敢的人，因为现实的风险已经发生了。而且我们意识到，从设计和建造方式来看，我们无力阻止这种风险。"

在"挑战者号"事故之后的几个月里，航天员团队人员大量流失，至少有 5 名成员辞职和调离。对凯西·沙利文（Kathy Sullivan）来说，媒体对教师克丽斯塔·麦考利夫（Christa McAuliffe）之死的持续关注令人反感（见图 2-9）。"对不起，航天飞机上还有其他人，其中一些人只是发誓为国家效力，"她告诉 NASA 的口述历史学家，"他们没有赢得奖品，也没有搭便车，他们实际上致力于此。这件事以及其他种种愤怒的事情都在我脑海中盘旋。"对于少数航天员的配偶来说，有一种感觉，他们的妻子或丈夫毕竟已经安全返回了，他们想知道再坚持下去的目的是什么。"我们回家吧，"一些航天员的妻子告诉她们的丈夫，"我们去个别的地方吧，我不想看到这种事发生在你身上。"

事实上，家庭是方程中经常被遗忘的元素。乔治·"皮克尼"·尼尔森（George 'Pinky' Nelson）执行了"挑战者号"失事之前的最后一次任务和事故发生后的第一次飞行，他回忆起了自己制订家庭支持计划的工作。该计划采用了一份正式签署文件的形式，概述了 NASA 在执行任务期间和发生任何意外事件后将如何照顾航天员的家人。以前，航天员个人负责带家人到佛罗里达州，支付路费和寻找汽车旅馆。配偶会被空运至发射和

---

① 美国学者 M.H. 弗里德曼等人研究心脏病时，把人的性格分为两类：A 型和 B 型。A 型人格者属于较具进取心、侵略性、自信心、成就感，并且容易紧张。A 型人格者总愿意从事高强度的竞争活动，不断驱动自己要在最短的时间里干最多的事，并对阻碍自己努力的其他人或其他事进行攻击。B 型人格者则属于较松散、与世无争，对任何事皆处之泰然。

图 2-9　1986 年 1 月 28 日，在"挑战者号"迪克·斯科比指挥官带领机组成员朱迪·雷斯尼克（Judy Resnik）、
罗恩·麦克奈尔（Ron McNair）、迈克·史密斯（Mike Smith）、克丽斯塔·麦考利夫、埃利森·鬼冢
（Ellison Onizuka）和格雷格·贾维斯（Greg Jarvis）前往"挑战者号"灾难性的最后一次发射的发射台。
作为一名平民教师，麦考利夫赢得了媒体的关注，遗憾的是付出的代价是全体机组成员的牺牲着陆地点，但孩子只能麻烦朋友和邻居照顾。杰夫·霍夫曼（Jeff Hoffman）执行过 5 次航天飞机任务，他对这个问题直言不讳。"NASA 现在有公寓，所有机组成员都待在一起，但当时你只能靠自己，"他回忆道，"他们会在发射当天带你到发射控制中心的屋顶，但基本上就是这样。"在 1986 年 1 月多次推迟的 STS - 61C 任务之前，尼尔森的妻子苏茜（Susie）在卡纳维拉尔角的公寓里待了 3 个星期，他们的孩子也没法去学校。"如果事故发生在那场飞行而不是之后的那次，"尼尔森说，"那简直是天降噩耗，我的家人天各一方。"在 1990 年年末一次任务的准备期间，霍夫曼的孩子们在休斯敦登上了一架飞机前往佛罗里达州。就在飞机即将起飞时，发射被取消了，孩子们乘兴而来，败兴而归。

去佛罗里达州参加发射总是很难。"最难的是和你的孩子说再见，"航天飞机指挥官安迪·艾伦（Andy Allen）在史密森博物馆（Smithsonian）的一次采访中说，"在发射前的隔离期间，我会捋清遗嘱，并给我的孩子们写便签和信。"在他的 3 个航天飞机任务实施前，艾伦都录了他家人喜爱的歌曲。他补充说："虽然在海军陆战队和航空母舰上，作为战斗机飞行员有过无数次千钧一发的时刻，但没有什么比准备太空飞行更紧张的了。""部分原因是我的孩子们已经到有些懂事的年龄：爸爸可能会遇上爆炸，他可能再也回不来了。"

在"挑战者号"事故之后，"家庭护送"——与队员的家庭拥有良好的私交，也愿意解释任务风险的航天员同伴，被分配到每个任务中，以在意外发生时为妻子/丈夫、孩子和亲戚提供支持。伤亡援助呼叫官（CACO）被任命作为家属和 NASA 沟通的纽带。他们有责任处理各种棘手的问题，如去世的航天员是想葬在亲人身旁还是想长眠军营等。失去"哥伦比亚号"后，航天员迈克·马西米诺（Mike Massimino）回忆说，虽然他和其他人一起竭尽一切去帮助抚平创伤，但事故还是对这些钢铁意志的航天人（不论男女）和家庭都造成了影响。有一天，他站在超市排队时突然头昏脑涨，马西米诺在他的回忆录《太空人（Spaceman）》中写道，他钱包都准备好了，但突然间脑子一片空白。幸运的是，马西米诺的一位邻居排在他身后，一边帮他付钱一边说道，"善待这个男人，他度过了艰难的一天。"

某种程度上，在航天员队伍中，指挥官对这种情况的处理方式不尽相同。迈克·郎奇（Mike Lounge）认为前战斗机飞行员永远不会承认恐惧，尽管它一直存在。1985 年 11 月，在 STS - 61B 发射前的最后几分钟，航天员布赖恩·奥康纳（Bryan O'Connor）即将进行他的第一次航天飞机之旅。他瞥了一眼驾驶舱中的指挥官、资深航天员布鲁斯特·肖（Brewster Shaw），看着肖平静地摘下手套，擦去手掌上的汗水。"哦，天哪，"奥康纳想，"我的指挥官在经历过这一切后手都冒汗了！为什么我的手没出汗？如果他紧张我也要紧张！"

几年后，6 名机组人员正在接受 STS - 44 的训练，其中 4 名航天员是第一次参加，只有指挥官弗雷德·格雷戈里（Fred Gregory）和任务专家斯托里·马斯格雷夫之前飞过几次。在升空前的最后几分钟，当新手们谈笑风生时，他们突然注意到斯托里·马斯格雷夫死一般的沉默。

"嗨，斯托里，你怎么不说话？"

"因为我怕得要死。"

那一刻，据 STS-44 的新秀吉姆·沃斯（Jim Voss）回忆，驾驶舱的其余成员也安静了下来。斯托里·马斯格雷夫曾在朝鲜战争中服役，他在高性能喷气式飞机上飞行了数千小时，曾亲眼看见其他航天员牺牲在"挑战者号"上，现在他即将开始他的第 4 次航天飞机飞行。是时候认真起来了，如果斯托里·马斯格雷夫都害怕，那么其他人也应该害怕。

2.6　乘客、政治家和"路线"谬论

最开始，航天飞机是作为政治人物手中的棋子而存在，像商务车一样出售，像客机一样定期且可靠地运行。正如本章前面所述，其向客户提供的"一揽子计划"包括 NASA 为非专业航天员（称为"有效载荷专家"）提供的座位，以陪伴代表其母公司发射的卫星或进行由政府、工业界或学术界赞助的实验，这是其他发射供应商无法提供的奖励。但在"挑战者号"失事之前激动人心的日子里，随着任务的延迟以及有效载荷在频繁变更的飞行清单上波动，有效载荷专家也不断变化。

1985 年 3 月上旬，一名机组人员已经接受了几个月的训练，以从轨道上取回一颗大型科学卫星并将其带回地球，但他们的任务突然被取消了。取而代之的是，他们被分配了 3 颗通信卫星（其中一颗属于沙特阿拉伯）和一颗法国制造的实验卫星。伴随这些新有效载荷而来的是两位"新"有效载荷专家：一名沙特王子和一名法国战斗机飞行员。起初，航天员们认为自己与法国人有更多的共同点（任务的指挥官甚至警告他的队员不要在王子身边时讲任何后宫笑话），但事实恰恰相反。在他们第一次见到王子时，他用一个自嘲的笑话自我介绍："我把骆驼忘在外面了！"

撇开幽默不谈，新的非专业航天员给航天飞机指挥官带来了其他担忧，包括非常真实的安全威胁，以及关于可重复使用的航天器——美国价值 10 亿美元的国家资产——应该如何正确使用的问题，而且是在国际舞台上使用。在一次任务中，墨西哥的第一位航天员在发射前 4 个月被安排到 STS-61B 机组中，以观察该国通信卫星的部署。这让飞行指挥官布鲁斯特·肖感到不安，他不知道新成员在太空中的表现如何。"我可能是一个偏执型的人，但我不知道他会在轨道上做什么，"肖回忆道，"我记得我拿了这把挂锁，然后……走到轨道器侧面的舱口，我锁上了舱口控制装置，这样你就无法打开舱口。"幸运的是，墨西哥航天员证明了他是一名模范机组人员。

这些临时通知的机组任务凸显了职业和非职业航天员之间越来越多的小摩擦。"我们认为将没有经验的人放在那里是不合适的，因为要花费很多资源才可以让他们做好准备，"汉克·哈茨菲尔德（Hank Hartsfeld）说，"你必须了解他们的性格，虽然短时间内很难做到。他们心态是否稳定？如果在轨道上遇到问题，我是否必须照顾这个人，还是他们能够向别的航天员一样自己应对紧急情况？这么做可能是不利的。"

其他人际关系问题也开始掣肘。当布赖恩·奥康纳被任命为 STS-40 的指挥官时，

他对他乘组中有效载荷专家的另一种兼容性持保留意见：物理学家德鲁·加夫尼（Drew Gaffney）和生物化学家米列·休斯-富尔福德（Millie Hughes-Fulford）。"米列和德鲁就像油和水，"奥康纳告诉 NASA 口述历史学家，"当看到他们在办公室共同或独立工作时，或者在训练结束后，他们会把所有的包袱、对彼此的顾虑以及科学上的分歧带到那里，而一旦我们进入了模拟器，这些似乎都不存在了（见图 2-10）。这一点让我感到十分惊喜，这两个人十分专业。"然而，当两人离开模拟器时，奥康纳将他们的关系比作 19 世纪哈特菲尔德与麦考伊两大家族之间的不和（译者注：这两大家族在 1863 年至 1891 年发生了激烈的冲突械斗，目前此一宿怨冲突已成为美国民俗学词汇，指长期积怨）。"每个人都认为相互间会相处融洽，"STS-40 航天员雷亚·赛登（Rhea Seddon）说，"有时这很难做到，尤其是当你们长时间在近距离一起训练时，每个人都有自己的小癖好。"为了确保他们能够在真实任务的极端压力下高效协作，并准确处理飞行中的紧急情况，奥康纳要求对他的机组成员进行迈尔斯-布里格斯（Myers-Briggs）性格评估。结果显示，航天飞机机组人员混合了来自不同背景的军官和平民，具有更广泛的个性。另一位接受迈尔斯-布里格斯评估的航天员是 STS-45 指挥官查利·博尔登，他的机组人员包括一对已经接受了 10 多年训练的有效载荷专家。测试围绕 6 种性格类型展开，其中两种性格类型描述了专注、目标导向的个体，这一特征代表了 15% 的普通群体和高达 98% 的航天员群体。A 型航天员的这种个性特征也许并不令人惊讶，但博尔登发现，心理测试特别有启发性，因为它们揭示了每个机组人员处理平静时期和极端压力时期的应激反应模式。

图 2-10　STS-40 航天员——包括航天员席德·古铁雷斯（右），身着橙色部分压力发射和再入服（LES），参加发射台的终端倒计时演示测试（TCDT）。航天员正在登上索降篮，以模拟航天飞机的模式 1 撤离

　　在后来的几年里，航天飞机指挥官带着他们的机组人员，包括 NASA 航天员和有效载荷专家，以及飞行指导参加由国家户外领导学校（NOLS）赞助的团队建设。航天员在指导员的帮助下，徒步进山了 9～10 天。STS-107 指挥官里克·赫斯本德说："为了能妥善处理所面对的各种情况，团队成员之间必须加强了解。""背包是一种身体上的挑战。学习如何亲自跟踪所有设备也是一项挑战，然后学习如何一起工作，齐心协力并更多地了解彼此。这样当你回来时，就会知道彼此的长处和短处，并最大限度地在剩下的训练流程中运用这一点。"马特·阿博特（Matt Abbott）将 NOLS 远足描述为巩固信任纽带的重要手段，不仅在机组人员之间，而且与任务控制中心也一样。"与机组人员建立友谊和信任非常重要，特别是对于首席飞行指导和一些首席飞行控制员来说，"他说，"要成为该团队和支持这一切的庞大地面团队的一员，你可以建立的这种联系越多，任务就会越成功。你会对其他人的工作方式产生一种默契。"《太空人》中的航天员迈克·马西米诺描述了一次前往加拿大西部冷湖的团队建设探险。"当人们长时间处于极端环境中时，"他写道，"甚至只是脱离了正常的日常生活，他们会更容易生气，团队会分裂，信任和沟通会崩溃。"

　　在前"挑战者号"时代，外国人也不是唯一被考虑的有效载荷专家；政治家、教师和记者也是有可能的。犹他州参议员杰克·加恩（Jake Garn）是负责 NASA 预算的拨款小组委员会的主席，他经常缠着 NASA 局长詹姆斯·贝格斯（James Beggs）来争取在航天飞机上的席位。在他的口述历史中，航天员杰夫·霍夫曼在完成训练课程时了解到加恩的任务。起初，他认为这是一个玩笑，但经验丰富的喷气式飞机飞行员加恩也变成了一名模范机组人员，并在他们的任务中起到了正面宣传的作用。在加恩飞行几个月后，来自佛罗里达州的众议院议员比尔·尼尔森（Bill Nelson）也执行了一项任务。航天员团队对这种做法的明智与否褒贬不一。一些人认为这是 NASA 在公然讨好政府官员。其他人通过在航天员办公室公告板上张贴报名表来嘲讽政治家参加的培训：要求志愿者参加同样短期的课程，以成为一名成熟的参议员。他们带着嘲讽的愤怒并非空穴来风，因为他们有的参加了越战，有的在飞行学校经过大量训练，有的进行了多年的学术研究才走到了这一步。更令人沮丧的是，其他具有正当实验任务的有效载荷专家被转移到较晚的任务上，以便为政客腾出空间。这种做法的一个特别悲惨的例子是休斯飞机工程师格雷格·贾维斯，他被比尔·尼尔森从 STS-61C 上赶了下来，几周后在"挑战者号"上发射时丧生。

　　1984 年 7 月，太空教师计划启动，NASA 受命寻找一位能在轨道上与学生热情交流的天才教育家。从 11 000 份申请中筛选出 114 名入围选手。1985 年 7 月，来自新罕布什尔州康科德的社会研究教师克丽斯塔·麦考利夫最终脱颖而出。1985 年 9 月，她开始与 STS-51L 机组人员一起训练。STS-51L 指挥官迪克·斯科比说："教师通过学校系统来教授这个国家每个孩子的生活，如果你能激发教师这样做的热情，那么你就会激发学生的热情，并给他们留下深刻印象，这是他们一生所期待的事情。"他说道，"在我看来，这对人类来说是一个非常好的尝试。"但并非所有航天员都同意让平民乘坐航天飞机的理念。"这是一个不健康的环境，"约翰·法比亚承认，"我们正在承担不应该承担的风险。我们把人推到机组里，在这个过程的后期，他们从来没有完全融入航天飞机的操作，并且有一种想法，我们只是在另一架波音 747 上装满人，让它从芝加哥飞到洛杉矶。航天飞机不是那种交通工具，但当时就认为是这样。"

即使是执行正当任务的有效载荷专家也会对飞行计划中看似无关紧要的附加内容感到愤怒。1985 年 7 月，在 STS-51F 航天飞机上，一个强大的太阳物理望远镜有效载荷伴随着第二次商业"实验"——测试可口可乐和百事可乐的饮料机。在"挑战者号"发射的前一天，包括太阳物理学家劳伦·阿克顿（Loren Acton）在内的 7 名机组人员在执行任务之前正在听取最新科学数据的简报。突然，NASA 的首席法律顾问走进房间，向他们简要介绍了可口可乐和百事可乐的协议，阿克顿顿时勃然大怒。

"我们已经为这次任务准备了 7 年，"他怒吼道，"它包含了大量的科学知识。我们用来讨论需要了解的最终操作事项的时间非常宝贵，没有时间谈论这个愚蠢的碳酸饮料机测试。请离开！"

首席法律顾问离开了。

可悲的是，在 1986 年 1 月之前的几个月里，航天飞机"商业化"的不懈努力并没有像首席法律顾问那样得体地离开。事实上，当麦考利夫、斯科比和其余 STS-51L 机组人员在"挑战者号"上丧生时，其他平民正在排队执行他们自己的任务。太空记者项目已经被缩减到 40 名人围选手，其中包括普利策奖获得者约翰·诺布尔·威尔福德（John Noble Wilford）和皮特·瑞尼尔森（Peter Rinearson），以及资深的 CBS 新闻主播沃尔特·克隆卡特（Walter Cronkite）。事故发生时，他们正计划于 1986 年 4 月在约翰逊航天中心接受身体和心理检查，然后作为主要和后备候选人于 5 月开始接受 9 月发射的训练。这种让非必要机组人员乘坐航天飞机的做法表面上以"挑战者号"失利而结束，或者只是看起来是这样，因为在 1997 年末，前水星计划航天员、参议员约翰·格伦依然要求自己执行任务。1998 年 10 月，在乘坐 STS-95 航天飞机进行飞行时，77 岁的格伦成为（译者注：2021 年蓝色起源公司将 90 岁的夏特纳送入了亚轨道）有史以来最年长的进入太空的人。这引起了曾目睹朋友在"挑战者号"上丧生的前航天员的大量批评。"航天飞机不是客机，"迈克·马兰（Mike Mullane）写道，"想象一下发射台的紧急情况、飞行中的救援或迫降。在时间紧迫的情况下试图逃离航天飞机……需要闪电般的快速反应。"马兰特别担心年长的格伦穿着全套压力服，带着救生装备和降落伞后，如何在紧急情况下从中层甲板爬到飞行甲板，爬过头顶的窗户，然后从轨道器侧面完成索降（见图 2-11）。

除了笑容之外，航天员团队对于航天飞机相当于一架客机的谬论等产生的隐约不满也逐渐浮出水面。在"挑战者号"失事前 10 天，即 1986 年 1 月 18 日，它的姊妹机"哥伦比亚号"刚刚降落在加利福尼亚的爱德华兹空军基地。由于天气恶劣，它已经从佛罗里达州转移过来。着陆后不久，队员史蒂夫·霍利（Steve Hawley）打电话给他的父亲。

"嗯，"老霍利说，"这不是刚好向我证明了，你们真的很能干，航天飞机就像一家航空公司一样。"

他的儿子被这句话弄糊涂了。"为什么这么说？"

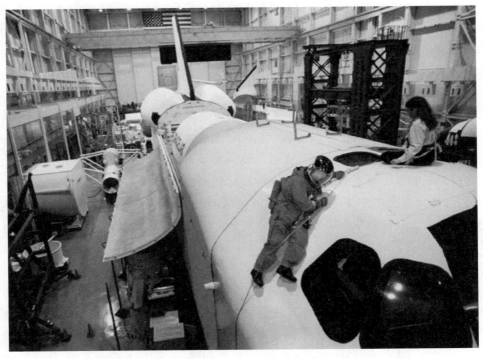

图 2-11　在 STS-95 训练期间，约翰·格伦练习从陷入困境的航天飞机中紧急逃生。本次演习
模拟了模式 5 撤离，着陆后，航天员将借助天空精灵在自生的蒸汽下撤离飞行器

　　"因为你在加利福尼亚，而你的行李在佛罗里达！"（译者注：暗喻航天飞机返回着陆
场临时变更引发的不便。）

第3章　改进，改进

3.1　"当你欠钱时"

那是1981年4月12日，美国东部时间临近7点的前几分钟。"约翰，我们发射团队现在唯一能做的就是祝你们一路平安！"佛罗里达州的肯尼迪航天中心发射控制中心的发射主任乔治·佩奇用无线电说，"我们完全和你们在一起，且非常自豪能成为其中的一员。祝你们好运，先生们！"在历史悠久的LC-39A发射台上，"哥伦比亚号"像一只笨拙的蝴蝶一样用螺栓固定在纯白色的外挂贮箱和两个固体助推器上，准备好开始航天飞机为期两天的第一次任务STS-1（见图3-1）。指挥官约翰·扬表示了感谢，他旁边是飞行员鲍勃·克里平。两人都为STS-1训练了3年，如果不是因为最后一刻的计算机故障，他们可能会提前两天发射。

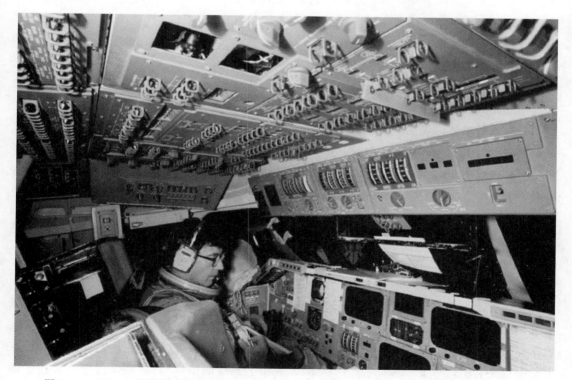

图3-1　STS-1的指挥官约翰·扬参加位于得克萨斯州休斯敦的NASA约翰逊航天中心的
航天飞机任务模拟器训练

　　在 4 月 10 日黎明前的黑暗中，两人穿着笨重的航天服，离开了操作和检测大楼的宿舍，乘坐短途巴士前往 LC-39A 发射台，然后系上了他们在轨道器上座位的安全带。倒计时顺利进行，直到最后预定的"保持点"在 T-9 min，"哥伦比亚号"的 5 台通用计算机（GPC）中的一台出现了问题。NASA 将其描述为"时间偏差"，从故障本质上讲，即备份飞行软件无法与主机正确同步。与早期的载人航天器不同，航天飞机是终极的"电传操纵"机器，完全依赖计算机执行多种不同的功能。"即使是机组人员在驾驶舱内拥有操纵杆和开关……他们也不会直接处理发动机或轨道器操纵面，"前航天飞机主管阿诺德·奥尔德里奇（Arnold Aldrich）说，"他们去找计算机，然后计算机会告诉这些东西该做什么。"事实上，计算机对任务成功至关重要，以至于 4 台"主计算机"都携带相同的飞行软件和诸元并在发出命令之前"投票"。这被称为"一度故障工作，二度故障安全（Fail-Operate，Fail-Safe）"。如果一台计算机的数据与其他计算机结果不符，它就会被否决并判定为是错误的。备用计算机携带一套完全不同的飞行软件，因此，如果所有 4 台主计算机都损坏，它可以控制并引导飞行器安全回家。然而，虽然它可以支持上升和再入命令，并在轨道上控制航天飞机，但备用计算机本身并没有执行完整任务的能力。1981 年 4 月 10 日的问题是由于 4 台主机之间的不当通信。由于工程师们需要解决这个问题，而当天并没有完美的解决方案，发射被推迟到了 12 日上午。

　　据 NASA 前航天器软件部门副主任杰克·加曼（Jack Garman）回忆，航天飞机计算机背后的理论基础不是基于一个超级可靠的系统，而是一个高度冗余的系统，具有足够的备份能力。"航天飞机的整体概念是尝试'四重冗余'，实现一度故障工作，二度故障安全。"他说。但是，这个带翼的飞行器是一个极度复杂的航天运输系统，使得无法将如此高水平的冗余整合到每个系统中。"在机翼上做到这一点有些困难，"加曼补充道，"有一些非常基本的事情你无法做到，但总的来说，在可能发生故障的系统上，它们具有四重冗余。你在 4 台机器上有相同的软件，如果那个软件有错误，正如我们在航天飞机程序中多次证明的那样，所有 4 台机器都会乖乖地做完全相同的事情。"开发软件已经投入了大量资金，航天员和飞行控制员在航天飞机航电集成实验室（SAIL）昼夜不停地工作，以解决其特殊问题。

　　"软件成为最大的绊脚石，"航天飞机指挥官戈登·富勒顿（Gordon Fullerton）回忆道，"这些计算机中的软件不仅可以控制你的飞行地点和飞行路径，还可以控制几乎所有其他子系统。我们在 STS-1 任务中充分测试软件并让模拟器编写了清单，但并没有完全理解它。你不可能百分百确定一切。"事实上，在航天飞机的服役生涯中，计算机的问题反复出现。1984 年 6 月和 1985 年 8 月的两次发射尝试部分由于备份计算机的问题而被取消。当阴极射线管（CRT）监视器一片空白，整个计算机出现故障，并且需要由航天员在太空中更换它们时（如 1989 年 5 月在 STS-30 上发生的那样），这些飞行中的维护显得尤为必要。当然，还有一些其他形式的软件故障，甚至有一些在再入之前就失效了。升级后的 AP-101S 计算机内存比原来的 AP-101B 大 2.5 倍，处理器速度提高了 3 倍，于 1991 年 4 月在 STS-37 上首次飞行，并于 1993 年底安装在所有轨道器上。从 2000 年 5

月的 STS - 101 开始，价值 8 050 万美元的多功能电子显示系统（MEDS）投入使用，它由 11 个全彩色平板显示器组成，基于波音 777 的"玻璃驾驶舱"架构。到 2005 年，MEDS 应用到所有在役的航天飞机。

但是，直到为"哥伦比亚号"首次发射做准备时，其中的大部分内容距离完工仍然还有很长的路要走。1981 年 4 月 12 日，在技术人员安装了一个软件"补丁"来纠正计算机计时问题之后，扬和克里平再次登上了轨道器，进行了第二次进入太空的尝试。在这个场合，最后几分钟就像发条一样（令人紧张）。在 T−31 s，倒计时的控制权从人工执行的地面发射时序控制器（GLS）移交给计算机自主控制。地面计算机现在承担着备用的"监控"角色，航天飞机的电子大脑可以监控数百种不同的功能，并确保有史以来最复杂的试验飞行器准备就绪。

"T−20 s，流程继续，"NASA 公共事务播音员休·哈里斯（Hugh Harris）喊道，"T−10、九、八、七、六、五、四……我们已经开始启动主发动机了……"

在美国东部时间早上 7 点前 6 s，佛罗里达州沉睡的一切都立即被一阵低沉的、咆哮式的、雷鸣般的轰隆声惊醒。在 3 个航天飞机主发动机的黑铃铛似的喷管下，发射台的 6 个氢燃烧点火器突然产生了一阵火花。这是为了去除残留在发动机下方的过量氢气，以消除其在起飞时产生的冲击波点燃和损坏航天飞机或发射台的风险。随着主发动机以 120 ms 的时间间隔咆哮起来，一片半透明的橙色火焰形成了 3 个跳动的马赫波菱形区，超声速燃气从发动机喷管中完美涌出。巨大的蒸汽云迅速遮住了航天飞机，并在星期天早晨的晴朗空气中翻涌。突然，扬和克里平意识到他们要骑着一只野兽进入太空。

"我们已经启动了主发动机，"哈里斯继续说道，他的声音在压抑的兴奋中提高了一个 8 度。他接下来的话被两台固体助推器断断续续的"爆裂"声淹没了，它在 T−0 s 点燃，正好在整点。"哥伦比亚号"冲出 39A 发射台（见图 3 - 2），在 3 500 名聚集的观众（还有数十万电视观众）的欢呼声、泪水和恐惧声中迅速离开了发射塔。"我们已经升空了美国的第一架航天飞机，"哈里斯滔滔不绝地说，"航天飞机已经通过了发射塔！"

从驾驶舱的座位上，扬和克里平可以明显地感觉到航天飞机在前后晃动，因为发动机的冲量产生了明显的声浪，然后机舱内的噪声也相应急剧增加。尽管克里平后来记得主发动机的喧嚣确实引起了他们的注意，但正是固体助推器的快速点火让他们确信他们真的是在快速上升。曾 7 次乘坐航天飞机的航天员杰里·罗斯（Jerry Ross）将这种感觉描述为，有人拿着棒球棒猛击他的座椅靠背。在上升的前几秒钟，扬和克里平的仪器因不断的颤抖而变得模糊，勉强可以辨认。10 s 后，当通用计算机指示航天飞机滚转到正确的航向（40.3°倾斜轨道）上时，航天员注意到箭体振动已较弱，至少可以看清显示器了。

"起飞滚转启动，"扬用无线电说道，"哥伦比亚号"执行轴向滚转，以将飞行器定向到正确的飞行方位，然后在执行任务 1 min 后达到最大动压点（俗称"Max Q"）。那天早上坐在任务控制中心的飞行主任尼尔·哈钦森说："当你让飞行器爬坡时，你仍然处于可感知的大气层中，它会承受巨大的空气动力学压力。""你必须获得完全正确的气动攻角。它有一个非常窄的运行窗口，让高空风速度方向与航天器飞行的速度方向相重合，你

图 3-2　美国东部时间早上 7 点，"哥伦比亚号"首次从 39A 发射台升起（见彩插）

必须在获得最大动压之前很久就完成整个过程。"坐在哈钦森附近的是航天员丹·布兰登施泰因（Dan Brandenstein），他担任指令舱通讯员（Capsule Communicator 或"Capcom"），他是唯一一个直接与机组人员说话的人。在收到扬确认滚转计划正在进行中后，布兰登施泰因以轻松、快节奏的方式回答："收到，正在滚转！"

穿过低层大气，"哥伦比亚号"经过高度加固的驾驶舱外传来的气动噪声，逐步增强为类似于尖叫般的颤音。在离开 LC-39A 和佛罗里达州海岸线 1 min 后，飞行器到达约 15 km 的高度并顺利通过 Max Q。为了避免在这个高动态的阶段超出机身的结构承载上限，通用计算机命令主发动机节流至 67%，约占其额定性能的 2/3。在通过 Max Q 不久之后，发动机再次被提升到全功率。一位经验丰富的航天飞机指挥官将其比作在山顶乘坐过山车，唯一的区别是，就在预期的下降开始之前，没有下降，肾上腺素继续飙升。

"哥伦比亚，加速！"布兰登施泰因说。

"收到，加速！"扬回答说。

"我现在回去听录音，"布兰登施泰因告诉 NASA 的一位口述历史学家，"第一或第二个呼叫，我几乎是在朝他们大喊，我想我有点兴奋。"

固体助推器持续不断的噪声逐渐变得零星，并且随着分离时间的临近，即上升 2 min 后，它们已经减小到几乎没有声音。当助推器的分离电动机启动并将它们推开时，航天员们目睹了橙黄色的闪光穿过"哥伦比亚号"的机头和舷窗。它们的离开伴随着刺耳的声音和相当数量的黏稠物沉积在航天飞机的窗户上。这两个固体助推器都会以伞降的方式着陆到发射场东约 250 km 处的大西洋，以进行翻新和再利用。

此时，扬和克里平有一种奇怪的感觉，即他们停止了加速，就好像他们驾驶着一台平稳的电动发动机。"一切都变得安静祥和，"航天员比尔·勒努瓦（Bill Lenoir）说。航天员特里·哈特（Terry Hart）补充说："你的感觉是你迷失了，又掉回了水里。""你认为你没有像你应该的那样加速。反正我对主发动机了如指掌，非常熟悉发动机能做什么或不能做什么。我想在接下来的 1 min 里，我必须检查主发动机，以确保它们正在运行，因为我发誓我们只有两台在工作。只是感觉我们没有足够的推力让它进入轨道。然后，渐渐地，外挂贮箱变得更轻，当然，在发动机推力相同的情况下，你开始越来越快地加速。几分钟后，我觉得，是的，我猜它们都在工作。"其他机组也注意到了同样的现象。在 STS - 65 上，固体助推器离开后突然的、出奇的沉静是如此令人不安，以至于航天员吉姆·霍塞尔（Jim Halsell）本能地靠在他的座位上，检查主发动机数据磁带机是否一切正常。

在飞行的这个阶段，轨道器/外挂贮箱组合已经远远高于大部分可感知的大气层。随着固体助推器的消失，扬和克里平发现翻转开关明显更容易。"哥伦比亚号"又加速了 6 min，达到了马赫数 19，几乎是 23 340 km/h，然后主发动机开始节流，以保持 3 g 的过载并避免机身承载过度。在整个上升过程中，扬的心率最高为 90 次/min，克里平的心率为 130 次/min。任务结束后，扬打趣说，他的旧心脏根本拒绝跳得更快。但尼尔·哈钦森有另一种解释，他眼珠一转，说估计镇定自若的扬一直都在睡觉。

在飞离地球表面 8 分 30 秒后，航天员们感到自己越来越轻。然后，突然间，通用计算机命令主发动机关闭，相当于地球重力 3 倍的力——就像一只大猩猩坐在胸口上——立即被失重所取代。19 s 后，其低温液氢液氧推进剂耗尽的外挂贮箱被抛弃，在印度洋一片人烟稀少的大气层中安全燃烧。当第一批失重痕迹以垫圈、锉屑、螺钉和金属丝的形式出现时，扬和克里平咧嘴笑了起来，它们开始从机舱的每个角落和缝隙中解放出来，滑稽地漂浮在半空中。不到 1 h 后，"哥伦比亚号"的两个轨道机动系统发动机在 145 km 的轨道上持续"燃烧"。航天飞机的处女航正式开始。

但是，将"哥伦比亚号"送入轨道的成功掩盖了一个事实，即 STS - 1 可以说是历史上最危险的试验飞行。所有其他美国载人航天器，从过去的水星、双子座和阿波罗到今天，还有明天的"龙""星际快线"和"猎户座"载人飞船（译者注：时至今日，"龙"已经完成了与国际空间站的载人交会对接），在交付之前都已经历了各种无人测试。与此形成鲜明对比的是，在 STS-1 上，航天员在第一次发射时就骑着这只飞行巨兽。那天，扬和克里平展现的勇气是令人印象深刻的。然而，这一决定背后有技术上合理的理由。尽管设计了"自动着陆"功能，但许多航天员认为，在没有机组人员的情况下飞行和着陆非常困难。"你必须有一名飞行员在那里负责着陆，"航天飞机指挥官乔·恩格尔坚持说，"幸运的是，自动驾驶一直到完成着陆将需要更多的成本和开发时间……我认为我们提出的阻止开发自动驾驶仪的理由是，可以让它参与进来下降到一定高度，但总是要准备好假设自动驾驶仪会出现异常，并且飞行员必须接管并着陆。飞行员已经熟悉并适应了飞行器的反应，因此可以更好地进行最终着陆。"

航天员佛瑞德·海斯（Fred Haise）补充说："在我看来，要制订一个计划让航天飞机无人飞行是非常困难的。""我猜你可以使用无线遥控，并且真在地面也安排一位航天员，就像他们飞过其他一些程序一样。但是要完全机械地编程来做到这一点（并且在航天器中固化）将非常困难。"航天飞机指挥官汉克·哈茨菲尔德补充介绍，航天飞机计算机的技术相对薄弱，也妨碍了自动着陆功能的可靠部署。"我们有单独的软件模块，我们必须在轨道上加载一次然后进入再入过程，"他说，"所有这些都必须从存储设备中加载或在处理器中携带，因为航天器的计算机只是一台 65 K 内存的机器。当你考虑到飞行器的复杂性时，所有计算机在紧密同步飞行阶段轨道动态参数并进行投票，同时为机组人员提供显示……只用 65 K 的内存来做到这些，简直令人难以置信。拿出你手提包里的那台小计算机，它的内存比这还多！"

不管人们怎么看，扬和克里平都没有设想过他们可能不会从 STS-1 回家。一天，就在他们进入发射前最后一次隔离之前不久，航天员乔·艾伦（Joe Allen）在自助餐厅给扬买了午餐。那天晚些时候，扬立即买了还给他。艾伦笑着说算了。

"不，"扬反驳道，"当你还欠着钱的时候，就不要去飞这些东西！我所有的债都还清了。"

3.2　座位、救生服和生存

在固体助推器燃尽和分离前不久，布兰登施泰因用无线电向扬和克里平发出了一个不寻常的呼叫，告诉他们"弹射座椅不可用"。这是一个警告，他们现在到达的高度太高，航天飞机的弹射座椅无法进一步使用。私下里，许多航天员怀疑这些火箭驱动座椅的用处，以及他们和"哥伦比亚号"前 4 次任务机组人员所穿的高空压力服是否有效（1981 年 4 月到 1982 年 7 月之间进行的四次轨道飞行测试，简称 OFT，代号 STS-1~STS-4）。高空压力服旨在为这架未驯服的航天器的机组人员提供尽可能多的全身保护。轨道飞行测试任务只搭载两名机组人员（一名指挥官和一名飞行员），这使得在航天飞机的小驾驶舱内，容纳座椅和笨重的压力服变得相对简单。随着航天飞机的操作性变强，飞行更为频繁，且每次任务最多可搭载 7 名航天员，安全和理智悄悄被实用所代替。

从一开始，弹射座椅就是航天飞机机组人员生存理念的一个组成部分。在 B 阶段设计过程中，主承包商北美罗克韦尔公司开发了多个系统：一个来自 SR－71（黑鸟）侦察机的座椅，另一个采用 XB－70 瓦尔基里（Valkyrie）实验轰炸机的"封装"设计；还有一个方案是使用完全独立的乘员舱，与 F－111"土豚"（Aardvark）和 B－1A"枪骑兵"（Lancer）轰炸机的设计没有什么不同。1971 年 4 月，NASA 宣布"应在开发试飞期间为机组人员的快速紧急撤离做出规定"，正式将这一立场合理化，并期望航天飞机任务随着时间的推移成为"例行程序"（进而取消该系统）。未知将逐渐成为已知，因此逻辑是，允许从试验飞行器平稳过渡到完全的客机式可操作性。当然，航天飞机太不成熟和太过复杂，无法达到这种常规操作水平。仅在 4 次 OFT 测试飞行后（见图 3－3），取消了弹射座椅和压力服形式的机组人员逃生方法。NASA 无意中将航天飞机变成了一个将夺去 14 条生命的死亡陷阱。

图 3－3 在大气层飞行测试（ALT）和轨道飞行测试（OFT）任务期间，只有"企业号"和"哥伦比亚号"配备了弹射座椅的功能。在"哥伦比亚号"上，座椅在 STS－4 之后被禁用，而这个大型单元及其导轨在 STS－9 之后被移除

前航天飞机项目办公室经理鲍勃·汤普森（Bob Thompson）说："当你看航天飞机的飞行剖面时，弹射座椅在一些高度选择的区域中所占的比例很小。"但 NASA 从来没有打算在飞行器成熟并投入使用时保持这种能力。"一旦我们把这些人放在那里，他们就会留在轨道器里，直到轨道器着陆，"他继续道，"我们就是这么设计的。我们承担了可能的风险。你必须做出这些判断，并且形成相应的决定。如果你想带着任何类型的有效载荷进入轨道，除了你已经准备好的基本飞行器外，你不会再安装逃生装置（译者注：人员逃生意味着任务失利，有效载荷进入轨道的可能性微乎其微）。"

罗克韦尔最终在轨道飞行测试任务期间为"哥伦比亚号"选择了改良的 SR‐71 座椅。弹射过程将由航天员自己指挥，座椅可以在不受控制的飞行、机上火灾和即将发生的未准备好的陆地或水面的撞击中使用。1977 年 1 月，它们在新墨西哥州阿拉莫戈多的霍洛曼空军基地的高速试验跑道上进行了令人满意的测试。从机组人员第一次识别到紧急情况到启动弹射过程，使自己与飞行器保持安全距离，逃生程序需要 15 s 的时间。在这种情况下，指挥官和飞行员将通过头顶舱口推射出来并跳伞到安全的地方。然而，虽然打算在 30 km 高度以下的第一阶段上升或"滑翔飞行"期间使用，但很明显（如果他们在发射后不久被迫弹射）航天员将灾难性地暴露在固体助推器和主发动机尾焰中。此外，在发射台出现紧急情况时，他们也无法安全弹射，因为他们很可能在降落伞打开之前撞到地面。

无论如何，正如"哥伦比亚号"于 2003 年 2 月在 STS‐107 上可怕地展示的那样，不管机组的逃生手册多么完善，轨道器在高超声速下的结构断裂根本无法生存。早期的水星、双子座和阿波罗飞船采用弹道式太空舱的形式，内置机制能够在飞行中的任何时候将机组人员从爆炸的火箭中弹射出去，而航天飞机则没有这样的奢侈。固体助推器一旦被点燃，就不能被节流或提前关闭，它们必须耗尽关机，然后在飞行大约 2 min 后被丢弃（见图 3‐4）。那 2 min 呈现出一个生存能力"黑区"（black zone），在此期间，如果出现问题，机组人员没有机会逃脱。一位前 NASA 承包商指出："在固体助推器仍在燃烧时丢弃它们会给外挂贮箱造成无法确定的结构载荷，更不用说在航天员的担忧清单中增加两枚非制导地对空导弹（译者注：导弹指固体助推器）。"

另一个问题是，与两人的轨道飞行测试任务不同，航天飞机飞行将搭乘更多的机组人员。这使得为每个人配备火箭推进的弹射座椅变得不切实际。座椅本身很大，"哥伦比亚号"飞行甲板的后部几乎没有足够的空间容纳一个额外的可折叠座椅。因此，为了执行任务，弹射座椅被移除。与"哥伦比亚号"形成鲜明对比的是，她的姐妹号"挑战者号""发现号""亚特兰蒂斯号"和（很久以后的）"奋进号"从一开始就为指挥官和飞行员配备了轻便的座椅，这使得后飞行甲板上有两个额外的座位，楼下中层甲板有空间给另外 4 个人。至于"哥伦比亚号"自己，在 STS‐4 之后的一个"微修改"时期，火工品被禁用；在 1984 年的漫长维护阶段，巨大的座椅及其导轨被拆除，节省的空间里添加了可折叠座椅，使"哥伦比亚号"的规格进一步提升。

为每个机组人员配备弹射座椅显然会限制执行任务的航天员人数。即使只有 4 个座位，也需要对航天飞机的布线网络进行大量的重新设计，并承受显著的重量代价，这本身

图 3-4　在固体助推器分离点之前，即每次任务开始 2 min 之内，航天员在飞行中遇到紧急情况时
没有实际的逃生能力。它为队员的生存能力创造了一个不合情理的"黑区"

就会造成运载能力的降低。但是在 1982 年 11 月"哥伦比亚号"的 STS-5 任务中，第一
次驾驶航天飞机"运营"飞行，4 名机组人员的弹射座椅（虽然名义上是不活动的）仍然
在原地。这造成了一个令人不安的场景，指挥官万斯·布兰恩（Vance Bran）和航天员鲍
勃·奥弗迈耶（Bob Overmyer）理论上保留了弹射能力，而任务专家乔·艾伦和比尔·
勒努瓦则没有。对于布兰恩来说，这种情况是不能容忍的。他坚持将弹射座椅"固定"：
如果不是所有人都可以使用逃生装置，那么他们都不应该拥有它。"他在一次飞行技术会

议上明确表态，"艾伦回忆说，"NASA 官员没有与他争论。"

对于布兰恩的决定是否明智，众说纷纭。"我与万斯就弹射座椅进行了辩论，"勒努瓦说，"我的想法是，如果你可以只失去两个，你为什么要失去 4 个人？如果我是将失去的两个之一，那也是没有办法的事。为什么你们两个不应该逃生？万斯对此并不满意，所以我们乘坐着'可逃生'的座椅飞行，但没有使用它们的程序或计划。"布兰恩的理由并不基于为他的队员做出无私的个人牺牲；事实上，他这么考虑是出于自私。他知道，没有一位航天飞机指挥官能够在知道自己活了下来而他的队员没有活下来的情况下度过余生。艾伦说："我曾在英格兰做过一段时间的试飞员，一些英国轰炸机可以让飞行员脱身，但不能让炮手脱身。""有一小部分数据涉及对这些逃跑者的心理研究，他们的逃离使得剩余队员面临必死的结局。就数据显示的内容而言，他们肯定在余生中都受到了折磨。万斯不想成为另一个统计数字。他说这（译者注：即放弃逃生）是自私的，但我根本不认为这是自私的。"

其他航天员对仅执行 4 次轨道飞行测试任务后机组人员的逃生能力降低也有类似的不同看法。布赖恩·奥康纳记得他曾经与 STS-4 指挥官肯·马丁利（Ken Mattingly）的一次谈话。"我告诉他，我只是对在这么短的测试项目之后，如何才能达到可信的水平感到不那么确定。"马丁利只是笑了笑，并告诉他不要理会 NASA 总部带有政治色彩的言论。"你我都知道，这东西需要 100 次飞行才能投入使用！"事实上，即使在 STS-135 结束时，即 2011 年 7 月的第 135 次也是最后一次任务，航天飞机仍然是一台喜怒无常的机器。然而，新增的机组人员（从 STS-5 开始，其中一名机组人员作为"飞行工程师"，坐在指挥官和飞行员的后面）提供了额外的训练有素的眼睛来观察仪器。"轨道器本身的工作量意味着至少需要投入两个人，"乔·恩格尔说，"就操作所有系统、开关和断路器而言，这要求太高了。飞行期间可能需要操作 1 500 多个开关和断路器，其中一些是在时间紧迫时所要用的。"

不出所料，当"挑战者号"在升空后不久就失联时，媒体对它缺乏有效的逃生系统进行了全面而恰当的批评。但即使是在 STS-1 上任职后继续指挥 3 次航天飞机任务的鲍勃·克里平也怀疑有任何系统可以在重大灾难中充分挽救航天员的生命。弹射座椅在第一阶段上升事故中对保护"挑战者号"的 STS-51L 机组人员或在再入灾难中保护"哥伦比亚号"的 STS-107 机组人员的作用很小。唯一可能获得微弱的完全生存能力的机制是一个完全独立的乘员舱，尽管这会增加 3 亿美元航天飞机的开发成本，并使其结构重量增加 6 300 kg。即使这些概念已经被接受，它们也需要一个强大的预警系统，以便及时通知机组人员不断变化的问题。就我们所知，"挑战者号"和"哥伦比亚号"的英雄们，在即将吞没他们的灾难的来临时刻之前，没有感受到丝毫征兆（译者注：航天飞行器的重大故障一般发展较快，且诊断手段和处置措施有限）。

至于全身压力服，NASA 的初衷是让 4 个轨道飞行测试机组的人员穿着这些笨重的服装。被称为 S1030A 型弹射逃生服（EES）由大卫·克拉克（David Clark）公司制造，它们能让航天员在高达 24 km 的高度和高达马赫数 2.7 的速度下存活（见图 3-5）。和弹射座椅一样，它们大量借鉴了 SR-71 的技术，并增加了抗荷服要求。但是从 1982 年 11 月的 STS-5 到 1986 年 1 月"挑战者号"的失利，航天员在上升和再入时穿着轻便的工作服，以及仅能在海拔 15 km 以下舱室减压的情况下提供补充氧气的翻盖式头盔。但是这些脆弱的飞行服提供的保护是有限的。"我们有一个安全带，上面有一个救生圈，"机组设备专家特洛伊·斯图尔特（Troy Stewart）说，"它没有降落伞，仅此而已。"航天员约翰·法比亚在东南亚的军事生涯中也曾穿着类似的飞行服，并略带轻蔑地将其称为"派对服"。他甚至讽刺地提出，是否应该在发射台脐带塔的门上放一个写着"如果你敢进"的标语。

图 3-5　1981 年 4 月至 1982 年 7 月，"哥伦比亚号"的前 4 队机组人员穿着 S1030A 型弹射逃生服（EES）（见彩插）

　　在 STS-51L 之后，全身压力服得到改进，大卫·克拉克公司被选中快速推进
S1030A 型的更新演变，以改进低压和冷水浸泡保护性能。在最初的改进型中，采用了部
分加压的 S1032 型发射和再入服（LES）的形式（见图 3-6），首次用于"发现号"的
STS-26 飞行——"挑战者号"失利后的第一次飞行任务——于 1988 年 9 月进行。后来
演变成完全加压的 S1035 型高级乘员救生服（ACES），于 1994 年 9 月在 STS-64 上首次
飞行，并于 1995 年 10 月由 STS-73 的全体乘员首次穿着。一旦航天飞机在高达30.5 km
的高度失去机舱压力或氧气，或者不得不在海洋中迫降，这些阻燃救生服将保护它们的穿
着者免受火灾、严寒或冰冷海水的伤害。

图 3-6　1993 年 8 月，STS-51 指挥官弗兰克·卡伯特森（Frank Culbertson）（前）和
飞行员比尔·雷迪（Bill Readdy）（后）身着 S1032 型发射和再入服（LES）（见彩插）

一些航天员认为，新航天服有助于他们在紧急情况下获得生存机会，而其他人，如 STS‑26 航天员迈克·郎奇（Mike Lounge）则认为它们是"政治洗眼器"。"这是乘员舱中的额外重量，它降低了航天飞机的有效载荷运输能力，而且没有任何附加值。它失去了原有的价值，"朗奇告诉 NASA 的一位口述历史学家，"万一出现问题，你可以做的本来就很少；当你被这些救生服限制时，你可以做得更少。"据航天员雷亚·赛登（Rhea Seddon）说，安全降落在水中的能力也很成问题。"我总是觉得飞行中的许多穿着救生服的逃生模式，都是都市神话，"她说，"它给了我们——按航天员们所说——一些事情要做，这样你就不会感到压力或紧张。当你在地面训练潜水时，它为你提供了一些事情要做！"或者正如另一位航天员隐晦地说得那样：航天服会让他们在垂死的时候保持忙碌……

在航天员迈克·马兰（Mike Mullane）的回忆录《驾驭火箭（Riding Rockets）》中，他也对救生服暗含了讽刺意味。他写道："我被绑在一座堡垒里，它可以让我活到足够长的时间来观察死亡的到来。""即使是驾驶舱减压也不会仁慈地让我们失去知觉。我们现在穿着压力服，可以让我们在驾驶舱破裂时保持活动和意识。"但航天员玛丽·克利夫（Mary Cleave）觉得这些航天服至少为执行任务带来了一种新的"严肃"感。在 1985 年 11 月的第一次飞行（STS‑61B）穿着轻便的工作服上，她形容这种体验为"非常放松"；但在 1989 年 5 月她的第二次飞行（STS‑30）上，安全感的增强显而易见。

LES/ACES 故事中一个有趣的脚注是 STS‑26 航天员迪克·柯维（Dick Covey）促成了救生服颜色选择明亮的南瓜橙色。在最早的改进型中，它们是深蓝色的，与航天飞机最终落入水中时航天员将使用的救生筏相同。机组人员争辩说，在从离岸数百公里处的一艘残废的轨道器中逃脱后，救援部队将永远无法看到他们，因此转而使用橙色救生筏。"好吧，如果他们要这样做，为什么我们要穿蓝色救生服？"柯维据理力争。"为什么我们没有橙色救生服？"除了颜色之外，这些航天服也很难穿脱，特别是对于身材较小的航天员。无论航天员的体型或体重如何，他们携带的装备（包括降落伞和救生设备）重量相同。正如赛登所解释的，问题不仅是救生服的"体积"，如果着陆后发生紧急情况，航天员将不得不爬出航天飞机的头顶窗户并从侧壁下降。她发现自己必须在发射前做大量的"引体向上"练习，才能让自己适应这项任务。"这些救生服是为高空飞行员设计的标准尺寸的家伙，"赛登说，"如果遇到问题，他们就会被弹射，不必爬出来逃跑，也不必从航天器的侧面通过绳索下降。"

到 1994 年，发射和再入服（LES）被 S1035 型高级乘员救生服（ACES）取代。它与其前身的根本不同之处在于，它在完全（而不是部分）加压下运行。"人们总是意识到再入服并不是最佳的救生服，"丹尼斯·詹金斯（Dennis Jenkins）在《航天飞机：国家太空运输系统的历史》中写道，"并且在 1990 年启动了一项新的开发工作，使 S1035 型高级乘员救生服……设计简化、重量轻、体积小、全压……便于自行穿脱，并提供增强的整体性能。"这些防护服配置了分体式的手套，可以从腕部环形接口断开，从而具有更好的液体冷却和通风能力，并增加了隔热功能。氧气通过左大腿处的连接器输送，并通过颈环底部传输到头盔。带纹理的手套提供了更好的灵活性和屈曲度，重型拉链伞兵式靴子、带有救生筏和应急照明棒的生存背包完善了整体功能。

然而，这些救生服依然很复杂，且远非万无一失。在 1991 年 6 月的 STS - 40 上，航天员德鲁·加夫尼（Drew Gaffney）在他的手臂上佩戴了一根医用导管，以在整个上升过程中测量靠近心脏的大静脉的血压。但是将设备穿入他的救生服绝非易事。赛登指出，"一旦你穿上压力服，你无法到达在肘部弯曲处穿线的导管，必须进行另一轮安全评估。"如果加夫尼在紧急情况下需要逃离轨道器，导管就位后，一旦意外拉松，他可能会流血致死。因此专门设计了断接器，作为额外的保护措施。

更可笑的事件发生在 1991 年 9 月，当时 STS - 48 飞行员肯·赖特（Ken Reightler）在他的第一次任务中比较兴奋，发现该救生服会"拉扯"他的身体，并妨碍他在执行任务时接触开关的能力。"为了增强我的信心，在升空后过载开始建立时，我就有意触碰驾驶舱周围。"他回忆道。

但他的做法并没有得到"发现号"驾驶舱中坐在他旁边的指挥官约翰·克赖顿（John Creighton）的赞赏。有那么一会儿，他以一种理解的眼光看着赖特的滑稽动作。然后，他靠在驾驶舱上，礼貌而尖锐地说道："请你别闹了，好吗?"

因此，弹射座椅和压力服只能在一定程度上保护乘员，其他逃生能力也同样有限。到了 20 世纪 80 年代中期，航天飞机的结构设计基本固化了状态，无法轻松改装新增"逃生舱"或其他功能，以在重大灾难中切实地将队员带到安全地带。但在"挑战者号"之后的几年里，两个概念——"牵引固体火箭"和"弯曲的伸缩摆杆"被认为是提高他们救生机会的有效手段。最终，这根杆子被选为所谓的"救助"，它在从 STS - 26 到 STS - 135 的每一个后续任务中参与飞行，正式描述为"模式 8 撤离"。在紧急情况下，如果在 15 km 的高度，且在不可恢复的紧急情况下着陆的距离超过 100 km，航天飞机指挥官将发出救援呼叫。指挥官会将飞行器置于最低下降速率姿态并启动自动驾驶仪，然后所有机组人员将合上面罩并启动救生服的氧气供应。中层甲板上的一名航天员会将 2.8 m 长的杆子从其安装在中层甲板天花板上的支架上拆下，排出机舱内的空气，然后用火工品分离航天飞机的 1 m 宽、136 kg 重的侧舱门。杆子（阿波罗发射台的领导者冈特温特轻蔑地称其为"豆杆"）将从舱口伸出，每个航天员都会在自己的航天服上系一根挂绳，然后滑出（见图 3 - 7）。这可能发生在任何中止情况、紧急离轨情况或不能实施"正常"跑道着陆的故障期间。

工程师凯文·坦普林（Kevin Tempein）说："不过，从飞机上的两个甲板上救出 7 个人（译者注：驾驶舱采用双层甲板结构布局），或者在某种情况下是航天器，这是非常具有挑战性的。""有些飞机在两层甲板上乘载了多达 4 个人，所以与军方进行了大量合作，以找出他们在飞机上建造了什么。"但实际情况是，将任何功能更强大的东西改装到航天飞机中既昂贵又不切实际。

该杆用于将逃逸的航天员向外引导到几米处，并将他们推到一个轨道上，从而避免了他们撞到轨道器左翼的风险。1988 年年初，美国海军伞兵在一架洛克希德 C - 141 "运输星"（Starlifter）飞机上进行了测试，预计全体机组人员将需要 90 s 才能都从航天飞机上

图 3-7　1988 年年初由美国海军伞兵首次演示，该摆杆允许 7 或 8 名成员在大约 90 s 内以受控的滑翔
飞行方式逃离一架瘫痪的航天飞机

撤离。在 1995 年 5 月的一次训练中，STS-69 指挥官戴维·沃克（Pave Walker）建议他
的机组人员在侧舱口被打开后立即开始撤离，让他们有足够的时间逃生。"你可能会遇到
很多情况……在那里你不受控制，而且'摆杆'在那里不起作用，"密切监视相关试验的
航天飞机指挥官史蒂夫·内格尔（Steve Nagel）说，"但是，我认为你最好穿上救生服，
携带降落伞和一些救生装备。即使失控，也有人可能有机会爬出舱口。第二次世界大战中
有大量证据表明，如果机组人员碰巧靠近开口或舱口，就会在机翼受损的情况下离开轰炸
机逃生。"

　　然而，在 2003 年 2 月 1 日，STS-107 "哥伦比亚号"重返大气层时失事，让所有这
些概念的可用性成为人们关注的焦点。无论是逃生服，还是摆杆，甚至弹射座椅，都无法
抵御比设计时更严酷的环境。当航天飞机解体时，航天服和航天员立即被几乎完全真空、
高海拔的低温以及与高超声速快速减速相关的极端力热条件的影响所淹没。讽刺的是，这
些防护服本身可能对"哥伦比亚号"的机组人员造成了额外的伤害。特别是，逃生服头盔
不符合人体功能学的设计（有意设计为允许佩戴者自由移动头部），不仅会导致钝力创伤，
而且还会通过其颈环导致颈椎骨折和头骨前后摆动时的下巴骨折。在这种情况下，牵引火
箭或摆杆将没有任何用处。两者都只在低于 350 km/h 的速度和 6 km 的高度上有效，并且

需要航天飞机进行受控滑翔飞行。STS - 107 以 23 400 km/h 的速度在超过 60 km 的高度飞行并无法控制地向左和向右随机偏航，这是不可能实现保证航天员安全逃生的条件。

3.3　上膛的枪

考虑到必须完全正确地完成如此之多的事情才能发射航天飞机，许多航天员对它的 135 次任务中的每一次都成功离开了地面表示惊讶。首先也是最重要的，要适应佛罗里达州变化多端的天气，不仅是发射台的天气，还包括附近的航天飞机着陆场（SLF）的天气。如果在升空后不久出现紧急情况，机组人员可能需要"很快"返回。"很快"，也就是说，因为在第一阶段飞行中的任何紧急情况，都需要航天员在固体助推器被抛弃并且第一次中止机会变得可行之前，通过一个 2 min 长的生存"黑区"。

这一过程即返回发射场（RTLS），轨道器/外挂贮箱组合体最初将继续沿航向飞行。尽管有可能立即关闭主发动机并丢弃外挂贮箱，但由于贮箱在上升的早期仍然装有大量推进剂，这一提议被搁置了。点燃爆炸螺栓以分离贮箱可能会导致无法控制的晃动，甚至可能与轨道器本身发生碰撞；更安全的选择是继续燃烧推进剂，然后排空残留的推进剂，达到更合适的重心条件，以便安全滑回跑道。在 120 km 的高度和马赫数 5 的速度下进行的主动俯仰转弯（Powered Pitch Around，PPA）机动将以 10（°）/s 的速度"回转"轨道器/外挂贮箱，使发动机面向原来的行进方向。这样，它向东的航程（正常任务时的航向）会相应地减少，并且在向西前进时迅速降低 60 km 的高度。接下来，主动俯仰下降（Powered Pitch Down，PPD）会使航天飞机的机头略微"向下"倾斜，以确保在最安全的姿态下抛弃外挂贮箱。20 s 后，主发动机将关闭，与外挂贮箱完成分离，机组将在发射后约 25 min 驾驶他们的飞机着陆。

理论上这听起来可能很简单，实际上，这将是一个相当大的挑战。"RTLS 对机组人员来说是一个令人生畏的难题，"航天员汤姆·琼斯（Tom Jones）写道，"我们将不得不驾驶轨道器，底部还连接着外挂贮箱，然后以马赫数 5 的速度掉头并向后穿过我们原来的排气羽流。抛弃空贮箱，然后我们将尝试使其返回肯尼迪航天中心附近的跑道。从来没有航天飞机的机组人员进行过如此紧急的降落。没有人想第一个尝试。"RTLS 后的再入也将比正常情况更严酷，对航天员施加更高的过载，并在航天飞机的机翼上施加相应的极端气动载荷。何时命令返回发射场的时间完全取决于紧急情况的性质：例如，如果主发动机在升空时发生故障，RTLS 将在固体助推器分离后立即执行。这可能是所有航天飞机中止中最危险的。事实上，STS - 1 的早期计划曾设想让扬和克里平执行 RTLS 飞行，从而在实际任务条件下对返回发射场进行验证。

尽管扬意识到需要在模拟器中为这种中止进行训练，但他认为在航天飞机的第一次飞行中不必要尝试它，往好了说是鲁莽的，往坏了说，完全是疯了。"我们不要练习俄罗斯轮盘赌，"他告诉 NASA 的高级管理人员，"因为那里可能有一把上膛的枪。"他的建议得到了重视，除了在地面受控条件下之外，从未进行过返回发射场的真实验证。

但在 1996 年 2 月，STS - 75 的指挥官安迪·艾伦（Andy Allen）在"哥伦比亚号"升空后仅 4 s 就出现了短暂的恐慌，他的脑海中肯定闪过了返回发射场的可能性。他的仪表板上的数据表明，3 台主发动机之一仅达到其额定性能的 40%。幸运的是，这是错误的数据，但如果那天发动机真的处于故障的边缘，机组人员别无选择，只能等待固体助推器的第一阶段飞行结束并执行 RTLS。"当时，有一段时间让我们有点肾上腺素飙升，"艾伦后来回忆道。期间，他转向飞行员斯考特·"道克"·霍罗威茨（Scott 'Doc' Horowitz），并评论道："这看起来像一次糟糕的模拟器训练场景！"

1986 年 1 月，当"哥伦比亚号"开始执行 STS - 61C 时，另一个糟糕的模拟器训练场景几乎成为现实。升空几秒钟后，指挥官罗伯特·"霍特"·吉布森和飞行员查利·博尔登注意到其中一台主发动机存在氢泄漏迹象。航天员的注意力很快被主警报的响声吸引住了。"我低头看着我能看到的一切，所有的东西都在摇晃和振动，"博尔登（译者注：后任 NASA 局长）后来说，"如果这是真的，那将是糟糕的一天。"当博尔登和吉布森完成他们的应急处理程序时，任务控制中心在他们的显示器上没有发现任何异常。首先，他们隔离了主氢气系统，但没有任何变化：它仍然显示出泄漏。隔离辅助系统同样没有效果。结果证明，这是一个坏传感器，只不过是一个仪器问题，航天员重新配置了他们的系统，一切恢复正常。多年后，博尔登仍记着他第一次乘坐 STS - 61C 进入太空"进行得非常快"！

但在 1999 年 7 月 23 日午夜过后不久，随着"哥伦比亚号"开始执行 STS - 93 任务，航天飞机比以往任何时候都更接近在真实飞行状态下执行 RTLS。在指挥官艾琳·科林斯（Eileen Collins）和飞行员杰夫·"博恩斯"·阿什比（Jeff 'Bones' Ashby）的控制下，任务在沉睡的佛罗里达州连夜开展。但壮观的发射掩盖了主发动机中正在酝酿的潜在灾难。当科林斯和阿什比离开发射台 5 s 后，其中一根电气总线上出现电压急剧下降，这引起了他们的注意。3 台主发动机中两台上的两个备份控制器之一因此而关闭，第 3 台发动机保持健康。3 台发动机都工作正常，并将"哥伦比亚号"送入轨道，尽管其速度比它应该的速度慢了 16.2 km/h。虽然这对任务产生的影响微乎其微，但其严重性使管理人员怀疑在发射前加注到外挂贮箱的推进剂是否不足。

然而，随后的调查表明情况并非如此，上升的影像显示"哥伦比亚号"的一台主发动机发生了氢气泄漏：喷管内有一个狭窄而明亮的小块，可能表明上千个液氢不锈钢循环管道中的一个焊缝破裂。STS - 93 的问题是一个重大的恐慌。在任何其他航天飞机任务中，机组人员都未如此接近不得不申请返回发射场。如果当晚第三台主发动机控制器也出现故障，升空后主发动机立即关闭的可能性将越来越大，而在黑夜中执行 RTLS 将变成不可避免。"我们为此做好了准备，"科林斯后来说，"我们在上升时收听了（来自任务控制中心的）发动机性能数据。机组人员正准备好做任何需要的事情。"但是，由于 STS - 93 的主要有效载荷——巨大的钱德拉 X 射线天文台的存在，返回发射场会变得更加困难。它将把"哥伦比亚号"的着陆重量提升到 113 000 kg，比安全规则规定的重 590 多千克。在这种情况下，只有一次任务返回窗口，而科林斯将在 RTLS 中不得不以约 380 km/h 的速度更快地着陆，非常接近约 395 km/h 的最大设计速度。

　　当人们考虑到 RTLS 可能会遇到的问题时，飞行规则要求在所有发射之前，航天飞机着陆场拥有完美的天气是可以理解的。由于发射场的天气限制，超过 1/3 的航天飞机任务延误（有时是多次，见图 3 - 8）。任务被推迟的原因有很多，2010 年 2 月，STS - 130 发射前夕，佛罗里达州北部一半地区乌云密布，遭到了雷暴侵袭：从闪电到阵雨和低得像"天花板"一般的云层，再到地面大雾。如果航天飞机着陆场的侧风速度超过 28 km/h，飞行规则就会禁止发射。在 2011 年 7 月的最后一次航天飞机任务 STS - 135 起飞之前，尽管 RTLS 天气因阵雨而被归类为"禁飞"，飞行动力主管（FIDO）马克·麦克唐纳（Mark McDonald）报告说，"亚特兰蒂斯号"的机组人员有足够的能量在雨中安全飞行。飞行主任理查德·琼斯（Richard Jones）未采用这条规则，STS - 135 安全飞行。

图 3 - 8　2009 年 7 月"奋进号"执行 STS - 127 任务之前，肯尼迪航天中心的不祥天气迫使许多任务延误

　　除了确保航天员在最后进场和着陆期间的能见度良好之外，轨道器在下降回肯尼迪航天中心期间的可操控性也至关重要。"发现号"于 1984 年 11 月在 STS - 51A 上的发射由于超出航天飞机结构限制的风切变条件而被取消，而其他任务则遭受了超出限制的侧风和跑道上的强顺风。"历史表明，我们也可能非常幸运，"STS - 51A 航天员乔·艾伦回忆说，"因为'挑战者号'和'哥伦比亚号'的悲剧性事故都涉及在非常大的风切变条件下发射，现在有人认为，大风切变和航天飞机不能安全地一起飞行。"

　　为保持返回发射场能见度标准而因阵雨和雷暴延误有时会引起航天员自身的愤怒。1985 年 8 月，"发现号"的 STS - 51I 发射由于天气预报不佳而被两次延迟，尽管指挥官乔·恩格尔和飞行员迪克·柯维知道有问题的阵雨距离发射台很远。第二次延迟后，柯维向约翰·扬发泄了他的不满。"我不敢相信我们在外面洗了两次小雨，"他说，"任何有半点理智的人都会说：我们出发！否则可能会更糟。"扬直截了当地告诉他，机组人员不应对天气情况表达不满，他们的了解仅限于从航天飞机上看到的景色。扬说，他们应该专注于飞行，而让其他专家专注于天气。具有讽刺意味的是，在 STS-51I 终于起飞的那天，天气看起来比以往任何时候都更糟（事实上，机组人员已经在飞行服外面披着黄色雨衣走到发射台，倾盆大雨如此猛烈）。由于确信他们会再次推迟，机组人员迈克·郎奇和詹姆斯·"奥克斯"·范·霍夫坦 甚至从他们的座位上解开了安全带，小憩一下。比尔·菲谢尔（Bill Fishe）也是如此。当恩格尔和科维启动"发现号"的 3 个辅助动力单元（APU）时，它们有节奏的"嗡嗡声"唤醒了费希尔。

"那是什么声音？"

"我们正在启动辅助动力单元，"飞行员回答道，"我们出发！"

"是的，当然，我们今天哪儿也不去。你为什么要启动辅助动力单元？"

"该死，我们要走了！""发现号"的飞行甲板传出了坚决的回应，"我们要发射了。回到你的座位上，系好安全带！"

每次飞行前，首席航天员都会乘坐航天飞机训练飞机（STA）升空，在航天飞机着陆场上进行进场和着陆练习，并全面评估能见度和可操控性。值得注意的是，在 1992 年 6 月，"哥伦比亚号"开始 STS-50 发射之前，由于担心卷云和闪电的存在，倒计时时钟保持在 T-9 min。当航天飞机训练飞机飞行员报告他的跑道能见度没有受到影响时，最终被允许继续进行发射。5 年后，也就是 1997 年 7 月，STS-94 比计划提前了将近 1 h 发射，以避免出现雷暴和降雨。在 2006 年 7 月的 STS-121 之前，预测航天飞机着陆场侧风略高于最大允许限制，正是航天飞机训练飞机飞行员的及时评估才允许发射继续进行。2009 年 11 月，低于 1 500 m 的"天花板"云层威胁到 STS-129 的情况明显违反发射放行规则。最终，首席航天员史蒂夫·林赛（Steve Lindsey）提供了飞行员对云层厚度的看法，并将其传达给气象官员，然后发射继续进行。

然而，佛罗里达州的天气并不是航天飞机发射前唯一的担忧。在其 30 年的运营服务中，由于大自然和地面支持设备或极其复杂的飞行器本身的技术困难，数十次任务被延误。特别是两次飞行：第一次是在 1986 年 1 月，第二次是在 1995 年 10 月，经历了至少 6 次取消的发射尝试。这对航天员的身心造成了伤害。每次飞行前，机组人员都要仰卧、抬高腿并穿着笨重的压力服超过 2 h，极其不舒服（见图 3-9）。在一次发射延迟后，航天员史蒂夫·奥斯瓦尔德（Steve Oswald）无法足够快地下来去上厕所。1989 年 3 月 13 日，由迈克·科茨（Mike Coats）指挥的 STS-29 机组人员等待了将近 5 h，但由于地面雾气和无法接受的强风，他们的升空一再推迟。"迈克背痛得很厉害，"航天员约翰·布莱哈回忆道，那天他们一起坐在"发现号"的飞行甲板上。"他最终决定必须解开安全带，因为我们被耽搁了这么长时间。迈克解开安全带，实际上……躺向他的一侧，然后他又躺向另一侧。"等待从佛罗里达州发射火箭的推迟也影响航天飞机的发射任务：1996 年 11 月、2000 年 3 月和 2001 年 2 月推迟的宇宙神和大力神任务导致精心安排的时间表陷入混乱，这种痛苦一直持续到整个任务后期才结束。即使在 2011 年 7 月 8 日上午，当"亚特兰蒂斯号"STS-135 开始倒计时，由于不确定发射台上的氧气排放摆杆是否正确缩回，时钟仍保持在 T−31 s。结果一切都很好，任务在延迟几分钟后成功飞行。但对于航天员来说，等待一定是无休止的。

图 3 − 9　STS − 59 飞行员凯文·奇尔顿（Kevin Chilton）身着笨重的发射和进入服，在发射台上垂直定向，双腿抬高，展示了航天员在每次升空前所忍受的不舒服条件

　　1997 年 11 月，在 STS − 87 上，由于不同的原因，返回发射场的中止模式走到了前台，"哥伦比亚号"在上升过程中尝试了"抬头"的操作（译者注：RTLS 要求飞行器"低头"并"回转"）。为了掠过百慕大的一个跟踪站，并使航天员能够比以前更早地通过跟踪和数据中继卫星（TDRS）网络与任务控制中心进行通信，"抬头"机动发生在飞行 6 min 后。此时"哥伦比亚号"的速度超过每小时 16 000 km，计算机指挥轨道器/外挂贮箱组合体执行从"头朝下"到"抬头"的 180° 姿态调整。事实证明，动作完成得非常完美。"我们必须进行大量的分析，以确保我们没有做一些愚蠢的事情，"上升飞行主任韦恩·黑尔（Wayne Hale）回忆道，"我们唯一不想影响的一件事就是返回发射场中止模式。"因此，在 RTLS "窗口"关闭后安排了"抬头"机动。模拟表明，即使电气系统出现故障并且只有一个主发动机运行，它也可以安全地完成。

　　随着 RTLS 中止窗口的关闭，在开启下一个选项——跨洋中止着陆（TAL）之前通常会有几秒钟的间隔。这将为航天飞机升空 45 min 后，降落在大西洋的另一侧提供条件。如果主发动机出现故障或出现其他重大异常（例如机舱压力泄漏或冷却系统故障），机组人员将被引导到一系列地点，包括冈比亚的班珠尔（首都）、西班牙的莫隆（Moron）或萨拉戈萨（Zaragoza）空军基地、摩洛哥的本古里（Ben Guerir）和法国的伊斯特伍德

(Istres - Le Tubé) 空军基地 (2005 年 7 月的 STS - 114)。此外，在航天飞机计划的早期，塞内加尔的达喀尔 (Dakar) 与全球范围内的一组紧急着陆点 (ELS) 和东海岸中止着陆 (ECAL) 跑道一起作为跨洋中止着陆站点，范围从澳大利亚到佛得角、巴哈马到南部非洲、加拿大到利比里亚。但是，尽管班珠尔非常适合以 28.5° 倾斜角发射的航天飞机任务，但它不太适合以 51.6° 角发射的国际空间站 (ISS) 任务，因此它在 2001 年被逐步淘汰。本古里也是如此，在支持 83 次航天飞机飞行后于 2005 年停用。

　　在正常情况下，每次航天飞机任务都会考虑 3 个跨洋中止着陆站点，并且其中至少一个站点的条件必须近乎完美，才能进行发射。在许多情况下，当不满足此要求时，任务会被推迟或取消。大得令人无法接受的侧风和顺风、沙漠雾霾和沙尘暴、云层过低和雾、阵雨和雷暴以及阴天，所有这些都可能在某个时候冲击跨洋中止着陆站点。几次倒计时，包括 1988 年 12 月的 STS - 27 倒计时，在起飞前几秒钟停止了，因为飞行主任坚持等待跨洋中止着陆天气好转。就在 1994 年 11 月 STS - 66 起飞之前，由于天气原因，所有 3 个跨洋中止着陆站点都宣布自己为 "禁止通行"，最终选择了本古里，当时其最初恶劣的侧风情况开始趋于 "缓和"，并且比其他站点更容易被接受。1989 年 10 月 STS - 34 的发射受到了轻微的延迟，因为一个跨洋中止着陆站点的阵雨，迫使将其快速重新配置到另一个跨洋中止着陆站点以替换它。2001 年 4 月的 STS - 100 直到发射前几分钟，其跨洋中止着陆站点均宣布自己为 "禁止通行"，此时逆风强度下降并且天气突然变亮且适宜起飞。跨洋中止着陆最重要的天气事件之一是 2010 年 2 月 STS - 130 之前在萨拉戈萨、莫隆和伊斯特伍德遇到的 "具有挑战性" 的条件。在倒计时后期，伊斯特伍德的 "天花板" 云层将其天气位置从 "可以放行" 更改为 "禁止通行"。最终，萨拉戈萨的气象航天员报告说，尽管空气中有 "湿气"，但他们的风窗玻璃上没有可见雨滴，因此选择了这个跨洋中止着陆站点，STS - 130 顺利发射。

　　尽管每个航天飞机机组人员都接受了全面的训练，但没有一个跨洋中止着陆站点在真正的紧急情况下被调用。1985 年 7 月 29 日下午，即 "挑战者号" 在 STS - 51F 站上发射后不久，就出现了一次险情 (见图 3 - 10)。升空后 5 分 45 秒，随着返回发射场窗口早已关闭且跨洋中止着陆窗口接近关闭，航天飞机在 108 km 的高度以超过 15 000 km/h 的速度行驶时遭遇主发动机过早关闭。"地面发出 '限制抑制 (Limits to Inhibit)' 的信号，对我们来说，这是一个极其严重的预兆，"当天 "挑战者号" 上的飞行工程师、航天员斯托里·马斯格雷夫 (Story Musgrave) 回忆道，"这意味着地面人员发现了会让你失望的问题。我正在浏览程序手册，认为我们将降落在位于西班牙的跨洋中止着陆地点。我的手翻动手册，快速浏览所有的步骤，我想 '我们要去西班牙。事情很糟糕！'"

　　当左侧主发动机的高压燃料涡轮泵 (HPFTP) 的温度读数显示 "高于" 其最大工作红线，并且计算机命令其关闭时，出现了困扰 STS - 51F 的紧急情况。到了这个阶段，航天飞机太高，推进剂不足，飞行速度太快，无法实现返回发射场着陆，只留下了跨洋中止着陆或下一个可用选项——中止入轨 (ATO)。在任务控制中心做出最终决定之前，斯托里·马斯格雷夫的注意力集中在他的清单上，该界面涉及在西班牙东北部 Aragon 自治区

图 3-10　STS-51F 的指挥官戈登·富勒顿的手指在按钮上选择中止入轨（ATO）应急选项。
请注意旋转开关上 RTLS、TAL 和 AOA 中止的相应设置

的萨拉戈萨空军基地着陆的要求。它被 STS-51F 选中，是因为该任务的目标轨道倾角为
49.5°，从而接近标称飞行弹道，并允许更好地使用主发动机推进剂和横向机动能力。当
斯托里·马斯格雷夫完成程序确认，并将很快向指挥官戈登·富勒顿（Gordon Fullerton）
和飞行员罗伊·布里奇斯（Roy Bridges）宣读时，同样坐在"挑战者号"驾驶舱的航天员
卡尔·赫尼兹（Karl Henize）开始紧张。他注意到斯托里·马斯格雷夫清单顶部的"西班
牙"这个词，他立刻开口了。

"我们要去哪里，斯托里？"

"西班牙，卡尔，"斯托里·马斯格雷夫回答。然后他更正道，"我们已经接近了，但还
没有。"

然而，并没有成行。"挑战者号"那天不会执行跨洋中止着陆，不幸的机组人员将被
迫执行航天飞机计划中唯一的一次"飞行中止"。最后，任务控制中心通过无线电发出命
令："中止 ATO，中止 ATO。"航天飞机错过了跨洋中止着陆窗口的关闭时间仅33 s，这
使得下一个中止选项（ATO）上线。发射后 6 分 6 秒，富勒顿将双轨道机动系统发动机点
火106 s，消耗了 1 875 kg 宝贵的推进剂。这种机动使"挑战者号"能够实现低于计划但
令人满意的轨道。2 min 后，右侧主发动机也指示温度过高，但"限制抑制"命令正确地
阻止了计算机将其关闭。由于只有两台主发动机在上升的最后阶段工作，STS-51F 和它
的 7 名机组人员步履蹒跚地进入了 230 km 高的轨道，这与计划的 390 km 相差甚远，但

足以安全并成功地完成一次 8 天的任务。几年后，富勒顿回忆说："我们甚至弥补了由于发动机故障而不得不在上升途中泄出推进剂的问题，并额外增加了一天。""我们原定 7天，结果飞了 8 天！"

该事件代表了航天飞机有史以来唯——次飞行中主发动机停机，令人惊讶，因为在倒计时、点火和飞行的最初几分钟期间，所有发动机参数都显示为标称值。但是在上升大约 2 min 后，几乎在固体助推器被抛弃的同时，来自通道 A 的数据表明，最上面发动机的高压燃料涡轮泵温度的两个测量值之一显示了故障开始的特征。它的测量值开始漂移，在 3分 41 秒时，通道 B 传感器出现故障。然而，通道 A 继续漂移，在飞行后 5 分 43 秒接近并超过了它自己的红线限制，从而触发了停机。与此同时，来自右侧发动机通道 B 的高压燃料涡轮泵排放温度数据开始攀升并在起飞后 8 min 超过了自己的红线，来自通道 A 的测量值保持在规定的范围内。NASA 的任务总结报告称，与左侧和右侧发动机相关的所有其他运行参数均正常。分析表明，问题不在于最上面的发动机本身，而是传感器故障，错误地指示了过热情况。传感器由极细的电线组成，它们的电阻在加热时会发生变化。它们曾发生过故障，升级版本在 1985 年 8 月执行了下一次任务，即STS-51I。

其他几个任务的主发动机表现也提醒人们，航天飞机是一种试验飞行器，其运行远未达到成熟的地步。1982 年 3 月，"哥伦比亚号"在 STS-3 上升期间，辅助动力单元升空4.5 min 后过热，触发驾驶舱内警报，迫使机组人员杰克·洛斯马和戈登·富勒顿提前将其关闭（减小了姿态控制力）。这使得其中一台主发动机在爬升到轨道的后期阶段仅以额定推力的 82% 运行。然而，尽管一次又一次的飞行成功，对主发动机长期健康的担忧依然存在。甚至在 1986 年 1 月 28 日早上，当"挑战者号"在佛罗里达州上空爆炸时，许多评论员认为是主发动机出了问题，而放过了真正的罪魁祸首（固体助推器）。主发动机漫长而艰难的研发历程，使它们成为最有可能发生故障的关键组件。

3.4　中止！

除了返回发射场着陆和跨洋中止着陆的天气因素之外，还有几个"人为"因素以未经授权的船只和飞机侵入发射危险区域的情形导致航天飞机延迟。1998 年 10 月，在 STS-95（其机组人员包括参议员约翰·格伦）发射前不久，倒计时时钟被暂停在 T-5 min，以驱散一对意外闯入的飞机。这种担忧随着"奋进号"于 2001 年 12 月的 STS-108 飞行而变得更加严重，这是在纽约和华盛顿特区遭受恐怖袭击后的第一次任务。小型飞机被禁止在发射台 56 km 范围内飞行，同时美国海岸警卫队严格执行肯尼迪航天中心的规定，发射台周围设有一个不可穿越的沿海缓冲区，船只被禁止进入海上 120 km 以内的严格管控的发射危险区。2008 年 11 月，在 STS-126 发射前的最后几分钟，NASA 得知航天飞机在离岸约 3.5 km 处受到威胁。结果证明，这不过是一场恶作剧，但肇事者被逮捕，后来被判处长期监禁。

然而，早在"911"事件之前，不请自来的入侵者都是 NASA 不希望的刺激源。由于船只在固体助推器预定溅落回收区内迷失航向导致多起航天飞机发射推迟事件，包括 1985 年 4 月 Ocean Mama 货轮在"发现号"的 STS-51D 任务前误入禁区，海岸警卫队不得不将其驱离，以使发射任务继续进行。飞机也有无意中飞入肯尼迪航天中心封闭空域的情况，1984 年 8 月，"发现号"首航 STS-41D 的最后几分钟发生了一起此类事件。当时两个私人飞行员不小心误入了发射危险区域，倒计时时钟在他们被护送出去前停止了。但对于愤怒的航天员，他们已经忍受了两次发射前的折磨，背部不舒服地躺了两个多小时，心情很糟糕，"把这两个蠢蛋打下来，"其中一个愤怒地嘟囔道。"在将近 7 min 的延迟之后，"STS-41D 任务专家迈克·马兰在《驾驭火箭》中写道，"那两个飞行员终于灵光乍现，灰溜溜地飞走了。我们都希望它的发动机发生故障。"

　　STS-41D 的航天员有理由垂头丧气，两个月前，他们经历了航天飞机项目有史以来最可怕的事件之一。到 1994 年 8 月，这一事件可能影响了不少于 5 次任务。1984 年 6 月 26 日发射的倒计时进行得异常顺利，在 T-31 s 时，"发现号"的计算机承担了对关键火箭功能的主要控制（见图 3-11）。固体助推器进行了最后的喷管摆动检查，点火电缆就位。10 s 后，现在熟知的氢气燃烧点火器发出了一连串火花，开始启动主发动机，发出熟悉而低沉的怒吼。

图 3-11　1984 年 6 月 26 日，"发现号"的 3 台主发动机在升空前的最后几秒关闭后，烟雾从 39A 发射台飘离（见彩插）

在航天飞机的驾驶舱内，当涡轮泵开始工作、液氧和液氢流入发动机的燃烧室时，航天员随即感到巨大的振动。然后，令人震惊的是，噪声消失了，主警报器的声响替代了沉默。一定是出大事儿了！"然后就是结构被扭曲的声音，"STS - 41D 有效载荷专家查利·沃克（Charlie Walker）回忆道，"我无法描述。这听起来像是……在你的脑海中想象上帝的手从天而降，把手伸向并扭曲了飞行器外的发射塔架和结构。听起来这个地方正在被撕裂。""发现号"两侧的主发动机已经完美启动了，但最上面的发动机却没有点火。"振动消失了，"马兰写道，"驾驶舱像地下室一样安静。当'发现号'在它的固定螺栓上来回摇晃时，阴影在我们的座位上舞动着。"飞行员迈克·科茨只能听到窗外海鸥的尖叫声。仪表板上的两盏红灯亮起，表示左右发动机确实熄火了，但最上面的发动机指示灯一直黑着。"它不会还在运行吧？"机组人员都想知道。科茨用手指戳了一下关机按钮以确认，但状态指示灯仍然不亮。

楼下，在"发现号"的中层甲板上，沃克的眼睛专注地盯着"模式 1 撤离（Mode 1 Egress）"的程序：在紧急情况下打开侧舱门和撤离航天器的分步说明。这一流程被 NASA 称为"太危急了，以至于无法将消防/救援人员派遣到发射平台上"。总共有 8 种撤离模式，涵盖发射前阶段（模式 1 - 4）和着陆后阶段（模式 5 - 8）的紧急逃生程序，其中模式 1、5 和 8 允许航天员在无人协助情况下撤离航天飞机，模式 2、3 和 4 需要发射台"收尾"人员的帮助，模式 6 和 7 需要消防人员、直升机携带的搜救（SAR）部队或跑道上预先部署的护航人员的支持。距离 LC - 39A 几公里处，机组人员的家人正在观看这场戏剧的上演，他们对他们所看到的和他们看不到的感到困惑。"夏天浓浓的阴霾遮住了发射台，"马兰写道，"当发动机点燃时，一道明亮的闪光瞬间穿透了那片薄雾，强烈暗示发生了爆炸。当这种恐惧在家人心中升起时，发动机启动的声音终于响起……短暂的轰鸣声。"声音在巨大的垂直总装大楼的墙壁上回荡，然后消失了。

通过对讲机，航天员听到"RSLS 中止"这个词，表示一个备份的发射处置流程。出了问题，升空在最后几秒中止了。航天飞机继续来回晃动。直觉上，机组人员知道有内置的保护措施来防止固体助推器点燃，因为如果发生这种情况（译者注：如果固体助推器已点燃，将无法关机直至燃尽），他们全部会死。但他们也知道倒计时只有几秒钟。"电子世界的几秒钟似乎有一生那么长，我确信所有的安全装置都已启动，以防止（固体助推器）点火，"马兰写道，"但在你的脑海中，你想想如果这些东西点燃会发生什么？"尽管固体助推器的安全和防护装置已按计划在 T－5 min 拆除，但在满足几个指标之前，无法命令助推器点火。其中，两个要求是所有 3 台主发动机都达到了至少 90% 的额定推力（它们没有），并且没有"主发动机失效"指标触发（它们有）。但局势仍远未得到控制。似乎最上面的主发动机是否仍在燃烧的证据还不够，发射控制中心现在告诉机组人员，发射台着火，灭火设备已启动应对（见图 3 - 12）。

是否解开安全带并撤离轨道器的决定现在掌握在 STS - 41D 的指挥官汉克·哈茨菲尔德（Hank Hartsfield）手中。在中层甲板上，航天员朱迪·雷斯尼克（Judy Resnik）解开安全带，从"发现号"侧舱口的窗户向外张望。她看不到起火的迹象，并问哈茨菲尔德

图 3 - 12　在 STS - 41D 发射中止后，"发现号"的机尾襟翼上有明显的灼烧痕迹。左侧可以看到航天飞机
　　　　的发动机之一，背景是橙色的外挂贮箱和一个白色固体助推器（见彩插）

是否应该打开舱门。如果那天需要模式 1 撤离，哈茨菲尔德或 NASA 发射主任（NTD）
将下达命令。轨道器接入臂（OAA）将在 30 s 内移回航天飞机侧舱口旁边的位置。航天员
本可以解开安全带离开座位，打开"发现号"的侧舱门，然后在一个"伙伴系统"的帮助
下，分成两组前往发射台固定服务塔（FSS）的一组紧急索降篮。他们通往篮筐路线的
"地板"被漆成黄色，上面有黑色 V 字形引导标志，以免灭火系统产生的浓烟或水阻碍能
见度。篮子将它们运送到地面的钢筋混凝土掩体，此时测试主任将承担现场指挥权。航天
员要么留在掩体中，它可以提供呼吸空气、水、电话通信和医疗储备，要么被指示乘坐类
似坦克的 M - 113 装甲运兵车撤离该区域。

　　然而，听着空对地通信线路上的喋喋不休，哈茨菲尔德选择坐下来。这是一个勇敢的决定，可能挽救了他们的生命。燃烧的氢气肉眼是看不见的，并且已经开始点燃发射台表面的可燃材料。随后的检查会发现整个发射架上都有烧焦的油漆，一直延伸到轨道器接入臂，距发射台表面约 45 m。"火焰可能和驾驶舱一样高，但是……我们看不到它，"马兰写道，"我们差点打开舱门，然后面向火海。"多年后，沃克一定会称赞哈茨菲尔德那天没有启动模式 1 撤离。在中止后与发射主任的谈话中，哈茨菲尔德意识到索降篮的可靠性也存在很大的问题，并且支撑了将机组人员留在轨道器上的正确决定。

紧接着，紧绷的神经迸发出一丝幽默的火花。"哎呀，"STS - 41D 飞行工程师史蒂夫·霍利说，"我原以为会在更高一点的地方主发动机停机！"

确实有一台主发动机停机了，但在正常任务中应该发生在太空边缘，而"发现号"仍然牢牢地束缚在地面上。还没有达到 T－0，主发动机还没有达到其额定推力的 90%，也没有让固体助推器起动。霍利的笑话打破了僵局，让机组成员们大笑起来。当他们最终打开舱门并走下航天飞机时，他们在 LC - 39A 灭火系统的作用范围内遭遇"倾盆大雨"。整个塔架都湿透了，水滴从每个管道和平台上落下，对于瑟瑟发抖的航天员来说，就像穿过瀑布一样。"发射中止后，你可以拿起枪对准某人的额头，"马兰写道，"而且他们甚至不会眨眼，因为他们体内没有任何肾上腺素。都已经被用完了！"

在 1984 年 6 月到 1994 年 8 月 18 日，共有 5 次航天员在忍受备份发射处置流程（RSLS）中止后被从航天飞机上救出，STS - 41D 后紧接着的一次此类事件发生在 1985 年 7 月 12 日。当时"挑战者号"的主发动机轰鸣着起动了，它的 STS - 51F 机组人员本能地准备好迎接升空的颠簸，但它并未到来。"在 T－7 s，主发动机从远处发出'隆隆'声，"飞行员罗伊·布里奇斯（Roy Bridges）回忆道，"作为发动机的负责人，我看着发动机推力室压力指示器开始工作并飙升至 100%。"但布里奇斯发现有些事情不太对劲。"左侧发动机指示灯似乎落后了，"他继续道，"我还没来得及说一句话，它就降为零，其他发动机紧随其后。在我们计划的升空前不到 3 s，我们不得不中止。现在可以听到其他队员的叹息声。"有一会儿，布里奇斯注意到指挥官戈登·富勒顿疑惑地看着他的驾驶舱一侧。布里奇斯伸出双手，掌心向上。"戈登，我什么都没碰！"这是一种自动关闭，由计算机触发，以响应左侧发动机上缓慢关闭的冷却剂阀。

大约 10 年后，备份发射处置流程的诅咒再次降临到航天飞机上，并且在 18 个月内发生了 3 次。1993 年 3 月 22 日上午，"哥伦比亚号"的主发动机突然启动，同样突然的是，升空前 3 s 又安静了下来。右侧主发动机的启动失败是由液氧预燃烧室单向阀泄漏引起的，这导致吹除系统的压力超过其最大红线。罪魁祸首是一小块堵塞在阀门内的橡胶碎片。几秒钟内，轨道器接入臂自动移到航天飞机侧舱口旁边的位置，以便 7 名 STS - 55 机组人员可以疏散。然而，与之前的 STS - 41D 一样，遇到看不见的氢气环境的可能性促使指挥官史蒂夫·内格尔让他的机组人员留在航天飞机上。作为预防措施，地面人员关闭了电子系统，医护人员来到了发射台上，极度失望的航天员完成了中止后的程序。"有一段时间想知道发生了什么，因为你在航天飞机上看到的只是红灯，表明发动机关闭，"内格尔后来说，"你知道计算机会关闭发动机，但你不知道它们为什么或究竟出了什么问题。"发射控制中心的局势同样紧张，面色苍白的发射主任鲍勃·赛克（Bob Sieck）负责指挥整个过程。"你最初的反应是确保没有推进剂泄漏或没有任何损坏导致危险情况，"他在中止后回忆道，"真的，这原本只是那些美好而无聊的倒计时之一……直到最后几秒钟。机载安全系统及时且非常有效。最终，机组人员是安全的，飞行器也在发射台上并且安然无恙。"

尽管如此，从"哥伦比亚号"出来的航天员看起来明显被这次经历所震撼。STS-51的5名航天员也是如此。1993年8月12日早上，主机起动的最初轰鸣声也快速转为无声息的默然（见图3-13）。作为指挥官弗兰克·卡伯特森、飞行员比尔·雷迪和飞行工程师丹·布尔希（Dan Bursch）面临着一场大火。"发现号"仪表板上的红灯亮起，一连串信息冲刷着发射控制中心通信回路。所有3台主发动机都是安全的，并且处于"关机后待机"状态，雷迪正在努力关闭辅助动力单元。幸运的是，在事故发生期间，发射台上的火灾探测器没有被触发，后来查明是左侧发动机上的燃料流量传感器出现故障。NASA在飞行后发布的STS-51任务报告中指出，在点火后约0.6 s，传感器故障引发的"主要组件故障……导致了'误比较'，这不满足最低发射条件"。"由于故障，需关闭发动机并启动安全措施。"

一年后，布尔希成为唯一一位不幸在他的职业生涯中经历过两次备份发射处置流程中止的航天员。在1993年9月终于飞行STS-51之后，他被重新分配到STS-68上再次担任飞行工程师，目标是在1994年8月18日日出前发射。那天早上的倒计时顺利而平静，以至于航天员杰夫·威索夫（Jeff Wisoff）和汤姆·琼斯（Tom Jones）在"奋进号"的中层甲板上不舒服地仰躺着，玩起了石头、剪刀、布，以此消磨时间。美国东部时间上午6点54分，航天飞机的主发动机准时起动。在发射控制中心的屋顶上，琼斯的妻子利兹（Liz）和他们的两个孩子，以及其他队员的家人，看着巨大的蒸汽笼罩着发射台。"在黎明的曙光中，"琼斯在《太空漫步》中写道，"她看到了轨道器下方的橙色尾气耀斑，并看到随着发动机加速到全功率，蒸汽从导流槽中涌出。"但是，唉，那天早上，"奋进号"并没有全力以赴。"……3，2，1……然后……我们遇到了主发动机关机，"发射播音员广播道，"GLS安全保护正在进行中。"

当地面发射时序控制器越过计算机并开始保护航天飞机的系统时，3台炽热的发动机突然变得黑暗无声。之前的备份发射处置流程中止发生在大约T-3 s，而STS-68已经进行到T-1.9 s，比其他任何任务都更接近起飞，但没有真正起飞。几乎是在瞬间，冷却水就喷到了仍然很热的主发动机上，发射控制中心每个人的注意力都集中在主推进系统的火灾探测器上。一年多来第三次，主管、经理和航天员之间通过了大量的紧急通信："我们已经关闭了主发动机……备份发射处置流程正在安全进行中……所有3台主发动机都在进行关机后处理……地面发射时序控制器是因为轨道器辅助动力单元关机而被触发……"

肯尼迪航天中心著名的倒计时时钟清晰地显示T-00：00：00，但没有航天飞机升空，只有一团不祥的灰色云团从LC-39A平台上方升起。然后广播带来了一定程度的平静："主推进系统火灾探测器未被触发。"没有证据表明发生氢气燃烧，这意味着机组人员没有必要进行模式1撤离。通过"奋进号"侧舱门的小窗口，琼斯可以看到，发射台的塔

图 3 - 13　在 STS - 51 发射台中止后，"发现号"的 3 台主发动机正在更换过程中

架在航天飞机主发动机最初的轰鸣声作用下继续前后摇摆（译者注：实际上是航天飞机在前后摇摆，航天员坐在飞机内，故感觉到塔架在晃动）。情况表明，STS-68 因右侧发动机高压氧化涡轮泵（HPOT）的问题而停滞。传感器检测到超出最低发射条件的危险的高排放温度，在发出发动机起动命令（ESC）后，"奋进号"的计算机命令其关闭。"从 ESC+2.3 s 到 ESC+5.8 s，高压氧化涡轮泵的排放温度不得超过 1 560 兰氏度（译者注：兰氏度与华氏度的换算关系为：$T_R = T_F + 459.57$），"NASA 的 STS-68 任务报告指出（使用工程系统的标度，其中热量计算是用华氏度进行的），"主发动机高压氧化涡轮泵的排放温度通道 A 达到 1 576 兰氏度，通道 B 为 1 530 兰氏度，同样高于理论值。"

琼斯写道："涡轮泵是一种令人惊叹而又精巧的机械装置。""它只有 V-8 发动机的大小，却产生了 310 倍 V-8 发动机的马力。如果以 28 000 r/min 的速度旋转的高压氧化涡轮泵在发动机舱内破裂，对于'奋进号'和它的航天员来说，会是非常糟糕的一天。"对于可怜的丹·布尔希，他的队员们无情地取笑他，因为他的备份发射处置流程总是出问题，使他们的任务陷入困境。当机组人员于 9 月下旬抵达佛罗里达州进行第二次发射尝试时，他们制订了一个要"小聪明"的计划，让"奋进号"相信带来厄运的布尔希不在船上：他们用他标志性的眼镜和小胡子乔装成陷入难题的飞行工程师格劳乔·马克斯（Groucho Marx）。

不幸的 STS-93（本章前面描述了它的发射问题）在 1999 年 7 月 20 日晚上发射前仅 7 s 发生了戏剧性的中止，并且差一点就错过了备份发射处置流程。由于"哥伦比亚号"后舱内的气体浓度过高，发射突然中止。精确的发射控制器发现了一个氢浓度"尖峰"，峰值曾短暂达到万分之 6.4，是最大允许安全水平的两倍之多。真是千钧一发，肯尼迪航天中心的发射控制中心的气氛紧张。在发射前 16 s，两个气体探测系统中的一个显示出令人无法接受的高浓度氢气，尽管另一个没有显示出任何异常，在正常的水平范围内——万分之 1.1~1.15。这是仪器错误还是真正的泄漏？危险气体系统工程师奥齐·菲什（Ozzie Fish）专注地查看他的数据，但并没有抓住机会立马向地面发射时序控制器控制台的同事巴巴拉·肯尼迪（Barbara Kennedy）发出停止倒计时的讯息。

但对于那天晚上在肯尼迪航天中心聚集的观众来说，起初一切似乎都很正常。"发射前 15 s，"来自 NASA 播音员布鲁斯·白金汉（Bruce Buckingham）继续倒数。

"发射前 12 s……10……9……"

在主发动机起动之前，一连串氢气燃烧点火器开始启动。

发射控制中心内，菲什急忙喊道："GLS，立刻关机！""……8，7……"白金汉继续说道。

"关机，"发射主任道格·莱昂斯（Doug Lyons）插话道，"立刻关机！"

"关机指令已经给出，"肯尼迪回答道。

"我们船尾有氢气，"菲什咆哮道，"浓度为万分之 6.4。"

到目前为止，主发动机的"正常"点火已经过去了，白金汉向他的听众传达了取消发射这一令人失望的消息。在发射控制中心的数据屏幕上，氢浓度逐渐下降到了正常水平。

莱昂斯询问了他团队的意见，问是否需要采取任何紧急安全措施，但被告知不需要机组人员以模式 1 撤离。很明显，后来发现错误的仪器和有缺陷的遥测数据是罪魁祸首。氢气燃烧点火器被及时更换，3 天后，"哥伦比亚号"安全发射（尽管并非平安无事）。

3.5 改进主发动机

在"挑战者号"失事之前，许多业内人士认为，如果在航天飞机飞行中出现任何灾难性错误，导致机毁人亡（Loss of Crew and Vehicle，LOCV），最有可能的罪魁祸首是主发动机的失效。在航天飞机上升阶段，主要负责监控发动机的是飞行员。在 1983 年 8 月的 STS-8 上，丹·布兰登施泰因坐在飞行员的座位上，他也是在第一次航天飞机发射时担任太空舱通信员的人。但当"挑战者号"向太空呼啸而去时，每隔一段时间坐在他身后的航天员戴尔·加德纳（Dale Gardner）就把他的注意力从仪表盘分散开。

"丹，发动机怎么样？"

"是的，看起来不错，"布兰登施泰因回答。30 s 后，加德纳再次问道。

"挺好的。"

多年后，布兰登施泰因已不记得在上升过程中他的队友有多少次缠着他问同样的问题。但是当"挑战者号"进入轨道时，他把加德纳拉到一边问他，"到底发生了什么事？"

加德纳解释说，他正在使用手持式镜子观察发动机的排焰行为，这使他可以通过后驾驶舱顶上的窗户看到壮观的后方视野（见图 3-14），但火焰的形状却让加德纳有些担心。在 STS-1 之前，这位年轻的海军工程师观察到了许多次主发动机的试车排焰模式总是最初看起来很牢靠，然后在发动机爆炸前突然开始抖动。随着"挑战者号"的海拔越来越高，外部的大气压迅速降低，作用于发动机的大气条件导致羽流的膨胀和发动机的颤动。加德纳确信他看到的是发动机快要炸了。

STS-8 的轶事凸显了许多航天员对主发动机可靠性具有很强的恐惧感。事实上，从加利福尼亚范登堡空军基地执行飞行任务的计划中，人们认识到高浓度的氢气可能会聚集在发动机下方的导流槽内，这增加了灾难发生的可能性。空军的回应是计划在每台主发动机内安装 54 个朝向外侧的点火器，以燃烧掉多余的气体。相较而言，用蒸汽解决这个问题的方案技术上不可行，该方案将热水储存在管道中，通过锅炉循环加热稳定其温度，然后在点火前再将其反向喷入发动机喷管（译者注：该方案理念可能为用高浓度的水蒸气掺混氢气，从而降低氢浓度，且不增加箭上结构干重。但水蒸气可能在低温氢气环境冷凝或凝华，形成冰晶，掺混效果打折扣，且冰晶等颗粒物质易造成摩擦静电释放，成为点火源，增加意外燃烧风险）。

当然，发动机的研制过程中、STS-51F 和 STS-93 的实际飞行条件中以及 1984 年 6 月至 1994 年 8 月之间的 5 次发射台现场备份发射处置流程中止期间等，历次上述的事件中所出现的问题似乎都指明了问题的方向。但早在 STS-1 之前，人们就在考虑如何通过

图 3-14　在 2011 年 5 月 STS-134 发射前，沿着轨道器接入臂的长度向"奋进号"
侧舱口看过去的壮观视角（见彩插）

改进升级发动机解决这个问题，最引人注目的是用于增加推力的"大喉部"燃烧室，并且他们在 1983 年 8 月重新将这个项目列为正式改进计划。该计划旨在减少两次飞行之间发动机所需的维护，并将主发动机推力提高至 109%，为支持高能量或大倾斜角度发射提供和保持必要的余量。在"挑战者号"之前，伽利略和尤里西斯探测器于 1986 年 5 月制订了在这种更高功率状态下飞行的计划。在接下来的几年里，高压涡轮泵、液压伺服机构、高压涡轮排气温度传感器和主燃烧室本身的多项改进增强了系统的可靠性。1986 年 1 月，"挑战者号"失事后，旨在提升发动机推力至 109% 的计划被束之高阁，因为越来越保守的工程界选择不推该系统超出其安全极限。尽管如此，升级主发动机的计划仍然有增无减，重点涵盖了高压氧化剂涡轮泵和高压燃料涡轮泵、发动机头腔供应主管路、热交换器和主燃烧室。

1995 年 7 月，"发现号"在 STS-70 任务中咆哮着冲向太空，它配备了两台基本型发动机和一台洛克达因全新的 Block I 发动机，代号"主发动机 No.2036"，位于三台发动机的最上方，安装了 23 700 r/min 的备用高压氧化剂涡轮泵（Alternate High Pressure Oxidizer Turbopump，AHPOT）。3 个月后，"哥伦比亚号"用一对 Block I 和一台基本型发动机执行 STS-73 发射任务。1996 年 5 月"奋进号"执行 STS-77 发射任务，这是航天飞机第一次配备全套 3 台 Block I 发动机的发射任务。由普惠公司开发的新型涡轮泵，其可活动部件数量是前代产品的一半，并且通过铸造工艺生产将原先 300 条焊缝缩减到 6 条。完整的 Block I 发动机还包括一个双导管头腔供应系统和一个单螺旋热交换器，可以整流流过发动机的流体，以降低压力和振动。新头腔供应系统用两个扩张管道取代了基本型发动机中 3 个较小的燃料管道，以提高发动机性能。作为减少任务之间发动机维护计划的一部分，Block I 的备用高压氧化剂涡轮泵在前 10 次飞行任务不需要进行详细检查。备用高压氧化剂涡轮泵还包括一种新的氮化硅滚珠轴承材料，事实证明，这种材料硬度提高了 30%，性能远远优于以前所使用的轴承钢。同时，氧化硅滚珠具有超光滑的表面，在备用高压氧化剂涡轮泵运转期间产生的摩擦和磨损更少。

改造航天飞机整个主推进系统是一项耗资 10 亿美元的巨大工程，Block I 是该工作中的一部分。按计划，到 20 世纪 90 年代末，普惠公司将进一步升级至 Block II，上线备用高压燃料涡轮泵（AHPFT）。当然，项目的主要预期目标是显著提高飞行安全性和可靠性，但新发动机还有助于支持正在考虑和提倡的俄罗斯和平号空间站的高能量、大倾角任务，该空间站在 51.6° 倾角轨道上运行。1993 年 10 月，一项用于升级固体助推器、增强其安全性，同时协助在高空运载更大质量有效载荷的先进固体助推器（Advanced Solid Rocket Motor，ASRM）计划被取消，而 Block I 和 Block II 发动机研制工作的预算超过 2.6 亿美元，也于 1991 年 12 月停滞不前。1994 年 5 月开始恢复工作，接下来 9 个月完成了 Block I 剩余的测试，预计新发动机将理论计算的机毁人亡（LOCV）概率从早期设计的 262 次飞行一次减少到新发动机的 335 次飞行一次。

尽管普惠公司的备用高压燃料涡轮泵研发遇到了困难，包括 1996 年 1 月的试验台故障—— 一再推迟将完整的 Block II 发动机投入使用的时间表，但新的大喉部主燃烧室

(Large Throat Main Combustion Chamber，LTMCC) 的地面测试成功验证了降低运行压力和新燃气分支管的设计。1998 年 1 月，"奋进号"的 STS-89 任务首次使用了"临时"的 Block ⅡA 发动机，该发动机具备除备用高压燃料涡轮泵之外所有的 Block Ⅱ 增强功能。9 个月后，"发现号"首次搭载全套 3 个 Block ⅡA 试飞了 STS-95。Block ⅡA 经认证可在 104.5% 的推力下运行，允许航天飞机将额外的 225 kg 有效载荷送入轨道。有一段时间，大家重新谈论使用全面升级的 Block Ⅱ 将其提高至 109%。人们希望这可以将有风险的 RTLS 中止"窗口"缩短 30 s，并加强更加友好的跨洋中止着陆的可用性。"我们处于两者的边缘，"位于亚拉巴马州亨茨维尔（Huntsville）的 NASA 马歇尔航天飞行中心（MSFC）的工程师克里斯·辛格（Chris Singer）承认，"所以我们运行测试程序去考核我们离边缘线有多远……但我们并不喜欢沿着边缘线一直走。"

2001 年 7 月，当"亚特兰蒂斯号"的 STS-104 将 Quest 气闸舱送到国际空间站时，Block Ⅱ 发动机正式服役。升级后的发动机仅重 3 500 kg，比 4 200 kg 的基本型发动机轻得多。预计 Block Ⅱ 将上升阶段发生 LOCV 的概率从 1/438 减少到 1/483。9 个月后，在"亚特兰蒂斯号"的下一个任务 STS-110 中，它第一次装配了全套 3 台的 Block Ⅱ（见图 3-15）。"我们基本上消除了泵内无法查验的焊接问题，"航天飞机项目经理罗恩·迪特莫尔（Ron Dittemore）当时评论道，"我们拥有更强劲、更坚固的泵。"诚然，结果是70 000 马力（1 马力=745.7 W）备用高压燃料涡轮泵的重量又增加了，但安全性的增强替代了性能上的牺牲。更强大的涡轮泵和更坚固的涡轮叶片意味着，现在可以安全地应对那些影响航天飞机早期任务出现的问题（可能会导致灾难性的爆炸）。在 1993 年初STS-55 之前的几周内，发生了一连串的发射延迟，原因是担心"哥伦比亚号"高压氧化剂涡轮泵叶片尖端存在密封固定件老化的问题，并对文件进行仔细的审查，最终主发动机被更换下来进行更全面的测试。1993 年 6 月，STS-57 的发射因高压氧化剂涡轮泵中两个弹簧之一的检测印记安装错误而导致推迟。1994 年 4 月，对涡轮泵预燃室中液氧导向镍合金叶片变形的担忧推迟了 STS-59 的发射。"我们在测试期间在这种新泵上看到了一些过去导致泵和发动机被淘汰的故障，"迪特莫尔在引入 Block Ⅱ 涡轮泵后评论道，"有了这个新泵，发动机就会一直工作。"

只要是硬件就会时不时出现各种各样的问题，包括液氢传感器泄漏、航天飞机后机身的气体浓度高于许用浓度、冷却液分支管的疑似裂纹以及高压燃料涡轮泵的尖端密封件问题。1999 年年末，"发现号"在 STS-103 上的飞行被推迟发射首先是因为一个主发动机中卡了 1.3 mm 的钻头，导致泄漏检测失败、电线最终被磨损，发动机上的氢气调节管路也被破坏了。2002 年 6 月，在"亚特兰蒂斯号"的一台 Block Ⅱ 发动机内的金属衬垫里发现了几条裂缝（每条裂缝的长度为 2.5 mm），这些金属衬垫的作用是辅助低温推进剂流过一组"手风琴形"的波纹管。NASA 指出由于衬垫不是用来保持压力的，问题并没有造成泄漏，而是担心裂缝中的碎片可能会进入发动机并引发爆炸。工作人员检测和维修了所有 4 架航天飞机——"发现号"和"哥伦比亚号"各出现了 3 条裂缝，"奋进号"则出现了一条裂缝，机队因此停飞了几个月。裂缝最终被补焊并抛光了粗糙的边缘，以防止进一步损坏。

值得注意的是，Block Ⅰ、Block ⅡA 和 Block Ⅱ 的不断改进使主发动机在其剩余生命周期中遇到的飞行问题相对较少。此外，它们无可挑剔的安全性和可靠性使其在 2011 年被选为 NASA 新型超重型运载火箭——太空发射系统（SLS）的第一级的主动力（译者注：SLS 火箭借鉴了航天飞机大量的技术，并计划于 2022 年首飞）。结果，这款 20 世纪 70 年代在试验台上爆炸，在发射台上使航天飞机 5 次起飞终止，并几乎毁掉 STS‐51F 和 STS‐93 任务的发动机的升级产品，将在几年内时间，推动人类返回月球并最终前往火星。

图 3‐15　2002 年 4 月 8 日，"亚特兰蒂斯号"执行 STS‐110 任务，全套 3 台 Block Ⅱ 主发动机首飞

第 4 章　外挂贮箱

4.1　啄木鸟，重量和忧伤

在航天飞机的整个服役期中，外挂贮箱遭到了多个维度的无情攻击：从渴望削减 NASA 预算的政治家到热衷于阻止钚电源任务（如伽利略和尤里西斯探测器）发射的反核抗议者，从恶劣的天气条件到掉落的工具和致命的技术问题。当然，不要忘记 1986 年 1 月和 2003 年 2 月的两起骇人听闻的悲剧，它们夺走了"挑战者号"和"哥伦比亚号"及其航天员的生命，同时还有其他几次距离灾难仅仅毫厘之差的任务。但是，在这 3 个 10 年中，困扰机队的所有致命事件里，没有比 1995 年夏天发生在"发现号"上更奇怪的了。事实上，当 STS-70 任务专家唐·托马斯（Don Thomas）走出训练模拟器时，遗憾地被告知一只啄木鸟刚刚取消了他的飞行任务，他当时十分确定这是一个恶作剧。

他们不可能是认真的吧？啄木鸟可以阻止发射任务的进行吗？

在广阔的佛罗里达州梅里特岛，近 570 km² 的土地上设有专门的国家野生动物保护区。这里有超过 1 000 种植物、330 种鸟类和数十种鱼类、两栖动物、爬行动物和哺乳动物。21 种被确认为濒危物种，其中有一种中型迁徙啄木鸟，即灰顶、米色脸的北飞鸟，喜欢在树木或大型金属物体上大声敲击，以此作为一种交流的手段。那年夏天，啄木鸟的这一行为引起了肯尼迪航天中心许多人的愤怒。在 1995 年 5 月下旬的阵亡将士纪念日，就在啄木鸟繁殖季节的高温气候中，它们中的一只碰巧发现了它所见过的最大的树。就像大家熟知的啄木鸟一样，它开始在上面钻洞。但这不是普通的树，明亮的橙色，覆盖着喷涂泡沫绝热材料（Spray-On Foam Insulation，SOFI）和下面的金属表层，困惑的啄木鸟可能想知道它自己的嘴啄进了什么地方。因为令它徒劳无功的"树"根本不是一棵树，而是"发现号"航天飞机刚准备好发射的外挂贮箱。

这些巨大的贮箱使用了两种类型的绝热泡沫：低密度、闭孔喷涂泡沫绝热材料覆盖了其表面的大部分面积；以及在高热流区域使用的烧蚀复合材料，它是一种由硅树脂和软木制成的密度更高的材料，在飞行过程中可承受高达 1 650 ℃ 的高温。高热流区域主要包括外挂贮箱最靠近航天飞机 3 台主发动机的尾部半球结构。超过 90% 的泡沫是使用自动化系统喷涂的，其余的则用手工保证平整度。在贮箱的大部分区域，泡沫只有 2.5 cm 厚，而在受热更强烈的区域它会更厚一点（在 3.8~7.6 cm 范围内）。它的功能除了在佛罗里达州炎热潮湿的空气中将低温推进剂保持在其所需的温度（−182.8 ℃ 的液氧和 −252.8 ℃ 的液氢），防止冰在其表面积聚之外，这种绝热材料还可以在发射台上承受白天 46 ℃、湿度 100% 和长达 180 天的极端环境，并能抵御沙子、盐、雾、雨、太阳辐射甚至真菌的侵袭（见图 4 - 1）。

图 4 - 1　1999 年 5 月，STS - 96 发射之前遭受了冰雹袭击，对"发现号"外挂贮箱最上部的修复
痕迹清晰可见

但它并不能抵御啄木鸟的"袭击"。

STS-70 组合体已于 5 月 11 日从垂直总装大楼运送到 LC-39B 发射台，进行 6 月初的开放式发射尝试，为的是部署一颗重要的 NASA 通信卫星。5 月 29 日是阵亡将士纪念日，"发现号"的机组人员在得克萨斯州休斯敦的约翰逊航天中心的模拟器中结束了他们最后的训练课程，然后飞往卡纳维拉尔角准备发射。即使他们到了现场也无济于事，外挂贮箱上喷涂泡沫绝热材料的最外层已经产生了数十个深坑和多个啄木鸟的喙印爪痕，现在仍有 200 多个孔需要修复。有些非常小，只有 1.2 cm 宽，有些则宽达 10 cm，有几个直接穿过泡沫打到了外挂贮箱最里层的金属表面。技术人员设法在工作日内使用喇叭和"捕食者之眼"气球吓跑进一步上前的啄木鸟，但周末在 LC-39B 发射台上只有一名工作人员，事实证明将麻烦的鸟类拒之门外非常困难。一个解决方案是让肯尼迪航天中心工作人员站在发射台的不同高度，如果啄木鸟靠近，就吹响喇叭。他们甚至还穿着淡蓝色 T 恤，上面印有半开玩笑的口号"啄木鸟巡逻队"。

几年后发生了另外两起同样奇怪的事件。1998 年 4 月，当"哥伦比亚号"正准备迎接 STS-90 任务发射时，一只蝙蝠附着在外挂贮箱上。工程师用红外摄像机测量了它的体温，显示约为 20 ℃，并假设它正试图在 16 ℃ 的泡沫表面降温。根据发射主任戴夫·金（Dave King）的说法，据推测蝙蝠听到了航天飞机上数百只蟋蟀的鸣叫声。而它能否当航天飞机起飞时，在 3 台主发动机发出的声震和轰鸣中因它敏感的耳朵幸存下来还是未知数。2009 年 3 月，在 STS-119 倒计时期间，发现一只左翼折断且可能肩部或手腕受伤的蝙蝠紧贴着"发现号"的外挂贮箱。就像它的 STS-90 先辈一样，蝙蝠可能试图保持镇静。发射图像显示，它至少在上升的前几秒钟还紧紧抓住贮箱，并且几乎可以肯定的是，它在不久之后就被瞬间"火化"了。

当然，梅里特岛国家野生动物保护区内的鸟类同样带来了麻烦。在 2005 年 7 月 STS-114 发射期间，一只秃鹫击中了"发现号"的外挂贮箱，并在炽热的燃气中坠落身亡。这次鸟击的重量至少达到了 STS-107 上击中并摧毁"哥伦比亚号"的泡沫绝热材料那次重量的两倍（第 6 章将有描述）。鸟击是一个重大的危险。降低风险的努力形成了一项新颖的"减少发射场附近鸟类计划"，其中包括快速清除路上的动物尸体，以防其他动物将肯尼迪航天中心作为现成的食物来源地，阻止它们在这些最不合适的时间出现。同时，还建立了声学威慑，连同诱捕释放协议和防鸟撞飞机雷达，以跟踪鸟类运动并在起飞前 1 min 提供实时数据。该系统于 2006 年 7 月首次在"发现号"的 STS-121 任务中进行了测试。

主承包商马丁·玛丽埃塔公司的齐柏林飞艇式外挂贮箱是迄今为止航天飞机组合体中最大的部分。它包括总高 47 m 的一对大贮箱（氧箱＋氢箱），通过一对 43 cm 通径的截断阀分别将液氢、液氧推进剂输送到主发动机的燃烧室。由于轨道器的位置偏移量（它是悬挂在贮箱侧面的），固体助推器分离后，工程学和空气动力学的约束条件是主发动机的推力矢量能够直接通过外挂贮箱的重心。这种结构上的考虑决定了外挂贮箱的内部布局。两个贮箱中较小的一个，高 15 m，装有近 651 700 L 液氧，占据了外挂贮箱的上 1/3；而其大得多的另一个高 29.5 m，装有超过 175 万 L 液氢，并放置在外挂贮箱的下 2/3。分隔贮箱的是 6.8 m 高的"箱间段"，里面装有仪器和电子设备。1977 年 3 月，两个推进剂贮箱的结构样机在位于亚拉巴马州亨茨维尔的 NASA 马歇尔航天飞行中心进行了全面测试，之后它们被拆卸、检查并与一个新的箱间段组装，以在 1987 年 8 月交付给在密西西比州的国家空间技术实验室（National Space Technology Laboratory，NSTL）。在这里，第一次展示了加注推进剂后的真实外挂贮箱。在其他地方则对贮箱的缩比样机进行了 10 多次声学测试，以评估喷涂泡沫绝热材料，并确保它在航天飞机发射期间不会在高达 170 dB 的噪声强度下发生破裂。

　　但即使是 35 000 kg 标准重量贮箱（Standard Weight Tanks，SWT）正在为第一次执行航天飞机任务而制造的过程中，NASA 仍在寻找进一步减轻重量的方法。诚然，第一批生产的标准重量贮箱实现了 500～1 100 kg 的小幅减重，但马丁·玛丽埃塔迅速着手将后续贮箱的重量减少至少 2 700 kg，最高减重可达 3 400 kg。尽可能减少外挂贮箱不必要的重量将有助于提升运载能力，特别是那些计划从加利福尼亚州范登堡空军基地进入极地轨道的发射，以及肯尼迪航天中心的大倾角任务。早期标准重量贮箱的许多减重量是通过将金属和热防护系统的公差略微减小到其规格中最小的许用厚度来实现的。甚至油漆也会难辞其咎。在 1981 年 4 月和 11 月的前两次航天飞机任务中，"哥伦比亚号"的标准重量贮箱涂上了一层防火乳胶（Fire Retardant Latex，FRL）面漆，仅其重量就超过 360 kg。但是，喷涂泡沫绝热材料被认为足以满足外挂贮箱在上升过程中的热保护需求，于是白色防火乳胶从 1982 年 3 月起的 STS - 3 中移除。因此，STS - 1 和 STS - 2 仍然是唯一使用白色外挂贮箱飞行的两次任务；所有其他飞行器均未上漆，而是带有喷涂泡沫绝热材料的天然"铁锈"橙色调。然而，在 1995 年 5 月"发现号"与啄木鸟的战斗中，除了气喇叭和看起来可怕的"捕食者之眼"气球外，一位乐于助人的民众建议将外挂贮箱重新涂成蓝色。显然，这是啄木鸟讨厌的颜色，但 NASA 拒绝了这个提议。

　　从一开始，人们就认识到额外的减重需要对整个贮箱进行大范围的重新设计。"因为外挂贮箱是集成飞行器的结构核心，"丹尼斯·詹金斯（Dennis Jenkins）写道，"传力路径很复杂，这使得减轻重量成为一项艰巨的任务。"作为重新设计的一部分，在加注过程中用于液氧循环的"涌泉抑制"（译者注：曾在土星五号的一级中使用）管路被去除，减小了轨道器/外挂贮箱后横梁的厚度，实施了电气改造，部分用于液氢贮箱的纵向结构加强纵梁被移除。沉重的固体助推器连接点被更轻、更坚固、更便宜的钛合金连接点所取代。虽然最早的标准重量贮箱主要由铝制成，但其第二代轻型贮箱（Light Weight Tank，LWT）采用铝锂合金，壁厚比前代产品薄 0.12 mm。当"挑战者号"于 1983 年 4 月在 STS - 6 上飞行第一个轻型贮箱时，其总重量约为 30 300 kg，比标准重量贮箱减少了约 12%。1998 年 6 月，"发现号"STS - 91 的任务试飞了第一个超轻型贮箱（Super Light Weight Tank，SLWT），将其进一步降低至 26 500 kg。

　　贮箱开发设计的最后一个优化阶段始于 1991 年，这是为了使航天飞机能够将更大、更重的有效载荷运送到大倾角轨道，以建造国际空间站。马歇尔航天飞行中心的外挂贮箱项目经理帕克·康茨（Parker Counts）说："我们可以从外挂贮箱中取出的每一磅，都是我们可以将其送入轨道的一磅。""当需要将国际空间站发射到预定的轨道时，这变得尤为重要。"根据一份价值 1.725 亿美元的合同，马丁·玛丽埃塔为超轻型贮箱开发了一种铝锂合金，比轻型贮箱强度高 40％，密度低 10％。贮箱内壁被加工成类似华夫饼的正交网格结构，从而增加了强度和耐用性（见图 4 - 2）。正如 STS - 91 的指挥官查理·普雷考特（Charlie Precourt）所说："这就像把你的车放在今天，卸下所有 4 扇门和发动机，但你的车仍然能在大街上留下点儿什么（译者注：代指贮箱结构）。"

然而，超轻型贮箱经历了艰难的演变。主要承包商洛克希德·马丁（Lockheed Martin）（1995 年马丁·玛丽埃塔公司和洛克希德公司合并的结果）遇到了在圆周焊缝和垂直焊缝之间连接处（即十字交叉焊缝）开裂的问题。在焊接对接面的过程中，焊缝被重新加热时出现裂纹。"我们学到了很多关于铝锂合金的知识，"康茨说，"它绝对是未来的材料，但它绝对不像旧材料那么容易使用。"认证测试于 1996 年 7 月结束，1998 年 1 月第一个量产的超轻型贮箱于从 NASA 位于路易斯安那州新奥尔良的米丘德装配工厂（Michoud Assembly Facility，MAF）诞生。它在几周后抵达肯尼迪航天中心，并于 5 月与 STS - 91 组合体装配。在转运到发射台后，它进行了全面的"贮箱测试"，以评估其对加注过程的响应。作为超轻型贮箱的最后一个研发版本，2011 年 7 月执行了最后一次航天飞机任务的贮箱比 1981 年 4 月第一次推动"哥伦比亚号"上天的贮箱轻了 25％。

4.2　一张去佛罗里达的单程票

外挂贮箱底部附近有一对机械连接解锁装置，推进剂可以通过这些装置从大贮箱通过轨道器腹部的一对通径 43 cm 的阀门流入 3 台主发动机的燃烧室（见图 4 - 3）。在航天飞机上升阶段发动机推力最大的情况下，液氧和液氢分别以 80 000 L/min 和215 300 L/min 的流速供应到发动机。在贮箱分离前，轨道器和外挂贮箱连接的两侧都有解锁装置，等到主发动机关机后约 18 s，控制系统将发出指令通过高压氦气关闭阀门，防止推进剂进一步排放和污染。这些解锁过程的重要性不容低估，因为在主发动机工作时，任何意外的关闭都会截断推进剂从外挂贮箱流入航天飞机主发动机而导致灾难性的故障。尽管液氢解锁装置的主密封使其在地面发生泄漏曾导致 STS - 51E 任务在 1985 年 2 月发射延迟（最终导致发射取消），但早期的航天飞机计划中该系统没有发生过任何事故。

但 5 年后，同样的连接解锁装置使航天飞机机队几乎瘫痪。在每次任务之前，飞行准备评审（Flight Readiness Review，FRR）将仔细审阅每一份相关文件，然后就目标发射日期达成正式共识。1990 年 5 月，"哥伦比亚号"临时计划于 16 日执行 STS - 35 发射，但发现此次任务氟利昂冷却剂回路上的调节阀存在问题，需要进行更换，因此发射日更改至 30 日。在那天早上黎明前的黑暗中，正当 LC - 39A 平台的工程师努力将液氢加注到外挂贮箱中时，移动发射平台上的尾部摆杆（Tail Service Mast，TSM）附近检测到了一个微小的泄漏。进一步调查发现了一个更加令人不安的泄漏点，它的源头显然是在"哥伦比亚号"腹部解锁装置（见图 4 - 3）的某个地方。随后发射被取消，外挂贮箱被泄出推进剂

图 4－2　2000 年 2 月 STS－99 发射前外贮箱最下方的液氢贮箱上结霜明显，
上面的是液氧贮箱，请注意顶部的氧气通风罩（通俗地称为"便帽"）（见彩插）

图 4-3　通径 43 cm 的连接解锁装置将推进剂从左侧的外挂贮箱输送到轨道器的腹部，
并从那里输送到 3 台主发动机的燃烧室（见彩插）

并"惰性化"（即置换出箱内氢气和氧气）。由于 STS - 35 机组人员将在执行任务时进行 24 h 的"两班倒"操作，他们已经开始"轮班睡觉"，以准备飞行。航天员杰夫·霍夫曼醒来时听到了发射取消的消息，并叫醒了其他的机组人员，传达了这一令人失望的消息。几天后，工程师们开展了一个小型贮箱的试验试图查明泄漏点的位置。但是由于航天飞机是垂直放置在发射台上的，勘查工作的条件远非理想状态，因此航天飞机组合体于 6 月 12 日重返垂直总装大楼。"哥伦比亚号"分解了它的外挂贮箱和固体助推器，返回到航天飞机加工车间进行维修。另一架轨道器上的航天飞机"一侧"的解锁装置被紧急借来替换到"哥伦比亚号"上（见图 4 - 4）。几天后，米丘德装配工厂（MAF）交付了外挂贮箱"一侧"的全新的解锁装置。

图 4 - 4　1990 年夏天，技术人员更换"哥伦比亚号"的连接解锁装置

　　似乎这个问题已是最坏，但另一个任务也出现了类似的问题。随着"哥伦比亚号"工作的推进，"亚特兰蒂斯号"也正朝着 1990 年 7 月 STS - 38 的发射任务迈进。作为预防措施，在 6 月 18 日到达发射台后，NASA 进行了一次贮箱测试，以确保它没有陷入类似的困境。在测试过程中采用了两种推进剂加注模式，第一个称为"慢加注"，用于冷却外挂贮箱的管道和结构，方便当液氢在下一步以更高的速率输送时，即"快加注"下它不会蒸发并产生过量的气体。6 月 29 日，当液氢被加注到 STS - 38 的外挂贮箱时，工程师们因同样的问题而感到沮丧：在从"慢加注"到"快加注"的过程中，存在着非常小的泄漏（NASA 将其描述为"取决于温度和流速"）。但一种挥之不去的不安感暗示"哥伦比亚号"和"亚特兰蒂斯号"的泄漏不仅仅是巧合，这一切似乎正预示着什么事情。

　　为了确定泄漏气体来源，他们在连接解锁处安装了更多的仪器，于 7 月 13 日进行了另一次贮箱测试，并再次发现有泄漏气体。因此添加了密封剂以防止泄漏，但 25 日的第 3 次测试失败再次强调了这样一个现实，即这将是一个难以破解的问题。两周后，STS-38 组合体重返垂直总装大楼，与经过了维修后重新返回到发射台的 STS-35 组合体擦肩而过。然而，NASA 的管理人员确信这两次泄漏彼此独立。"外挂贮箱和轨道器之间法兰接口周围的螺栓力矩不正确导致了'亚特兰蒂斯号'的事故，"《国际航空》杂志在 8 月报道，"'哥伦比亚号'的泄漏是由用于解锁装置中驱动关闭阀门机构的密封件故障引起的。"最后，STS-35 被重新安排在 9 月 1 日进行另一次发射尝试，由于有效载荷的问题又被推迟了几天。但在 5 日晚上，当工程师正在为外挂贮箱加注时，他们再次检测到了氢气泄漏。最大允许漏率为万分之 6.6，但他们的仪器告诉他们，"哥伦比亚号"的实际漏率为万分之 65。

很快就发现 STS-35 发生了两处泄漏。数据显示，最初的解锁装置泄漏已得到解决，但在航天飞机的后舱某处又出现了新的泄漏。诊断人员将其定位在"哥伦比亚号"的循环泵组入口或分支管附近，原因是一台主发动机的特氟龙密封件损坏。他们及时更换了 3 台液氢循环泵，但这仍无济于事。在 9 月 18 日进行另一次发射尝试之前的几个小时内，他们检测到更多的氢气泄漏，这次泄漏率高达万分之 67。NASA 别无选择，在问题得到解决前，STS-35 发射将被无限期推迟。前航天员鲍勃·克里平，现在是航天飞机项目经理，组建了一个"老虎队（Tiger Team）"调查这个问题，并重新调整"哥伦比亚号"的整个液氢推进系统。他指派来自马歇尔航天飞行中心的资深工程师鲍勃·施文哈默（Bob Schwinghamer）负责调查。多年后，施文哈默记得 NASA 副局长詹姆斯·"J.R."汤普森（James 'J.R.' Thompson）没有一丝幽默地告诉他，他只有一张去佛罗里达的单程机票，在泄漏修复之前绝不能返回马歇尔航天飞行中心。

施文哈默的团队从 9 月到 12 月在肯尼迪航天中心度过了 3 个月，建立了一个复杂的故障树，并协调了大量分布在 NASA 各个中心的人员。当他们在 10 月 30 日结束最后的贮箱试验时，施文哈默可以自信地宣称"哥伦比亚号"现在是"当时机队中最有保障的无泄漏航天飞机"。氢气的性质意味着不能容忍任何形式的泄漏——即使航天飞机的主推进系统（Main Propulsion System，MPS）旨在通过高压氮气吹除来克服泄漏，这也让 STS-35 的指挥官万斯·布兰德（Vance Brand）大感惊讶，航天飞机竟然被搁置了这么长的时间。但与 4 年前"挑战者号"事故之前 NASA 管理层的工作方式相比，它也代表了 NASA 一种明确且鼓舞人心的心态变化。

NASA 花费了 380 万美元修复氢气泄漏，并且他们怀疑这个问题（至少在"哥伦比亚号"的情况下）源于之前的任务后主发动机的完全拆卸操作。作为从它的推进剂管路中去除抛光砂工作的一部分，如果航天飞机的密封件安装不当，重新组装发动机时，微小的玻璃珠会将多余物引入解锁装置。从 6 月初开始，工程师的注意力只集中在解锁装置泄漏上，而密封件却被忽视了，而这是一个更严重的问题。"因此，"《国际航空杂志》在 11 月中旬解释说，"NASA 推出了一项新的处理程序，在发动机最终组装之前，将检查发动机关键部件是否存在泄漏。"不管怎样，STS-38 和 STS-35 的任务都在 1990 年 11 月和 12

月安全地完成了飞行。但几个月后，外挂贮箱连接解锁装置将继续经受进一步的考验，此时"发现号"正在准备 STS-39 发射任务。1991 年 2 月下旬，在 LC-39A 发射台的最后检查期间，技术人员发现两个外挂贮箱连接解锁装置所有的 4 个凸耳铰链都有裂缝，这迫使航天飞机返回到垂直总装大楼进行维修。"裂缝不是在舱门铰链上，"NASA 总部在一份新闻稿中解释说，"而是在金属上，它支撑着打开和关闭舱门的电动机构支架。"飞行安全的含义是，在外挂贮箱被抛弃后，舱门必须正确关闭，以确保航天飞机能够承受再入阶段的炙烤。尽管有记录怀疑是过度挤压舱门产生的裂缝，但无法找到关于其根源的确凿证据，NASA 保守地选择进一步调查。另一架航天飞机的铰链被拆了下来，加固并安装到"发现号"上。

与此同时，NASA 宣布从 STS-39 开始的后续任务中，移动发射平台中将添加一个新的氢扩散装置。该系统将在连接解锁装置周围提供富氮空气流，有助于稀释氢气浓度。至于连接解锁装置本身，NASA 已经在与航天飞机主承包商罗克韦尔公司合作制订升级系统的计划，将该系统的直径缩窄至 35.5 cm，并于 1991 年 2 月签订了价值 2 760 万美元的合同。预计新的连接解锁装置将防止在上升过程中阀门的意外关闭。不幸的是，新的连接解锁装置项目在 1993 年被 NASA 取消，但其大部分技术已被用于提高现有 43 cm 装置的安全性和可靠性。此外，NASA 围绕氢泄漏问题制定了更严格的规则，将它们更明确地纳入其发射委员会（Launch Commit Criteria, LCC）的工作框架中。这并不是影响航天飞机早期飞行任务的主要问题，直到 2002 年 4 月，在准备 STS-110"亚特兰蒂斯号"发射的过程中，又审查了外挂贮箱连接驱动门电机。对类似机制的举一反三测试表明，"奋进号"的发动机关机速度很慢。幸运的是，"亚特兰蒂斯号"自己的发动机运行良好，安全完成了飞行任务。

4.3　其他问题层出不穷

多年来，佛罗里达州不可预测的天气，频繁的风暴和降雨在多个外挂贮箱离开地面之前不断地破坏它们脆弱的绝热层。1999 年 5 月，"发现号"距离 STS-96 发射还有一周时间，当时贮箱的喷涂泡沫绝热材料在周末的倾盆大雨中遭受重创。由于航天飞机组合体垂直放置在 LC-39B 发射台上，技术人员可以进行一部分维修，但触及更严重损坏区域时有一定的困难，需要返回垂直总装大楼。诚然，有些损坏只是针刺大小，但也有长达 5 cm 的凹坑。垂直总装大楼的检查发现喷涂泡沫绝热材料中有 648 处破损，其中有 189 个是微不足道的。然而，另外 200 多个必须通过混合和打磨等工作将其固定在贮箱上，而另外 250 个需要通过注入新的泡沫进行"修补"。类似的事件还发生在 2007 年 2 月的一场风暴之后，在 STS-117 的准备期间，高尔夫球一样大的冰雹击打在了外挂贮箱上，在喷涂泡沫绝热材料上留下了近 2 000 个洞，并对"亚特兰蒂斯号"左翼上的 26 块防热瓦造成了轻微损坏。为了进行维修，专门制造了一个 45 kg 的工具（绰号"削笔刀"）来打磨贮箱顶部的替换泡沫块。"削笔刀"的一端安装在外挂贮箱顶部的"尖端"上，而另一端装有一个 60 cm 长的砂纸圆筒，技术人员用它将泡沫打磨光滑。但是这种复杂结构的修复非常耗费时间。STS-96 仅延迟了一周，而 STS-117 则推迟了 3 个月。对于一个在 STS-117 之前已经表明它能够夺走人命的复杂系统，这样的修复是至关重要的。

从航天飞机计划一开始，就在外挂贮箱的脆弱性和航天飞机热防护系统的脆弱性之间建立了明确的联系——防热毯、数千块单独设计和手工制作的硅基防热瓦以及增强碳纤维（Reinforced Carbon Carbon，RCC）面板组合而成的精致复合材料衬在鼻锥和机翼前缘，防止冰或泡沫掉落造成损坏。由于被液氧和液氢冷却到极低的温度，所以发射前在外挂贮箱的外表面上相应地积冰是必然的。

在每次发射前的最后几个小时，最终检查组（更广为人知的名称是"冰队"）都会被派往发射场，用他们丰富的经验和专业知识加以装备照相机、双筒望远镜和红外扫描仪来排除故障，减少危险发生的概率（见图 4-5）。从"发现号"于 2007 年 10 月发射的 STS-120 开始，他们还能够通过光纤将其检查的实时数字图像传输到任务管理人员那里。在每次任务前的几个小时里，他们用敏锐的眼睛和高科技工具在飞行器上搜寻可能危及安全发射的异常积冰或异常温度。他们从发射台塔架的高处开始工作，检查外挂贮箱顶部的氧气通风罩，然后向下行进以检查航天飞机的外表面、主发动机和固体助推器。1985 年 1 月，因为外挂贮箱外表面上的过多冰块取消了 STS-51C 的一次飞行尝试。1992 年 12 月，STS-53 的发射被推迟了超过 1 h，因为"冰队"建议等待日出后阳光能够融化致命的冰块。此外，"挑战者号"在 1986 年 1 月 STS-51L 发射前的最后几个小时里，由于天气非常寒冷，以至于该团队使用扫帚从外挂贮箱上移除冰柱。但是，冰的形成不仅是温度的函数，它还高度依赖于局部湿度、风速和风向，这导致了一系列其他变量的相互影响，使"冰队"的工作更加复杂化。

在其他任务之前的几个小时内，"冰队"也多次被证明是至关重要的。2000 年 10 月，"冰队"的一名鹰眼成员用双筒望远镜观察到了一个 226 g 的"销钉"，它不知何故被卡在了从外挂贮箱到航天飞机的液氧管道中。"销钉"只不过是一个在通道平台上被工人拆除的碎片，但人们担心如果它在发射过程中掉下来可能会损坏外挂贮箱的尾部圆顶或航天飞机的主发动机。"销钉"的位置在发射塔表面上方约 12 m 处，出于安全因素，不能考虑用高压软管将其移开。最终，"发现号"的发射被推迟，安全移除了"销钉"。

在航天飞机上升过程中，喷涂泡沫绝热材料碎片坠落的事件并不少见，几乎在每次任务中都会发生。即使在 1981 年 4 月"哥伦比亚号"首次飞向轨道时，机组人员约翰·扬和鲍勃·克里平也注意到白色物质（很可能是从外挂贮箱中掉落出来的泡沫）飘过他们的驾驶舱窗户。任务结束后，航天飞机的 300 多块防热瓦已损坏，需要更换。1982 年 6 月，STS-4 上有 40 多块防热瓦受损。1983 年 6 月的 STS-7 期间，记录了第一次从贮箱双捆绑斜面区域脱落的泡沫。每个外挂贮箱携带一对双捆绑机构，通过前部连接点将贮箱顶部连接到轨道器。为了防止过多的冰积聚，每个双捆绑都覆盖着一个楔形的、手工喷涂和雕刻的喷涂泡沫绝热材料"斜面"，长 76 cm，宽 35 cm，高 30 cm。虽然旨在保护这个关键区域免受积冰的影响，但斜面本身也变成了碎片的来源。

在应用绝热泡沫期间，使用钢丝刷形成气孔，以允许堵塞气体逸出并降低形成孔隙的

图 4 - 5 每次发射前，"冰队"对航天飞机的每英寸飞行表面、外挂贮箱和固体助推器进行仔细检查，他们的使命是寻找可能妨碍成功发射的不安全的冰或霜积聚物

风险。1992 年 6 月，在 STS - 50 的上升阶段，一块 60 cm×25 cm 的喷涂泡沫绝热材料从左侧的双捆绑斜面上掉了下来，在航天飞机的一块防热瓦上留下了一个 20 cm×10 cm 的巨大凹痕。"它没有击中机翼，而是在机翼前缘下方约 1 英尺处，"STS - 50 指挥官迪克・理查兹（Dick Richards）回忆道，"我们在阴天发射，所以我们从来不知道它的发生。我们拍了贮箱的照片，但这些照片没有传给任何人。"只有当理查兹和飞行员肯・鲍沃索克斯（Ken Bowersox）在着陆后对跑道上的航天飞机进行惯例巡视检查时，他们才发现了损坏的地方。在后续几个任务中记录了更多双捆绑斜面绝热材料脱落的实例，其中数十块防热瓦受到损坏或整个没了。2002 年 10 月，在"亚特兰蒂斯号"的 STS - 112 发射期间，左侧双捆绑斜面上的一大块泡沫脱落，并使连接外挂贮箱和固体助推器的连接环凹陷。在那次事件之后，重新设计双捆绑斜面的工作开始了。但不幸的是，没有足够的时间来防止 STS - 107 悲剧发生，而且在过渡期间航天飞机机队也没有停飞。在 NASA 有可能受到严厉指责的情况下，下一个任务 STS - 113 于 2002 年 11 月正常进行。3 个月后，在 STS - 107 再入期间，我们失去了"哥伦比亚号"和机上的所有人。正如将在第 6 章中讨论的那样，"哥伦比亚号"在上升到轨道期间，泡沫从双捆绑斜面上脱落，对左翼前缘的增强碳纤维面板造成了致命的损坏。

对于 STS - 107 灾难的调查，总统任命前美国海军上将哈罗德・格曼（Harold

Gehman）担任委员会主席。2003 年 8 月，"哥伦比亚号"事故调查委员会（Columbia Accident Investigation Board，CAIB）在报告中提到，"很明显，外挂贮箱泡沫破坏发生的绝对规律性，导致它们不被视为飞行安全问题和生命安全问题（见图 4-6），而是飞行后的维护保养措施。"1985 年 7 月，STS-51F 发射后对肯尼迪航天中心海滩进行清扫检查时，工作人员在沙滩上发现了从"挑战者号"贮箱上掉落的喷涂泡沫绝热材料碎片。外挂贮箱分离后，两名航天飞机机组人员于 1992 年 1 月和 1993 年 10 月在轨道上拍摄的照片显示，贮箱间部分结构有大的凹痕，可能是绝热材料脱落造成的。1997 年 11 月，"哥伦比亚号"（只能说是纯粹的好运）在 STS-87 之后安全返回地球，在外挂贮箱泡沫脱落直接导致的最严重的热防护系统破坏中幸存了下来。正如将在第 6 章中描述的那样，STS-87 机组人员最终带着它返回了家园是一个小小的奇迹。

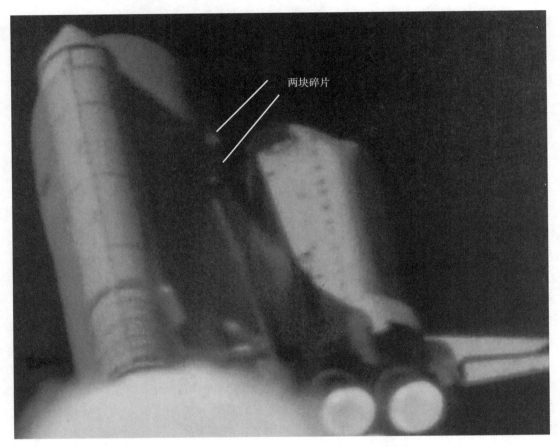

图 4-6　在 2003 年 1 月 STS-107 上升期间，从外挂贮箱上的双捆绑斜面脱落的泡沫碎片对"哥伦比亚号"的一个机翼造成严重损坏，导致航天飞机 16 天后在重返大气层时被焚毁

事实上，引用罗杰斯委员会的理查德·费曼（Richard Feynman）的一句话来说（负责调查"挑战者号"的失事），泡沫脱落现象是"NASA 及其承包商引诱自己陷入虚假安全感"的另一个案例，未来的情况也将是如此。在失去"哥伦比亚号"并重新强调双捆绑

斜面的脆弱性之后，"哥伦比亚号"事故调查委员会发现手工喷涂泡沫绝热材料会在基体的"复杂几何形状"上产生内部空隙和缺陷。这是泡沫掉落的一个成因。在 STS - 107 之后，NASA 对装置进行了大范围的重新设计，使双捆绑能够暴露在没有绝热斜面的情况下飞行。为了防止结冰，4 个筒状"加热棒"放置在每个双捆绑下方的新铜板结构上。

除了关注悲剧发生的主要原因之外，NASA 还完成了对整个外挂贮箱自上而下的评估，这促使了对外挂贮箱的进一步改进。21 m 长的液氧推进剂输送管路沿着液氢贮箱的外部向上延伸并进入箱间段，然后从那里进入液氧贮箱的底部，表明其本身也是碎片的可能来源。在液氧输送管系内有 5 个"波纹管"，2 个在箱间段内部，3 个在其外部，它们补偿了飞行中热膨胀和相对运动的偏差。分析表明，3 个外部波纹管是积冰的潜在来源，继而为"哥伦比亚号"之后的第一次任务 STS - 114 添加了铜镍合金带状加热器。2002 年 10 月，一台小型索尼 XC - 999 "口红"摄像机在 STS - 112 的外挂贮箱上进行了技术演示验证飞行。但在"哥伦比亚号"失利后，它被重新定位到液氧输送管路上，以提供清晰、实时的视图，便于在航天飞机上升过程中观察泡沫脱落现象。同时输送管接口处法兰的连接螺栓被移到另一面，以防止氮气从箱间段泄漏导致进一步泡沫脱落的风险。

但即使 STS - 114 最终于 2005 年 7 月飞行，航天飞机也没有彻底消除泡沫掉落的现象。"发现号"发射 2 min 后，一大块泡沫从外挂贮箱上的凸起物气动载荷（Protuberance Air Load，PAL，即长排罩封头）斜面上掉下来。PAL 共有两个斜面，一个靠近外挂贮箱的顶部，另一个位于贮箱中部水平面的下方。它们旨在防止电缆长排罩和增压管路下方气体的非定常流动，覆盖着厚厚的、手工喷涂的泡沫层，因此成为潜在的另一个碎片来源。该碎片仅重约 450 g（大约是致使"哥伦比亚号"毁坏的公文包大小碎片的一半），幸运的是，它没有影响"发现号"。不久之后，一块小得多的泡沫击中了右侧机翼，效果可以忽略不计。

然而，航天员在贮箱分离后的下落过程中，拍摄到了令人担忧的多个泡沫掉落区域的图像。随着 NASA 着手调查这个看似棘手的问题，机队又停飞了一年。在这个阶段，伴随着相互指责，有人暗示米丘德装配工厂（MAF）工程师在加工过程中错误地处理和安装了外挂贮箱。但最终原因是应用泡沫过程中的热膨胀和收缩导致绝热区域的破裂。最终，航天飞机项目经理韦恩·黑尔（Wayne Hale）正式向米丘德装配工厂员工道歉，他们曾在 STS - 107 之后首当其冲地受到批评。检查和工程分析表明，凸起物气动载荷斜面不是必要的，从 2006 年 7 月"哥伦比亚号"后的第二次飞行 STS - 121 开始，在所有贮箱上都将其拆除。NASA 将其描述为"航天飞机历史上贮箱最大的气动变化"。凸起物气动载荷斜面被小泡沫"延长"斜面取代，以使该区域的几何形状与外挂贮箱的其余部分保持一致。2008 年 5 月，STS - 124 试飞了一个"全新"的贮箱，标志着从头开始建造的外挂贮箱的首次飞行，而且这个贮箱按照"哥伦比亚号"事故调查委员会的安全建议进行了所有的修改。2008 年 2 月，接替黑尔担任航天飞机项目经理的约翰·香农说："这基本上是全新的贮箱。"

绝热材料方面的一个关键参与方是环境保护署（Environmental Protection Agency，

EPA），它于 1995 年根据《清洁空气法案》的要求，指出要从大面积、机器喷涂的泡沫中逐步淘汰氯氟烃 - 11 （Chlorofluorocarbon - 11，CFC - 11）。CFC - 11 被称为 "HCFC - 141b" 的氢氯氟烃取代，1996 年 9 月首次用作 STS - 79 上外挂贮箱泡沫的一部分。但一些 "精细构件" 泡沫仍然需要手工喷涂方法并继续使用 CFC - 11，直到航天飞机计划终结。继续使用 CFC - 11 的几个领域是双捆绑和凸起物气动载荷斜面。"哥伦比亚号" 事故调查委员会还指出，STS - 107 的外挂贮箱使用了一种泡沫，其 "发泡剂" 使用的是 CFC - 11。

随着 STS - 114 和 STS - 121 对双捆绑和凸起物气动载荷斜面的改进取得了令人满意的测试结果，后续的飞行任务达到了 NASA 宣称的泡沫掉落风险的 "可接受" 水平范围内。值得注意的例外事件包括 2007 年 8 月的 STS - 118，当时来自外挂贮箱输送管连接支架的 10 cm 厚的泡沫或冰块从一个后连杆上弹开并击中了 "奋进号" 机翼的下侧，损坏了两片防热瓦。2007 年 6 月的 STS - 117、2007 年 10 月的 STS - 120、2008 年 2 月的 STS - 122 和 2008 年 5 月的 STS - 124 也发现有氢箱外壁的泡沫掉落。当 "奋进号" 于 2009 年 7 月执行 STS - 127 时，从靠近箱间段、液氧贮箱的冰霜斜坡（Ice Frost Ramp，IFR）和靠近双捆绑的几处位置都发生了泡沫掉落的现象。归零和改进措施在最后几次任务中持续进行。从 STS - 120 开始，液氧贮箱上的冰霜斜坡使用手工泡沫填充，以降低脱粘和开裂的风险，并最大限度地减少空隙的形成。从 2009 年 11 月的 STS - 129 开始，液氢贮箱的冰霜斜坡在几个地方被替换为新型泡沫，导热性较差的钛支架代替铝支架，用以减少隔热较差区域的结冰。尽管如此，直到 2010 年 5 月的 STS - 132，也就是航天飞机计划结束的前一年，仍然观察到了箱间段泡沫掉落的现象。

4.4　最后的危险

除了绝热层和冰层的掉落以及佛罗里达州天气带来的风险之外，外挂贮箱在其 30 年的服役期间还遇到了许多其他的问题。在 1981 年 4 月的第一次航天飞机任务 STS - 1 中，由主发动机和固体助推器引起的剧烈冲击波产生了 "超压" 现象，导致连接 "哥伦比亚号" 和外挂贮箱的连杆弯曲。如果连杆（见图 4 - 7）发生故障，它将在起飞后几秒钟内导致机毁人亡。"这些连杆很关键，" NASA 工程师查尔斯·"汤姆"·海莱（Charles 'Tom' Hyle）说，"我们必须知道它们是否能够承受上升过程中的载荷。例如在遇到如此大的冲击波时，飞行器处于高动压下，如果轨迹不符合预期，机翼是否可以继续工作，连杆是否会断裂，轨道器是否会掉到贮箱上？" 任何此类事件都将是灾难性的。STS - 2 上安装了加强型连杆，发射台喷水降噪系统的改进使压力保持在 STS - 1 的 1/10 以下。从 "奋进号" 首飞前实施的连接点衬里修复到 STS - 89 加工过程的箱间段上的绝热材料 "剥落"，再到 STS - 103 上的氧气管路焊接问题，这些贮箱充分证明了它们对故障的敏感性。

2000 年年末，当 "发现号" 正准备执行 STS - 92 时，出现了一个问题，主角是在外挂贮箱分离阶段要捕获的螺栓。共有两个螺栓（每个长 35 cm，直径 6.3 cm）从外挂贮箱延伸到轨道器的腹部，发射后 8 min 多一点，在外挂贮箱分离的瞬间，螺栓被引爆，之后

图 4 - 7　将航天飞机连接到外挂贮箱和固体助推器的细长连杆在发射台透视图中清晰可见

螺栓因为它完成了使命而从外壳"飞"进贮箱被捕获器所捕获。然而，在 2000 年 9 月
"亚特兰蒂斯号"的 STS-106 发射期间，爆炸螺栓工作正常，但发现右侧的螺栓未被捕
获，并高出贮箱平面约 5.7 cm。工程师担心这种"悬空"的螺栓会在分离后对外挂贮箱
施加不利的力，甚至在最坏的情况下，可能会导致它撞击轨道器。分析显示，之前的任务
也经历了类似"螺栓未捕获"的情况，如"发现号"，但飞行正常。NASA 测试主管蒂
夫·阿尔泰穆斯（Steve Altemus）说："他们已经多次看到这种情况，大约有 6 次。""从
来没有任何事故与此相关。"但这就是另一回事了，表明过去的先例被用作未来成功的
预测。

　　在 STS-107 之后恢复飞行以来，一些任务也遇到了发动机关机（Engine Cutoff，
ECO）传感器的问题。航天飞机配备了 4 个液氧传感器（安装在航天飞机的氧化剂输送管
路分支管中）和 4 个液氢传感器（安装在外挂贮箱液氢贮箱底部的减振板上）。安装它们
的目的是通过在不太可能发生的情况下（即来自外挂贮箱的推进剂发生"空化"现象或耗
尽）触发关机程序来保护主发动机。该贮箱携带额外数量的液氢，以确保在主发动机切断
关闭过程中是"富氢状态"而不是"富氧状态"，因为后者可能会严重损害发动机。在标
准飞行工况下，航天飞机以预定速度飞行，计算机将在主发动机关机之前收集、判断各个
发动机关机传感器的信息。如果 4 个液氧或液氢传感器中的两个指示贮箱已空，则认为这
是表明外挂贮箱几乎耗尽的信号，主发动机将被关机。

　　在为 STS-114 准备"发现号"的过程中，其中一个发动机关机传感器记录了异常的
读数。经过详细的工程分析，4 个传感器中的 3 个读数皆为"正常"，按照安全飞行原则可
以继续发射。然而，在飞行前的测试阶段，发动机关机传感器读数再次异常，导致了
STS-121 从 2006 年 3 月推迟到 2006 年 7 月。另一个任务，2006 年 9 月的 STS-115，也
同样被推迟。在这两种情况下，液氢传感器在测试过程中处于"无燃料"状态时会显示自
己"有燃料"。令人担忧的是，在实际飞行条件下（如果外挂贮箱真的几乎是空的），传感
器可能无法正确识别问题，并且无法及时命令主发动机关机，导致的结果可能就是机毁人
亡。从 STS-118 开始，开发了一个新系统来监控发动机关机控制回路中液氢传感器的电
路电压。这使得地面飞行控制人员能够给机组人员提出建议，以便在发生发动机自动关机
故障时可以手动关闭主发动机。

　　2007 年 12 月发生另一起事故后，NASA 对该领域的飞行规则进行了额外的临时修
改。在 STS-122 前期的测试中，"亚特兰蒂斯号"的两个液氢发动机关机传感器在"空燃
料"时报告"有燃料"。经过修改飞行安全规则，允许"亚特兰蒂斯号"在 4 个发动机关
机传感器中只有两个工作的情况下飞行，并通过新程序增强这种"减少冗余的能力"，使
地面的飞行控制员在上升过程中对系统有更多的了解。然而，在 12 月开始加注后不久，
第 3 个发动机关机传感器出现故障，导致延迟更长。故障嫌疑聚焦在外挂贮箱部分电缆连
接异常上。在接下来的几周内，使用时域反射计设备对传感器进行了彻底的测试，最终追
溯到外挂贮箱的液氢穿舱电连接器中出现断路问题。通过焊接连接器的插头和插座解决了
误读数的故障，STS-122 得以在 2008 年 2 月安全飞行。

　　其他 3 项任务受到地面连接器对接面板（Ground Umbilical Carrier Plate，GUCP）问题的困扰。GUCP 是航天飞机和排气管之间的接口，用于在加注过程中调节氢气压力，并将多余的气体排放到箭外，以便在发射台附近被无害地燃烧掉。然而，在 2009 年 3 月，随着"发现号"的外挂贮箱在 STS-119 发射前达到 98% 的加注点，在 GUCP 接口处检测到一处重大泄漏。可疑的密封件和连接解锁接头被及时更换，装置被重新安装拧紧，几天后"发现号"安全进入轨道。但类似的 GUCP 泄漏问题将继续困扰并大幅推迟另外两个任务，即 2009 年 7 月的 STS-127 和 2010 年年末的 STS-133。

　　外挂贮箱服役后期的其他问题包括在 2009 年 8 月推迟了 STS-128 任务的加泄阀卡死，以及 2010 年 11 月在"发现号"STS-133 最后一次航行发射前准备期间发现的液氧贮箱和箱间段之间的法兰破裂。在后一个故障中，这是第一个（也是最后一个）在发射台上检测到外挂贮箱存在裂纹的实例。由于检查时在一个纵梁结构的两侧发现了一对额外的裂纹，每个裂纹长 23 cm，因此任务被推迟。进一步的调查工作发现了更多的裂纹，其中一个原因是怀疑在超轻型贮箱中使用了轻质铝锂合金的缘故。通过安装半圆形块状结构来为这些纵梁提供额外的强度，"发现号"在 2011 年 2 月成功地完成了它的最后一次的飞行任务。2011 年 5 月"奋进号"的 STS-134 和 2011 年 7 月"亚特兰蒂斯号"的 STS-135（见图 4-8）这两架航天飞机最后一次任务也采用了相同的加强措施。但是，即便在外挂贮箱职业生涯日渐衰落的这段时间里，这一插曲仍清醒地提醒着人们，这种试验飞行器并没有真正地处于运营状态，任何事情都不能被认为是理所当然的。

图 4-8　2011 年 7 月，执行最后一次航天飞机任务 STS-135 之前，发射台上"亚特兰蒂斯号"令人
印象深刻的视图（见彩插）

第 5 章　笨重的助推器

5.1　十分之三秒

　　多年来，唐·林德（Don Lind）的房子里挂着一件不寻常的艺术品。它是由身为航天员的自己绘制的一幅画，描绘了他进入到太空的那一天。他将它的副本送给了他的孩子，希望他们和他们自己的孩子能够理解其中的信息。通过林德的艺术眼光，"挑战者号"航天飞机于 1985 年 4 月 29 日正午从佛罗里达州肯尼迪航天中心的 LC‑39A 发射台升空，开始执行 STS‑51B 任务。在飞行过程中推动可重复使用航天器的是 3 台主发动机和一对助推器组合体，而在 9 个月后，这对巨大的固体助推器将夺走 7 个人的生命。在这幅画中，"挑战者号"似乎被两只巨大的天空之手托着，仿佛上帝本人以某种方式保佑林德和他的机组人员有一个安全的旅程。令人困惑的是，林德为他的作品选择的标题是"十分之三秒"。1986 年 1 月，"挑战者号"在发射过程中被摧毁，这场悲剧对林德的打击尤其严重。就在几个月前，当他和 STS‑51B 机组人员驾驶同一架航天飞机时，他们差点丧命。

　　每次航天飞机发射时，固体助推器都绑在外挂贮箱的两侧，提供 80% 的推力，大约 2 500 t，使航天器离开地面并达到足够的高度和速度，以飞向太空。每个助推器高 45.5 m，由 4 个不锈钢壳段组成，每个壳段重约 170 000 kg，还有一个前裙和后裙段以及固体火箭发动机（见图 5‑1）。这种固体助推器的"分段设计"不仅是主承包商莫顿‑西奥科尔公司在犹他州的工厂组装和测试助推器的实用手段，而且还是通过铁路将它们陆路运输到佛罗里达州肯尼迪航天中心的便捷方法。一个"Tang‑and‑Clevis"工艺将每个部分和下一个部分固定到一起，铬酸锌黏合剂和一对 O 形橡胶密封圈的混合物旨在防止任何高温气体从内部泄漏（称为"漏气"）。

　　在高氯酸铵复合推进剂粉状物质的推动下，固体助推器在每次任务开始时点火启动，与主发动机同时工作 2 min，将航天飞机推到 45.7 km 的高度和近 5 000 km/h 的速度。但在这关键的 2 min 内，这些固体燃料的庞然大物既不能被节流也不能被关闭，这为机组人员制造了一个巨大的生存能力障碍，被称为"黑区"。如果在固体助推器未分离和燃烧时出现灾难性错误，航天员只能听天由命。只有过了 2 min 后，实际的中止选项才可用。"航天飞机的独特之处在于……没有逃逸塔，也没有发射中止火箭。所以，一旦他们把那东西从地面点燃，机组人员就会被锁定在它上面大约 2 min，"NASA 工程师查尔斯·"汤姆"·海莱回忆道，"气动力对航天飞机安全飞行有很大的影响，因为所有的气动外形和机翼对气动力都相当敏感。"前航天飞机主任阿诺德·奥尔德里奇表示同意。"如果你试图将它们分开，就没有办法关闭它们；如果你试图在它们燃烧的时候将它们分开，推力产生

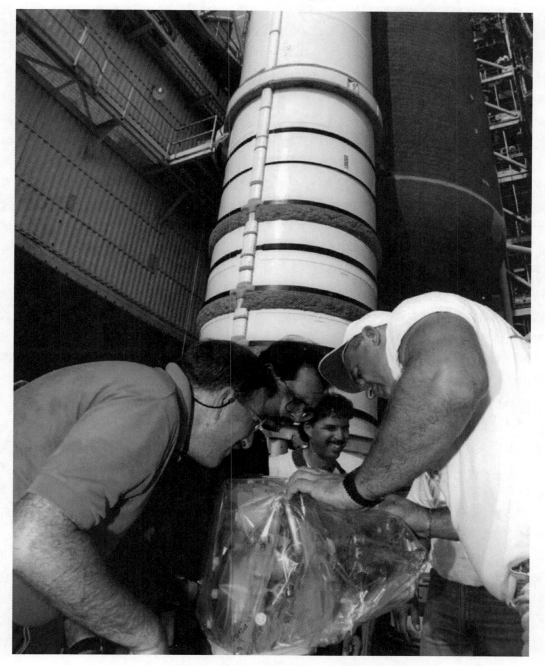

图 5-1　1993 年 7 月，工程师在"发现号"一枚固体助推器的底部工作

的动量会将它们固定在原位，"他冷酷地回忆道，"即使你用爆炸螺栓将它们分开，它们也不会离开，因为推力使它们保持相对静止。每个人都知道这一点。他们已经接受了这样一个事实，即这就是航天飞机应该有的组装方式。我们将简单地依赖该系统拥有非常高的可靠性，并以这种方式继续任务。"

　　助推器分离后，它们将降落到大西洋中的助推器伞降落区，之后将被 NASA 的两艘回收船"自由之星"和"解放之星"（Freedom Star 和 Liberty Star）捞起，拖回港口进行翻新，并用于另一个任务。分离过程是通过火工装置和 8 个固体小火箭实现的，4 个在顶部、4 个在助推器的底部。它们点火可以将助推器从轨道器/外挂贮箱组合体的轨道中移开。4 min 后，在下降到 4.7 km 时，气压开关触发助推器抛开头锥，允许首先打开引导伞，然后打开稳定伞，最后打开 3 个主降落伞，以便在佛罗里达州东部约 225 km 的海岸处进行受控降落，预计固体助推器可以重复飞行 25 次。

　　在发射前准备期间，助推器成对地总装并填充相同"批次"的固体推进剂，以最大限度地减少在上升过程中两枚助推间推力不平衡的风险。早期的计划曾提出"推力中止系统"，它会炸掉两个固体助推器的顶端，并在紧急情况下允许它们的推力减小到零。但这个方案最终被取消了，主要是因为它可能会对航天飞机的结构施加有害载荷，同时引发不可接受的推力不平衡。重新设计和加固航天飞机可以应对此类载荷，但会带来额外 3 500 kg 的质量损失，推力中止系统在 1973 年 4 月下马。从 1981 年 4 月开始，随着固体助推器一次又一次地成功飞行，它们被视作"大而笨重"，但却又安全可靠得无懈可击。因此，没有航天员被安排监督助推器的问题。"我们有很多人关注主发动机，因为每个人都知道涡轮裂纹和泵潜在的问题，"杰夫·霍夫曼回忆道，"但对固体助推器的普遍感觉是它不会失效的，并且即使失效你也无能为力。"而后来的事实证明这是一个致命的判断错误。

　　助推器的问题很快就出现了，毕竟有些问题比其他问题更容易被发现。在 1982 年 6 月"哥伦比亚号"的 STS-4 发射期间，两枚固体助推器的降落伞在下降过程中都失效了，并且都在大西洋沉没。水下遥控摄像机拍下了残骸，但事实证明，打捞它们的成本太高了。事故原因可追溯到一项新功能，旨在在溅落的瞬间将降落伞与助推器分开，这是为了防止它们被落下的降落伞篷盖在水面上一直拖拽。该系统在前 3 次航天飞机任务中一直处于"良好状态"，但在 STS-4 上部分失效，主要变化为用于固定每个立式滑轨的两个易碎螺母中的一个被一对不会离开立式滑轨的实心螺母代替。

　　事故发生之后，所有的易碎螺母都被替换为 STS-5 以后的实心螺母。当"哥伦比亚号"于 1982 年 11 月执行下一次飞行任务时，两个降落伞仍然连接在立式滑轨上，直到它们可以被回收人员拆除。但 STS-4 事件既不是第一个，也不是最后一个发生此类问题的。在 1981 年 11 月至 1984 年 4 月期间，又有 4 次回收任务失败。即使在航天飞机服役期的最后几年，固体助推器降落伞异常也是常发生的事。2008 年 2 月，一枚助推器返回地面后顶盖受损严重，而另一个 2009 年 8 月的主降落伞则出现大面积的垂直撕裂。然而，STS-5 最大的讽刺是大多数上升过程的影像不是聚焦正在前往太空的"哥伦比亚号"和航天员的安全，而是观察降落伞改装是否有效以及助推器是否安全返回。"他们把所有的摄像都转移到了固体助推器上，我们正在向前继续飞行，"STS-5 航天员比尔·勒努瓦带着典型的黑色幽默说，"但谁知道我们到底在哪里？"

　　在 20 世纪 80 年代初期，固体助推器进行了多次性能升级，包括用更轻、更坚固的钛

合金制造的连接点替换沉重的固体助推器/外挂贮箱连接点；壳段的厚度也减少了近
1 mm，以实现整体质量减小 1 800 kg。在早期固体助推器中使用的一些推进剂抑制剂也
去除了高氯酸铵，以使燃烧更加高效。当 STS-8"挑战者号"于 1983 年 8 月起飞时，它
的固体火箭发动机喷管有更长的延伸段出口和更窄的"喉部"（即增大了喷管面积比），使
其推力增加了 4%。但在 STS-8 助推器返回和拆卸后，检查显示其中一个喷管的喉部被
过度烧蚀。8 cm 厚的保护性碳纤维树脂衬里烧蚀的比预期严重得多。工程师估计在喷管
破裂之前只剩下 14 s 的工作时间余量，这几乎会导致机毁人亡。

　　故障被定位到了一批树脂原材料，该树脂也用在了 STS-9 的助推器，因此更换了喷
管，于是该任务被推迟到了 1983 年 10 月—11 月。"NASA 现在认为固体助推器喷管喉部
的过度烧蚀与喷管的固化周期有关，"《国际航空》杂志在 1983 年 10 月报道，"其中，一
个供应商显然对制造过程比另一个更敏感。据说，在敏感材料的固化周期早期施加的高
压，阻止了挥发物的适当逸出，导致衬里变弱。"结果使喉部材料的碳层发生了"剥落"，
而不是像本来应该的那样逐步深层次形成碳侵蚀层。STS-9 组合体从 39A 发射台返回到
垂直总装大楼，但由于喷管位于固体助推器的底部，维修需要将轨道器和外挂贮箱分开并
完全拆卸助推器。

　　该系统真正的致命弱点以及 1986 年 1 月导致 7 人丧生的原因最终取决于一个组件，
那就是主副 O 形密封圈：铬酸锌黏合剂和橡胶密封件的组合。其存在的原因是在部段密
封接头处涂装并确保其不会发生高温气体的"漏气"（见图 5-2）。罗杰斯委员会指出，O
形密封圈的目的是通过燃气压力驱动并将其密封，以取代发动机部段空隙之间的"黏合
剂"。由前国务卿威廉姆·罗杰斯担任主席的"挑战者号"事故总统调查委员会指出，"黏
合剂的运动就像一个活塞，压缩主 O 形密封圈周围的空气，并使得它进入垫圈和螺纹之
间的间隙，这个过程被称为 O 形密封圈的压力驱动过程。这种压力驱动密封需要在固体
火箭发动机点火的瞬间产生密封，因为在点火时当压力载荷施加到安装接头，会增大垫圈
和螺纹之间的间隙。如果压力驱动时间的延迟到了间隙大到可以打开的程度，则火箭燃烧
的气体可能会进入 O 形密封圈并损伤或破坏密封件。影响间隙开口大小的主要因素是发
动机的压力，但间隙开口也受外部载荷和其他环节特性的影响。"

　　1981 年 11 月 STS-2 之后，NASA 首次注意到 O 形密封圈密封系统的这种固有脆弱
属性。在对两枚助推器进行飞行后"拆卸"检查期间，发现右侧固体助推器的主 O 形密
封圈遭受热气的冲击导致严重烧蚀，但副 O 形密封圈保持完好。1982 年 3 月的下一次
STS-3 飞行审查中，未报告异常情况。主承包商莫顿-西奥科尔公司——1982 年由
Thiokol 与 Morton Salt 合并而成——相信腐蚀是由铬酸锌黏合剂中的气孔引发的，并开
始改进，以优化其应用方法和助推器部分的组装。他们决定停止使用"黏合剂"的制造商
Fuller-O'Brien 的产品，并于 1982 年 5 月选择了 Randolph Products 公司的新"黏合
剂"。但是，经过许多更改后，又重新被替换为原来的产品。

　　在 1981 年 4 月至 1982 年 11 月之间的前 5 次航天飞机任务中，O 形密封圈被 NASA
标记为"临界 1R"项目，这意味着尽管"总元件的故障可能导致机毁人亡"，但因为主副

图 5-2　STS-51L 右侧固体助推器后段顶部发射前收尾工作照片，O 形密封圈清晰可见

O 形密封圈的存在提供了设计上的"冗余"。如果主 O 形密封圈出现故障，则副 O 形密封圈（逻辑上如此）将代替主 O 形密封圈密封接头。但在 1980 年 11 月的关键项目清单中，NASA 默认了"在发动机壳体压力达到最大预期工作压力的 40% 左右后，无法验证副 O 形密封圈安装接头密封的冗余性。众所周知，在此压力水平下发生的接头旋转会导致副 O 形密封圈失去作为密封件的压力"。莫顿-西奥科尔于 1982 年 5 月对 O 形密封圈进行的高压测试发现，副密封圈并没有提供足够的冗余度，当年晚些时候临界条件列表发生了变化。1982 年 12 月，O 形密封圈被重新纳入"临界 1"项目的目录，这意味着它的任何性能故障都会摧毁航天飞机并杀死机组人员。据 NASA 主管飞行的副局长迈克尔·威克斯（Michael Weeks）说，他于 1983 年 3 月签署了接受这一新临界水平的豁免书，"当时我们觉得，固体助推器可能是我们在该计划中最不令人担忧的事情之一"。这是许多航天员和管理人员共同的观点。

但他们都错了。

STS-2 之后，在 1983 年 4 月的 STS-6 返回后检查中发现了热气流穿过铬酸锌黏合剂并侵蚀 O 形密封圈的证据，两枚助推器都受到了影响。10 个月后，在 STS-41B 上，左侧固体助推器的前安装接头和右侧对应的喷管严重烧蚀，以至于 NASA 要求莫顿-西奥科尔公司研究如何防止进一步的损坏。"挑战者号"于 1984 年 4 月发射 STS - 41C 前一周，该公司得出结论，铬酸锌黏合剂中的气孔是导致该问题的"可能原因"，并且由 NASA 位于亚拉巴马州亨茨维尔的马歇尔航天飞行中心的助推器项目办公室决定副 O 形密封圈是否能够经受住热气的冲击，且在该情况下飞行任务是否是安全的。根据罗杰斯委员会的说法，这是一个令人不安的思维事件链的开端，即"早早地接受了这个问题"。因为 NASA 和莫顿-西奥科尔"在 NASA 正式宣布密封不是冗余的单点失效（临界 1）之前，持续地依赖于副 O 形密封圈的冗余"。罗杰斯委员会的一位研究人员、著名的物理学家理查德·费曼将这种傲慢的态度比作俄罗斯轮盘赌。"我们可以略微降低我们的标准，因为我们上次侥幸逃脱了，"他生气地说，"你侥幸逃过了一劫，但它本不应该一遍又一遍地重复。"航天员迈克·马兰在回忆录《驾驭火箭》中，记录了他在 1984 年 8 月的飞行中遭受了 O 形密封圈侵蚀和漏气事件，并轻蔑地称之为"异常的正常化"。

但是直到 1985 年 1 月 24 日 STS - 51C 的发射，才可以在固体助推器的脆弱性和寒冷天气条件对 O 形密封圈性能的不利影响之间找到明确的界线。由于在仅有 11 ℃的寒冷条件下发射，该任务回收的助推器喷管（指 SRM - 15）在主副 O 形密封圈之间显示出明显的漏气迹象。更糟糕的是，这是航天飞机任务第一次在其副 O 形密封圈（以及主 O 形密封圈）遭受热气的影响。莫顿-西奥科尔公司结构工程师罗杰·博易斯杰利（Roger Boisjoly）指出："SRM - 15 实际上增加了人们的担忧，因为那是我们第一次目击了热气在飞行任务中实实在在穿透了接头上的主 O 形密封圈，主副 O 形密封圈之间的油脂变得像炭一样黑。这比以前在任何研制节点的所有漏气现象中看到的都要严重得多。"在对其进行分析时，博易斯杰利和他的团队在变黑的材料中发现了铬酸锌黏合剂和 O 形密封圈材料本身的产物。几天后，马歇尔航天飞行中心固体助推器项目办公室经理劳伦斯·马洛伊（Lawrence Mulloy）对 O 形密封圈问题可能对下一次航天飞机任务造成的影响表示担忧。莫顿-西奥科尔公司的结论之一是，虽然"低温增加了漏气的可能性，这种情况并不理想，但可以接受"。

这是第一次正式承认寒冷天气与 O 形密封圈损坏之间的联系。红色警示灯已经亮起，但可悲的是他们却对此视而不见。

3 个月后，也就是 1985 年 4 月，唐·林德（Don Lind）和他的 6 名机组人员乘坐"挑战者号"开启了 STS - 51B。随后对其固体助推器的检查也表明，不仅主 O 形密封圈失效，副密封圈也严重腐蚀，问题归咎于泄漏检查程序。但事实证明，这一事件非常严重，以至于对几项即将执行的任务都实施了"发射限制"。然而，正如罗杰斯委员会调查人员发现的那样，这些发射限制在 1985 年夏秋两季的一次又一次任务中经常被强调和放弃。也许最糟糕的是，在"挑战者号"于 1986 年 1 月最后一次悲惨飞行任务的前夕（见图 5-3），"既没有发射限制及其原因，也没有 6 次连续取消飞行的指令"通过指挥链向上级传达到 NASA 航天飞行主管副局长杰西·穆尔（Jesse Moore）或 STS - 51L 发射主任吉恩·托马斯（Gene Thomas）的手中。

但事情并没有就此结束，在失去 STS - 51L 之前，还有 4 次任务遭受了类似的破坏。

图 5 - 3　　"挑战者号"左侧固体助推器后段的 1 900 kg 碎片，由机器人潜水艇在大西洋海底拍摄

1985 年 6 月，"发现号"的两枚助推器都带着 O 形密封圈侵蚀和漏气的证据返回，"挑战者号""亚特兰蒂斯号"和"哥伦比亚号"在接下来的秋冬季节进行了 3 次独立飞行。就博易斯杰利而言，他向西奥科尔的工程副总裁鲍勃·伦德（Bob Lund）表达了他的担忧。他写道："在接头问题上，不停地执行飞行命令而不担心失败的立场是错误的，应该进行一系列设计评估，最终找到解决方案或至少显著减少侵蚀问题。""由于 STS－51B 喷管接头烧蚀，这个位置现在发生了变化，它侵蚀了副 O 形密封圈，而主 O 形密封圈从未密封。如果同样的情况发生在现场的接头中（而且它很有可能），那么无论接头成功还是失败，它都是一个不稳定因素，因为副 O 形密封圈可能无法加压。结果将是最高级别的灾难：机毁人亡。"

　　博易斯杰利建议莫顿-西奥科尔团队应将该问题作为紧急事项调查并解决问题。8 月 20 日，伦德宣布成立一个小组来做这件事。然而就在一天前，就该问题向 NASA 总部进行的联合简报中，管理人员得出了结论：O 形密封圈是一个"关键"问题，但只要所有安装接头都经过泄漏检查并达到规定的稳定压力，密封件中没有污染物并满足 O 形密封圈"挤压"的要求，那么继续飞行就是安全的。随着时间的流逝，导致灾难的风暴云隐约可见，莫顿-西奥科尔的 O 形密封圈团队（仅由少数成员组成）发现他们的努力每时每刻都在被高级管理人员所挫败。"即使是 NASA，也认为该团队在完成其任务的工程工作中受到了阻碍，"博易斯杰利在 10 月 4 日的备忘录中写道，"从 10 月 14 日开始，NASA 将派遣一名工程代表与我们一同工作。我们认为，这是他们觉得我们对密封问题的反应不够迅速的直接结果。"

3 个多星期后，"挑战者号"执飞 STS-61A，再次遇到喷管 O 形密封圈侵蚀和接头处的漏气。这些问题都没有在为 11 月的下一次任务 STS-61B 所开展的飞行准备评审中提及。事实上，那次飞行也遭遇到了侵蚀和漏气。到 12 月初，莫顿-西奥科尔公司建议重新设计他们的测试设备。仅几天后，该公司以令人满意的测试结果和工作组开展的工作为由，要求结束 O 形密封圈的关键问题。这一结束请求将在次年遭到罗杰斯委员会的严厉批评。一位小组成员告诉莫顿-西奥科尔公司的高级领导人："你取消了你在每一次飞行任务中必须审查的项目，这些项目显然具有重要意义。因为在你取消了检查它之后，你却将持续地尝试修复它。你真正想说的是，你关闭它是因为你并不想每次都负责检查工作。"

当《十分之三秒》的画家航天员唐·林德前往位于犹他州的莫顿-西奥科尔助推器测试车间时，他震惊地发现自己的任务真的是命悬一线。"我们飞行中的主密封圈被完全摧毁，另一个密封圈的直径被烧掉 24%，"他告诉 NASA 的一位口述历史学家，"如果它没有密封裂缝并阻止气体流出，所有这些破坏都发生在 600 ms 内，最后一个 O 形密封圈只剩下那么一点：如果它在接下来的 200～300 ms 内没有做到密封，一切就将灰飞烟灭。你永远阻止不了它，我们将会爆炸。真是细思极恐！"

突然，林德意识到，在 1985 年 4 月 29 日的十分之三秒内，他的命运完全被一个 O 形密封圈的碎片所左右。"我的每个孩子都有那幅画的副本，"他告诉 NASA 的历史学家，"因为我们想让孙辈们知道，我们认为上帝真的保护了他们的爷爷。"

5.2 "挑战者号"的创伤

1986 年 1 月 27 日的夜晚见证了航天飞机发射前有记录以来最冷的天气。正如一年前 STS-51C 的经验所表明的那样，寒冷的天气和 O 形密封圈互不相容。事实上，当晚肯尼迪航天中心的温度骤降至非季节性的 5.5 ℃，迫使技术人员一度启动 LC-39B 发射台的消防水带，以防止水管冻结。"挑战者号"在发射塔上静候着，这是航天飞机第 25 次发射，也是"挑战者号"的第 10 次太空之旅。STS-51L 的准备工作进入了最后几小时倒计时。"挑战者号"和 7 名机组人员（包括一名平民乘客、学校教师克丽斯塔·麦考利夫）将在轨道上度过 6 天时间，部署一颗重要的 NASA 通信卫星和一个自由飞行的航天器，以观察最近一次造访内太阳系的哈雷彗星。由于前序航天飞机任务的着陆延迟、对不可接受的返回发射场天气条件的担忧以及一些琐碎的技术问题，还包括"挑战者号"侧舱门上的手柄被卡住，发射已经经历了多次推迟。

但 STS-51L 的一大悲剧是，它在 1 月 26 日（超级碗星期天）准备进行一次发射尝试，然而当天的天气预报显示不满足最低发射条件，但实际天气情况却很好。"这是命运捉弄你的另一个案例，"前 NASA 局长詹姆斯·贝格斯（James Beggs）回忆道，"他们决定不在超级碗星期天推出塔架进行发射，但超级碗星期天是个好日子。如果他们当时发射了，就不会遇到任何麻烦，但是他们推迟了发射反而赶上了寒流，最终失去了航天飞机和机组人员。"多年后，STS－51L 飞行主任杰伊·格林（Jay Greene）表示，如果不是因为手柄卡住和天气预报的失误，"挑战者号"可能会在另一天发射并安全飞行。"可能会是别人遇到发生在他们身上的这种事，"他悲伤地说，"但不是那些人（译者注：这里指牺牲的 7 人）。根据不靠谱的天气预报，我们在一个晴朗的日子里取消了飞行。"

在 28 日黎明前的黑暗中，"挑战者号"沐浴在氙气大灯的耀眼光芒中，并准备在当天早上晚些时候发射。最终检查组（"冰队"）聚集在发射台，开始对设备进行长时间的清查盘点。他们的任务是找出可能阻碍成功飞行的任何异常集中的冰、碎片或组合体的损坏部位。该团队配备了强大的照相机、双筒望远镜和红外测试仪，检查了这艘巨大飞行器的所有表面，从外挂贮箱顶部的气态氧通风口盖到固体助推器底部的后裙板，状况严重到他们不得不使用扫帚将 30 cm 长的冰柱从门架上敲下来。"那里有大量的冰，"航天飞机航天员唐·威廉姆斯（Don Williams）回忆道，"大约 1 英尺或更大的冰柱和霜冻。"当有人告诉威廉姆斯，"挑战者号"要"即将发射"时，他认为他们在开玩笑。黎明破晓时，气温略高于 0 ℃。"挑战者号"当天早上的发射又推迟了 2 小时，想通过太阳解冻表面大量的冰。前首席飞行主任兰迪·斯通（Randy Stone）说："你必须依靠卡纳维拉尔角的现场指挥官来确定温度和发射塔上的冰。""那是我在这个过程中第一次感到紧张，因为这并不寻常。我们根本没有讨论温度对固体助推器的影响，这一切都发生在幕后。"

STS－51L 终于在美国东部时间上午 11 点 38 分起飞，"挑战者号"发动机雷鸣般的轰鸣声和助推器的眩目白光刺破了早晨的寂静，将航天飞机组合体射向佛罗里达州寒冷的天空。"我们走了，"驾驶舱里的飞行员迈克·史密斯说，机载对讲机为后人们记录了他的话。"该死，"坐在他身后的飞行工程师朱迪·雷斯尼克补充道。

吞没"挑战者号"的灾难几乎是起飞瞬间就已开始了。后来罗杰斯委员会注意到，根据发射台附近的高速摄影和探测到的结果，发射后 0.5 s "一股强烈的灰色烟雾从右侧助推器固体火箭的后安装接头附近喷出"（见图 5－4）。自动相机在发射后不久就捕捉到了主副 O 形密封圈失效、分解和被吹走的迹象。好像这还不够糟糕，故障点直接面对外挂贮箱及其高度易燃的 200 万升液氧和液氢推进剂。从受损的固体助推器发出的任何火焰现在都可以像喷灯一样在薄皮贮箱上对其进行加热，并以火球的形式点燃其中的液体。结果将是"挑战者号"被摧毁，航天员被瞬间火化，整个发射台也将被摧毁。但令人惊讶的是，这并没有发生。一大块固体燃料无意中掉进了 O 形密封圈的缺口并暂时堵塞了它。"挑战者号"似乎躲过了一劫，上升的第一分钟内没有发生意外。

然而，临时堵塞终究只是临时的，它不会永久堵在那里。不一会又喷出了几股更浓密、更黑的烟雾，进一步表明产品中燃烧的确实是来自残缺接头密封件的油脂、绝缘材料和橡胶 O 形密封圈。这在点火后 0.836～2.5 s 之间被其他地面相机记录了下来，然后固体助推器的固定拉杆断开，航天飞机开始离开 39B 发射台。随着"挑战者号"弹道上升，留下了一股股的烟，而在故障接头附近都可以看到下一股新鲜的烟。正如罗杰斯委员会调查人员后来证明的那样，喷射频率与固体助推器的弯曲模态频率相关，因为安装接头中的间隙被周期性地打开和关闭。安装接头上方最后一次冒烟发生在 T＋2.733 s。在接下来的时间，大气影响和助推器排气的结合使得很难确定是否有更多的烟雾从安装接头中喷涌而出。

图 5-4　1986 年 1 月 28 日"挑战者号"升空几毫秒，右侧固体助推器的后段冒出灰色烟雾（右下方）（见彩插）

执行任务 8 s 后，飞行器通过了 39B 发射台塔台并开始了预先设定好的"滚转程序"机动，在计算机的指挥下，调姿到"正东"飞行方位 28.45°倾斜轨道，使得"挑战者号"滚转到组合体背后。

"休斯敦，挑战者号，滚转程序，"STS-51L 指挥官迪克·斯科比用无线电说。

"收到，滚转，挑战者号，"任务控制中心的指令舱通讯员迪克·柯维回答道。此后不久，在 T+19 s，为了准备通过最大的气动载荷（即风向转戾区），主发动机开始被节流到其额定推力的 94%。飞行 37 s 后，"挑战者号"遇到了几次高空风切变中的第一个，一直持续到发射后 1 min。在调查中，罗杰斯委员会发现导航和控制系统正确检测并补偿了这些条件，尽管 STS-51L 的气动载荷在偏航和俯仰方向上都高于以前的任务，但固体助推器还是对所有命令做出了清晰有效的响应。3 台主发动机继续稳步地将自己的功率降下来，限制飞行器的最大动压，并在发射后 48 s 达到额定推力的 65%。

"3 台发动机处于额定推力的 65%，"推进系统主管杰里·博尔（Jerry Borrer）说道。

"65，"飞行主任杰伊·格林报告已收到，"FIDO 是否确认？"

"推力节流确认，"飞行动力主管（Flight Dynamics Officer，FIDO）布赖恩·佩里（Brian Perry）回答道。

"谢谢。"格林回答。

一切似乎都很顺利。如果固体燃料堵塞仍然卡在 O 形密封圈缺口中，那么任务本身可能会正常进行。这甚至可能是另一个"十分之三秒"的拯救时刻，航天飞机又一次成功地逃离死神的魔爪。然而，由于令人难以置信的残酷命运，"挑战者号"碰巧通过了航天飞机上升时遇到的最严重的风切变；一个风切变在任务开始大约 1 min 时打开了堵塞。在通过最大动压后，上升 51 s 时主发动机被提升至全功率状态。此后不久，在 58.788 s，一帧视频记录了从右侧固体助推器后安装接头冒出闪烁火焰的第一个证据（见图 5-5）。临时的固体燃料堵塞已经消失，尽管他们没有发现任何问题，但机组人员的命运在此刻已经注定。斯科比和史密斯没有关于助推器性能的数据，他们可能会在驾驶舱仪表上收到的唯一错误指示是与转向机构的故障有关。

机组人员看不见也不知道，来自右侧固体助推器的火焰迅速扩散燃烧，在 0.5 s 内变成了清晰的羽流。任务开始 1 min 后，遥测显示助推器之间出现了异常的燃烧室压力差异；右侧固体助推器的压力比左侧对应的压力低 11.8psi（大约是 81.36 kPa），表明在其后安装接头有泄漏。随着火焰尺寸的增加，气动产生的低压涡通过连接固体助推器和外挂贮箱的上面环状突出结构将其向后方和周向偏转，将火焰直接聚集到贮箱表面。上升 62 s 后，左侧助推器的推力矢量控制位移，以补偿右侧助推器推力减小引起的偏航运动。几秒钟后，第一个可见的迹象表明来自损坏助推器的火焰已经使外挂贮箱破裂：火焰的形状和颜色突然变化，表明它现在正在与泄漏的液氢混合。

从柯维在任务控制中心的座位上看，一切似乎都在进行中，没有发生任何事故。他与机组人员通话，告诉他们发动机现在已经达到最大功率，"挑战者号，全功率运行。"片刻之后，斯科比很快做出了回应，"收到，"他回答，"全功率运行。"在接下来的几秒钟内，

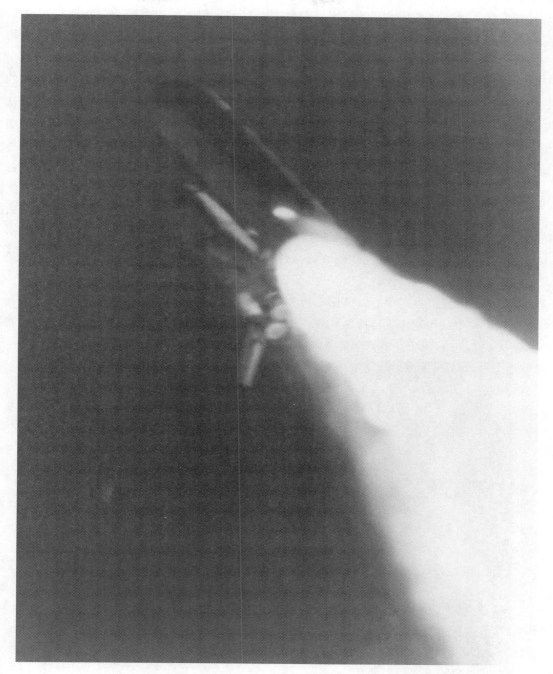

图 5-5　在"挑战者号"起飞大约 58 s 后，一个清晰可见的火焰突破了右侧助推器的外壳，并开始作用在外挂贮箱及其装载的高度不稳定的推进剂上

发生了一系列令人难以置信的快速事件，最终以外挂贮箱的炸毁、固体助推器的分离以及"挑战者号"的结构解体这几大事件而告终。升空后 72 s，来自右侧固体助推器的火焰最终破坏了将其固定在外挂贮箱的两个连杆中靠下的那一个。助推器的顶部围绕其最上面的

连杆在旋转，撞击到装有仪器的箱间段和液氧贮箱的底部，使它们破裂。在 T+73.1 s，贮箱顶部和底部圆顶周围发现白色蒸汽云：前者表示液氧泄漏，后者表明彻底的结构故障。

在 T+73.6 s，发生了巨大的——罗杰斯的报告写到"几乎爆炸性的"液氧和液氢的燃烧。此时，STS-51L 在大西洋上空飞行了 14 km，时速超过 2 400 km，"挑战者号"从人们的视野中消失了。它的反作用控制系统（Reaction Control System，RCS）破裂，引发了推进剂的自燃，火球边缘呈现红褐色就证明了这一点。与此同时，现在释放了负荷的两枚助推器迅速从它们造成的灾难中爬升，它们的羽流在寒冷早晨的天空中盘旋。两者都在 110 s 时被地面安控人员（Range Safaty Officer，RSO）发出的远程指令所摧毁。

随着航天飞机在航天员家属和观看电视直播的数百万人的众目睽睽之下支离破碎，本应宏伟壮观的任务却在以当时成为有史以来最严重、最公开的灾难中结束。各个层面对所发生的事情完全缺乏理解。"这里的飞行指挥员们正在全神贯注地关注事态发展，"NASA发射评论员史蒂夫·内斯比特（Steve Nesbitt）对他的听众说，"显然是一次重大故障。"

在休斯敦的任务控制中心，画面最初并不清晰。来自航天飞机的无线电通信和下行遥测数据在波动中被切断，飞行指挥员困惑地看着他们的显示屏（见图 5-6）。然后，地面指挥（Ground Control，GC）官员诺曼·塔尔博特（Norman Talbott）呼叫格林。

图 5-6　1986 年 1 月 28 日，当"挑战者号"在他们眼前解体时，杰伊·格林（前）和前任飞行主任李·布里斯科（Lee Briscoe）震惊地看着它们

"飞行主任,这里是 GC,我们有不好的消息,下行链路丢失。"

"好的,"格林说,"所有操作人员,请仔细观察你们的数据。"

时间一分一秒地过去。最后,佩里呼叫格林。

"还继续飞吗?我是 FIDO。"

"继续。"

"RSO 报告飞行器爆炸。"

格林严峻的面容上出现了难以言表的痛苦,他意识到刚刚失去了 7 个朋友。过了许久,他终于开口了,"收到。FIDO,我们能从失事救援队那里得到任何报告吗?"

"马上准备行动。"

在通信控制台上,资深航天飞机飞行员柯维和弗雷德·格雷戈里沉默地坐着,他们的眼睛被显示器上莫名其妙的数据和难以理解的图像惊呆了(见图 5-7 和图 5-8)。几个月前,他们自己驾驶过这架航天飞机,两人本能地知道"挑战者号"和它的航天员已经不在了。"我确实看到了弗雷德和迪克,"格林回忆道,"我看到他们的下巴都掉下来了。"有一个任务控制中心的摄像头拍到了格雷戈里的双手放在额头,他正在做一个简短的祈祷。

内斯比特继续他的评论节目,将任务控制中心的谈话转达给他的听众。"我们从飞行动力主管(FIDO)那里得到了一份报告,说航天飞机已经爆炸,飞行主任也证实了这一点。我们正在考虑与失事救援队核实,看看此时可以做些什么。"

但是什么也做不了。

图 5-7　"挑战者号"摧毁后,弗雷德·格雷戈里(左)和迪克·柯维(右)坐在
任务控制中心的指令舱通讯控制台前目瞪口呆

图 5-8　T＋73 s 后，"挑战者号"在推进剂的快速燃烧中消失

5.3　辞职、相互推诿和重新设计

可能有人幻想过外挂贮箱推进剂的爆炸性燃烧会摧毁"挑战者号"的客舱或打破航天飞机的驾驶舱窗户进而引起迅速压降，使得 STS-51L 的这些航天员有一线生机，他们是指挥官迪克·斯科比，飞行员迈克·史密斯，任务专家埃利森·鬼冢、朱迪·雷斯尼克和罗恩·麦克奈尔，以及有效载荷专家格雷格·贾维斯和克丽斯塔·麦考利夫。但航天飞机

的驾驶舱就像一座堡垒一样，经过了140%的设计强度测试，以保护乘客的生命。1986年1月28日上午，飞行器上靠近舷窗的座位成了他们的坟墓，从18 km的高空直直地坠入大西洋。

6周后，在发射场东北约27 km处将航天飞机从海中打捞出来，这具皱巴巴的残骸没有经历过快速爆炸性压降的痕迹，驾驶舱的地板也没有向上"屈服"的现象（正如从中间地板的空气迅速膨胀所能想象的那样），这一点无疑是明显的。无论如何，"挑战者号"的窗户受到的撞击损坏是如此严重，以至于无法判断它们是在飞行中还是在海面承受的撞击而粉碎。NASA生命科学部门负责人、航天员乔·克尔温（Joe Kerwin）在1986年7月给该机构的副局长迪克·特鲁利的一封信中写道："（在航天飞机上）估计产生的解体力本身不会打破窗户。""撞击损坏得非常严重，无法找到支持或反对在飞行中压力损失的正面证据。"以400 km/h的速度不受控制地滚转，大西洋的海水对"挑战者号"来说就像岩石一样的坚硬。

但仍有可能至少有一些STS-51L的航天员在飞行器解体后是有意识的。1986年3月搜集到了4个逃逸气囊（Personal Egress Air Packs，PEAP），旨在紧急情况下提供机组人员几分钟的空气来呼吸。其中一个属于史密斯，检查结果表明存在解体后被主动激活的迹象。它安装在史密斯的座椅靠背上，只能由他的一名航天员同伴（雷斯尼克或鬼冢）打开，以挽救他的生命。在外挂贮箱解体前的片刻，史密斯可能通过他的窗户看到了一片明亮的白色蒸汽涌入"挑战者号"的前端。那天航天飞机上的最后一句话来自史密斯本人，由机载对讲机记录了下来，是一个简短的字——"啊!"那个惊叹的含义以及他在最后时刻看到的究竟是什么永远不得而知，但我们可以假设史密斯是右侧固体助推器猛烈旋转到外挂贮箱顶部的目击者。

悲剧发生后，指责的矛头直指其中一台主发动机发生了爆炸。事实证明，在航天飞机漫长的历程中主发动机一直难以驯服。毕竟，它们需要在地面上进行数百次测试，且导致了两次发射取消，并在1985年7月几乎造成了STS-51F的不幸结局。但是，当它们的残骸在2月下旬从大西洋中被打捞出来时，两个发动机控制器仍然完好无损，且每个仍然连接着它的推力结构。很明显，它们并没有直接导致"挑战者号"的终结。在提取数据之前，将发动机控制器拆卸，用去离子水冲洗、干燥并在真空条件下烘烤。根据罗杰斯委员会的说法，结果不出所料地展示了"由发动机富氧停机状态下典型的内部过热"造成的烧蚀。由此得出的必然结论是，随着液氢推进剂从破裂的外挂贮箱中溢出，所有3台主发动机在解体后的几毫秒内开始自行关闭。

总体来说，发动机的性能是正常的，直到发生解体的瞬间才出现异常，此时贮箱压力突然下降，控制器响应打开燃料流量阀，涡轮温度也相应升高，以响应从遭到破坏的外挂贮箱中将更少的推进剂混合物送入燃烧室。但从数据中可以明显看出，主发动机并未造成灾难。事实上，外挂贮箱本身也没有，从大西洋回收了其中的大约20%，主要是来自箱间段和液氢贮箱的碎片。航天飞机自身的30%被复原，检查显示"挑战者号"由于巨大的气动载荷而不是爆炸力而解体。"挑战者号"的有效载荷没有明显问题。时间一周周地流逝，为 STS - 51L 事件负责的确切无疑的证据逐渐聚焦到固体助推器上。

众所周知，低发射温度以及水和冰积聚会对 O 形密封圈的弹性产生负面影响，并削弱其正确密封助推器安装接头的能力。尽管有几项任务在冰冻条件下成功飞行（特别是 STS - 51C），但"挑战者号"还是在航天飞机经历过的最冷天气下发射的。此外，正如调查人员所发现的那样，"挑战者号"在发射前已经在 39B 发射台上等候了 38 天，从而增加了飞行器承受强降雨破坏影响的可能性，甚至可能会导致"挑战者号"的 O 形密封圈被冷水侵蚀出现"不密封"的现象。但是，尽管固体助推器是这场悲剧的技术根源，罗杰斯委员会仍将责任归咎于高级领导人有缺陷的决策过程。工程师提出的安全问题没有在指挥链上得到有效传达，"关键"问题没有得到解决，进度压力——因为 NASA 试图实现航天飞机"航班化"飞行，比安全飞行更重要。如果 NASA 需要对 7 条 STS - 51L 的生命负责，那么莫顿-西奥科尔公司也应如此。

这一点在 1986 年 1 月 27 日晚莫顿-西奥科尔公司和 NASA 高级领导人的电话会议上得到了最令人震惊的证明。在那次电话会议上，人们提出了对于在预测的当晚晚些时候和第二天早上的寒冷天气条件下发射"挑战者号"明智与否的担忧。鲍勃·伦德认为在 12 ℃ 以下发射固体助推器并不是莫顿-西奥科尔公司说的"舒适水平"，因为他担心低温可能会减弱 O 形密封圈密封接头的性能。但是，这只能被描述为工程逻辑中的推论，伦德的团队无法提供"证明"助推器飞行不安全的案例，他的担忧被淡化了。本质上，他们不是被要求证明系统是安全的，而是被要求证明系统是不安全的。在一次交流中，劳伦斯·马洛伊愤怒地说："看在上帝的分上，西奥科尔，你指望我什么时候发射？明年 4 月？"

如果伦德坚持自己的立场，NASA 就不太可能无视一家大型承包商的正式建议。在随后的会议记录中，莫顿-西奥科尔公司为了对数据进一步分析要求暂时休会。5 min 变成了 0.5 h。整个休会期间，罗杰·博易斯杰利和工程师阿诺德·汤普森（Arnold Thompson）言辞激烈，认为在固体助推器已经证明的温度范围之外飞行是不安全的，但高级领导反驳说，O 形密封圈仍然可以"证明"自己，并在寒冷的天气中充分发挥作用。博易斯杰利后来告诉罗杰斯委员会的调查人员："阿尼（Arnie）实际上从他的位置上站起来，走到桌子旁，把一个四分板放在管理人员面前，试图再次表述他对连接处的担忧。"当他意识到他无法说服对方时，他停了下来。我抓住照片，试图表明这是我从实际观察中得出的观点，温度确实是一个鉴别器，我们不应该忽视我们观察到的物理证据。当我发现没人听我说话时，我也停了下来。"

最后，莫顿-西奥科尔公司的执行副总裁杰瑞·梅森（Jerry Mason）明确要求伦德摘掉他的"工程帽"，戴上他的"管理帽"。当会议重新开始时，伦德改变了他的投票，莫顿-西奥科尔公司也改变了立场。新的建议是，尽管寒冷的天气仍然是一个问题，但数据是不确定的，STS - 51L 的发射应该继续进行。没有一个工程师写新的建议，只有行政领导签署了它。然而，当 NASA 的管理者在会议结束前向莫顿-西奥科尔公司周围的人询问额外意见时，没有人表示担忧。分析电话会议笔记后，罗杰斯委员会的调查人员得出结论，"在决策过程中的一个严重缺陷导致了发射，"并补充说，"一个结构良好的管理系统，会强调安全，会对固体助推器接头密封不断增加的疑虑进行标记。"

在调查结果中，罗杰斯委员会认定针对固体助推器接头的测试和认证项目是不充分的，并指出 NASA 和莫顿-西奥科尔公司都没有完全理解 O 形密封圈密封的机理。有一种感觉是，不断升级的风险被接受了，安全标准就相应地降低了，理查德·费曼恰如其分地将其比作高风险的俄罗斯轮盘赌博。NASA 通过发射前评审程序跟踪异常情况和标记系统性问题的能力从根本上被破坏了。STS - 51L 发射前的 6 个发射限制，都与 O 形密封圈侵蚀和漏气有关，但都被取消了。调查人员注意到，1985 年 8 月莫顿-西奥科尔公司向 NASA 总部提交的 O 形密封圈问题清单，已经足够在下一次航天飞机任务被允许飞行之前采取纠正措施。

"我们试图让航天飞机更具操作性，"约翰逊航天中心前主任格里·格里芬（Gerry Griffin）说："我们试图让它更像是一种'结账走人'的方式（比喻航天飞机的目标是高效的重复使用）……我们并没有试图抄近路。我们试图让这个系统像一个真正的可操作的系统一样运行。我想我们从这个过程中可以了解到，不可能做成那样的系统。这种系统（指航天飞机）伴随着能量的快速贮存和释放，不可能成为那样的系统。"

显然，罗杰斯委员会提出的最重要的建议是全面重新设计固体助推器的接头和密封，重新通过验证考核，并尽可能接近实际飞行条件。对安全至关重要的项目必须进行彻底的审查，批准发射豁免的程序必须收紧，必须建立一个负责安全、可靠性和质量保证的办公室（直接向 NASA 局长报告），各中心之间的通信必须改善，领导结构必须彻底改革，航天员应被安排在关键的管理流程中，以发挥他们的专长。1986 年 7 月，NASA 宣布了一项 6.8 亿美元的计划，重新设计固体助推器接头的金属部件、绝缘材料和 O 形密封圈，以提供"改进的结构能力、密封冗余和热保护"。新的捕获闩锁将减少由固体火箭发动机压力或结构负载引起的连接处运动，并且 O 形密封圈本身经过重新设计，以防止结构挠度为预期两倍水平情况下的泄漏。加强器的内部绝缘经过改进，以挠度补偿襟翼而不是黏合剂密封，并加入了新的螺栓、加强器和第三个 O 形密封圈。硅氧烷化合物密封和外部加热器可以防止水浸入，并确保固体助推器接头的温度永远不会低于 24 ℃。NASA 在答复美国总统罗纳德·里根时说："改进设计的强度预计将接近固体助推器外壳的强度。"

被称为"重新设计的固体火箭发动机（RSRM）"的方案在 1986 年 10 月的初步设计评审（Preliminary Design Review，PDR）和 1988 年 2 月的关键设计评审（Critical Design Review，CDR）之间逐渐形成。莫顿-西奥科尔公司设计了一个全面的测试流程，来评估和验证所有的变化。在 1986 年 8 月至 1988 年 7 月期间，他们建立了两个全尺寸模拟器，使用喷管接头环境模拟器（Nozzle Joint Environment Simulator，JES）进行了 7 次试验，以评估接头强度；在 1987 年 2 月至 1988 年 8 月期间，喷管接头环境模拟器进行了 9 次测试，以评估从外壳到喷管接头的硬件、绝缘和 O 形密封圈密封性能。作为新发动机认证工作的一部分，工程样机（Engineering Test Motor，ETM）-1A 于 1987 年 5 月进行了测试，以验证外部石墨复合加强环对减少接头转角的有效性，并评估新的接头加热器。

两台演示验证发动机在当年 8 月和 12 月进行测试，以验证重大变化。同时，对按照 1988 年标准生产的，含有预置制造缺陷的发动机进行试车，以验证新的设计和接头承受意外压力下的性能有效性。在此之后，大约每 18 个月对全尺寸飞行发动机（Full - scale Flight Support Motors，FSMs）进行一次测试，以验证重新设计的固体火箭发动机系统的性能和持续安全性，并对设计、材料或工艺的更改进行测试和认证。

但是在 STS - 51L 之后的许多方面，仅仅重新设计是不够的，一些人认为有必要研制一个全新的助推器。1986 年 9 月，研究合同授予了最初被标记为"备用 Block Ⅱ 航天飞机固体助推器"的项目。在接下来的一年里，被称为"先进固体火箭发动机（Advanced Solid Rocket Motor，ASRM）"的建议被提交。1990 年 4 月，NASA 选择了洛克希德-航空喷气公司外挂贮箱团队，投入 10 亿美元的资金来设计、开发和验证新的助推器。人们预计先进固体火箭发动机最早将在 1996 年进行首次飞行，也就是在"挑战者号"失事 10 年后。ASRM 从设计层面采取了大量的安全性改进，段数从 4 个减少到 3 个，并取消了工艺接头、外挂贮箱连接环和其他单独部件的使用，从而生产出更强的不易弯曲的增强型壳体。先进固体火箭发动机的飞行后维护预计将比其前身的劳动密集程度少得多。试验于 1991 年 4 月开始，并持续到次年。但随着重新设计的固体火箭发动机逐渐证明了自己，项目的预算攀升至 35 亿美元以上，最终于 1993 年 10 月被 NASA 搁置。阿诺德·奥尔德里奇说："预算一直在衰减，直到最后，在一个预算年度，我们决定不再继续。"

1987 年 10 月，NASA 与通用动力公司和马丁·玛丽埃塔公司签订了合同，研究在"挑战者号"被毁后发展起来的其他概念，包括液体助推器（Liquid Rocket Booster，LRB）。考虑的燃料包括液氢、甲烷、丙烷、一甲基肼和高度精炼的火箭级煤油，氧化剂的候选物是液氧或四氧化二氮。丹尼斯·詹金斯（Dennis Jenkins）写道："液体助推器的整个想法为完整的中止方案提供了更多的选择。""与在上升过程中不能关闭的固体助推器不同，液体助推器可以进行节流，可以允许更快速地返回发射场动作中止或过度节流，以确保在上升过程中的几乎任何时刻都能完成跨洋中止着陆或一次绕行中止（Abort Once Around）。"然而，逐渐扩大的成本问题，重新设计的固体火箭发动机从 1988 年 9 月第一次飞行就证明了可靠性，最根本的是液体助推器缺乏可重复使用性，这些问题导致了它最终下马。

5.4　摆动的钟摆

"挑战者号"之后对助推器的重新设计也意味着另一种固体助推器的终结，这种固体助推器原本计划用于加利福尼亚州范登堡空军基地的军事和极轨航天飞机飞行。范登堡助推器将采用"纤维缠绕"设计，而不是不锈钢外壳，由更灵活的石墨环氧材料组成，重量减少了 1.5 万 kg。主要的理由是，纤维缠绕的固体助推器提高了减重能力，使航天飞机可携带 3 600 kg 额外的有效载荷进入低轨道。航天员杰里·罗斯说："它们的连接处和钢箱一样。"他将执行第一次范登堡任务。"考虑到'挑战者号'的事故，由于石墨材料更脆弱，我们总是在想，如果我们尝试用石墨材料发射，会发生什么。"

　　这些纤维缠绕的外壳由莫顿-西奥科尔的分包商赫克力士公司（Hercules Inc.）制造，并包含一个独特的"捕获"功能，以消除接头的旋转。在 1984 年 10 月和 1985 年 5 月之间开展了研发测试试车，计划在 1986 年 2 月 STS-51L 飞行时进行一次全面考核测试试车，以验证飞行状态。但在"挑战者号"悲剧的余波中，为了满足罗杰斯委员会的建议，纤维缠绕的固体助推器需要进行额外的修复，以达到必要的标准。这些修复会增加额外的重量，实际上抵消了其提升运载能力方面的优势。1987 年 2 月，美国空军承认，罗杰斯强制进行的结构调整意味着航天飞机将不再能够将重型货物运送到极轨道。最终在 1989 年 11 月，范登堡被放弃作为航天飞机的备选发射场。

　　"我们使整个航天飞机项目变得非常保守，"阿诺德·奥尔德里奇回忆起 STS-51L 之后的那些年。"非常谨慎、担心、监督、制约和平衡的感觉，以至于团队每次实施航天飞机飞行都非常困难，因为大家希望任何看起来可能有问题的东西都毫发无损。我们真的建立了大量的保守主义。我认为，经过几年的时间，回到了适当的平衡。"但是，当"发现号"STS-26 于 1988 年 9 月发射，进行"挑战者号"之后的第一次任务时，固体助推器的问题以及该系统固有的不可靠性并没有消失。航天员汤姆·亨里克斯（Tom Henricks）曾在 20 世纪 90 年代驾驶过两次航天飞机并指挥过两次飞行，他也说，随着一次又一次飞行任务的成功，一点一点地，安全性再次受到了侵蚀。"（在'挑战者号'之后）钟摆摆到了他们所能做到的最保守的位置，"亨里克斯说，"但之后钟摆几乎立刻又开始摆回原位。"没有什么比 1988 年 12 月"挑战者号"之后的第二次飞行 STS-27 更明显的了。完整的细节将在第 6 章讨论，但 STS-27 遭遇灾难的根本原因是固体助推器，但不是接头或 O 形密封圈，而是烧蚀绝热材料的一个小碎片。回顾那次任务的发射视频发现，大约在发射 85 s 后，有东西从右边的固体助推器的头部脱落，击中了航天飞机脆弱的热防护系统（见图 5-9）。如果"亚特兰蒂斯号"的隔热层被撞击物破坏，在返回地球的过程中就会有灾难性的危险。幸运的是，STS-27 成功地躲过了一劫。1989 年 1 月，一个损伤评估小组将其原因追溯到制造上的变化，该变化旨在提高烧蚀材料的性能，以保护固体助推器免受空气动力加热影响。小组成员参加了 1989 年 3 月的下一次任务的实况调查，并适当审查了所有外挂贮箱和固体助推器的制造记录，以确定可能的碎片来源。

　　对于 STS-27 的指挥官罗伯特·"霍特"·吉布森来说，这一事件是对工程学唯一重要指导的一个严厉提醒："更好"是"足够好"的敌人。换句话说，如果一个系统有效，那么在操作上就不存在改变它的理由。安全的钟摆已经开始向后摆动（仅在"挑战者号"之后的第二次任务中），这一点变得更加明显，因为航天员对"亚特兰蒂斯号"造成损害的担忧被任务控制人员忽略了。直到吉布森和他的队员着陆后，人们才明白他们离死亡有多近。在他看来，STS-27 一旦失败，将标志着航天飞机项目的终结。他说："我们花了所有的钱和时间来重建和修补。我们进行了一次成功的任务，但紧接着又失败了。""我想国会会说，好吧，伙计们，结束了。我们不需要再这样做了。"

　　1995 年 7 月，在 STS-70 之后，分解"发现号"的固体助推器发现了一个小小的气

图 5-9　1988 年 12 月"亚特兰蒂斯号"STS-27 升空，在 T+85 s 时，右侧助推器
顶部的隔热碎片脱落，造成轨道器损伤

穴（称为"燃气通路"），它位于右侧助推器底部的内部连接处，并一直延伸到主 O 形密封圈。根据 NASA 的说法，尽管 O 形密封圈本身没有被损坏，但它确实表现出了"轻微的热效应"，呈现为烧焦的痕迹和少量的烟灰聚集，还表现出对绝热材料的热影响和侵蚀黏合剂。这一事件唤起了人们对 STS‑51L 曾发生的最糟糕的记忆，而且值得注意的是，1995 年 6 月 STS‑71 发射后，"亚特兰蒂斯号"的一个固体助推器也发现了类似的燃气通路问题（有 4 处烧灼）。NASA 的异常分析报告解释说："燃气通路或小气穴是喷管制造中用绝热材料回填接头的结果。""类似的路径在之前的飞行中已经被预料到或观察到，但是……STS‑71 和 STS‑70 标志着第一次在主 O 形密封圈上注意到轻微的热效应。"

随着调查人员深入追查这个问题，下一次发射任务从 7 月底推迟到 8 月底。尽管 STS‑71 和 STS‑70 助推器的主 O 形密封圈没有被破坏，而且副 O 形密封圈也没有被破坏，但这一事件让人们意识到，在"挑战者号"之后的至少 11 次任务中，类似的燃烧废气通过密封圈的情况发生了。《国际航空》杂志 8 月份报道，重新设计的固体火箭发动机"没有设计问题"，STS‑71 和 STS‑70 的航天员们被置身于各种危险中，NASA 的调查小组致力于超声波检查和绝缘黏合剂注入的微小调整。人们希望这种黏合剂"能够减少"未来飞行中燃气通路到达主 O 形密封圈的可能性。"在助推器喷管内部，"《国际航空》杂志在 8 月底报道说，"技术人员正在用一种新材料替换保护喷管 O 形密封圈接头的绝热材料。7 套固体助推器将进行这项工作，新材料将用于未来的生产。"

仅仅几个月后，在 1996 年 6 月，"哥伦比亚号"STS‑78 飞行，更改后的助推器显示出了令人担忧的接头漏气的迹象。尽管据报道，7 名航天员的安全从未受到影响，但这是重新设计的固体火箭发动机首次遭遇 NASA 所谓的"燃烧产物渗透"。热气路通过了接头，但没有通过"捕获"接头，两枚助推器都在设计参数范围内运行。然而，这一事件凸显出新的黏合剂和清洁剂的问题日益严重，它们最近被添加到固体助推器中，以符合美国环境保护署的规定。即使在"哥伦比亚号"航天飞机飞行的时候，粘接问题预计也会推迟原定于 7 月底执行的下一次任务 STS‑79（STS‑78 返回后的检查结果将进一步将其推迟）。NASA 无法直接使用老式的黏合剂和清洁剂，因为环境保护署禁止使用甲基材料。多年以后，吉布森对这一决定嗤之以鼻。"我们使用了另一种清洁剂，但那没有用，"他说，"我们第一次尝试使用这种新方法发射时，几乎杀死了 7 名航天员。但我想，我们是在保护蜗牛、斑点猫头鹰和海豹宝宝。"

设计一种全新的黏合剂需要一些时间，但情况的严重性促使航天飞机项目经理汤米·霍洛韦（Tommy Holloway）报告说，"情况很严重，直到我们确定它不再严重"。他强调，损坏不会影响 O 形密封圈，并将重新设计固体火箭发动机接头描述为"比'挑战者号'上的接头坚固一个数量级"。工程师们总共发现了 6 个接头处热气体穿透了防热板。STS‑79 的原助推器被一套新的装置所取代，该装置使用老式的黏合剂，但其中在后中心和前中心之间的一个连接处未能通过泄漏检查。结果发现涂药器的刷毛卡在了副 O 形密封圈中。安装了新的密封件后，重新组装了部段并进行了泄漏检查。STS‑79 在 9 月份安全飞行，但固体助推器喷管遭受了侵蚀，这导致了下一个任务 STS‑80 的推迟。人们关注的焦点集中在助推器喷管喉部的绝热材料上，该材料经历了高于正常水平的"凹槽"侵蚀。尽管预计不会出现安全问题，NASA 仍选择在 STS-80 发射前评估和解决这个问题。人们怀疑在固化过程中，靠近绝热表面的材料发生了轻微的位移，从而产生了变形。当热气体流过固体助推器时，变形显著增加了材料中的应力，这导致了气穴效应和烧蚀体的不均匀磨损。

3 年后，也就是 1999 年 5 月，左侧助推器上的一个电气插接件出现问题，迫使整个 STS-96 组合体从发射台退回到垂直总装大楼进行维修。这一相对较小的问题迫使"发现号"的飞行时间推迟了一周，并于当月晚些时候安全飞行。然而，在 2000 年 11 月"奋进号"的 STS-97 发射过程中出现了一个更严重的问题，当时设计用于分离左侧固体助推器基座和外挂贮箱的两个火工装置中的一个未能点火。幸运的是，它的备份起作用了，两枚助推器都在任务开始 2 min 后安全分离。但是如果两个火工装置都失效了，那么助推器将无法与"奋进号"分离，结果将是灾难性的。航天飞机项目经理罗恩·迪特莫尔说："这是我们在这个项目中第一次看到这种情况。""是两个中的一个，这意味着我们非常安全。你只需要两个中的一个就可以正确地分离，但我们担心的是，我们不希望在执行任务时知道我们可能失去了一条冗余的'腿'。"

STS-97 事故追溯到外挂贮箱附件（External Tank Attachment，ETA）环中的电缆，该电缆显示出明显的磨损和撕裂迹象。工程师们对下一架 STS-98 助推器上的外挂贮箱附件电缆进行了详细的 X 射线检查，发现插头有问题，编织的外部屏蔽层也出现了破损。维修工作完成后，航天飞机在 2001 年 1 月初被转移至发射台。然而，当工程师们测试固体助推器库存中的其他电气硬件时，他们发现了 4 根电缆的电气连接性很差。与 1986 年 1 月 27 日 NASA 和莫顿-西奥科尔公司之间臭名昭著的电话会议形成强烈反差，这次的建议是将 STS-98 组合体返回垂直总装大楼，并推迟任务，直到额外的线路测试圆满完成。迪特莫尔说："在这种情况下，我们进行的一些统计分析表明，仅仅基于统计数据，你可以放心地继续飞行。""有一些人觉得仅仅通过统计分析就可以了。还有一些人觉得……硬件告诉了我们一些事情。我们在测试中发现了 4 个故障，我们应该倾听硬件可能告诉我们的信息，并做进一步的检查。"检查显示电缆没有进一步损坏，STS-98 被推回发射台，并于 2001 年 2 月安全成功地执行了任务。

6 个月后，当"发现号"准备进行 STS-105 飞行时，人们开始担心左侧助推器上的液压动力单元（Hydraulic Power Unit，HPU）喷注器身部可能出现裂缝和应力腐蚀。工程师检查了航天飞机库存中的其他 39 个喷注器，确定它们都没有出现裂缝，发射照常进行。但也许最重要的侥幸发生在 2002 年 10 月"亚特兰蒂斯号"的 STS-112 发射期间，当时引爆固定螺栓，以释放固体助推器使火箭升空的地面电路在发射 T-0 时刻失效。尽管备用电路功能正常，成功地切断了 8 个螺栓（每个助推器底部有 4 个，每个长 63 cm），但这两个"关键-1"项目同时失效的后果是无法想象的（见图 5-10）。如果发生了这种情况，航天飞机就会在试图从发射台上牵制释放时被摧毁。这已经不是第一次发生这样的悲剧了。1993 年 7 月，"发现号"的 STS-51 发射被推迟，原因是负责指挥固定螺栓爆炸的点火控制器存在缺陷。前航天飞机指挥官约翰·克赖顿（John Greighton）坚定不移地认为它们的作用至关重要。"整个运载器开始发出'隆隆'声和摇晃，"他在谈到主发动机起动后的几秒钟时说，"你无法相信这些巨大的螺栓仍然把你固定在地面上，感觉就像是要把自己撕碎在地上一样。"

图 5-10　2000 年 2 月"奋进号"STS-99 任务前固定在发射台上的一个固体助推器的基座

STS-112 的插曲，以及在此之前发生的其他事件，都提醒我们，"挑战者号"之后，固体助推器内置的校正功能并没有把它们突然变成 NASA 多年来吹捧的那种巨大、简易、完全可靠且无可挑剔的安全助推器。从 1981 年 4 月的第一次发射到 2011 年 7 月的最后一次发射，骑着这两只巨大的野兽，带着它们喉咙里不断的咆哮和剧烈的加速，奔向太空的边缘，无疑是每次发射中最激烈、最刺耳的阶段。在未来的 10 年里，当固体助推器的被加强的 5 段式升级版作为第一级力量，推举巨大的太空发射系统（Space Launch System，SLS）火箭离开地面时，航天员将再次面临同样的挑战。如果需要对这种助推器的纯粹力量和赤裸裸的凶猛做出什么提醒，那就是 1982 年 11 月的 STS-5。当"哥伦比亚"号离开地球时，飞行员鲍勃·奥弗迈耶（Bob Overmyer）——一位硬朗、剃着平头的美国海军陆战队战斗机飞行员，转向指挥官万斯·布兰德，脸上带着惊恐的表情。旅途的坎坷，就像驾驶一辆摇摇欲坠的货车在土路上高速行驶，让他确信航天飞机即将解体。

坐在他身后的"哥伦比亚号"驾驶舱内的飞行工程师比尔·勒努瓦给了他一些安慰和鼓励。

"放松，鲍勃，"他说，"紧张得要死也没用！"

第6章　航天飞机脆弱的外壳

6.1　紧盯升降副翼的修正

"亚特兰蒂斯号"航天飞机的航天员曾认为1988年12月6日将是他们生命的最后一天。指挥官罗伯特·"霍特"·吉布森、飞行员盖伊·加德纳（Guy Gardner）、任务专家迈克·马兰、杰里·罗斯和比尔·谢泼德（Bill Shepherd）在太空中安静地度过了4天，为国防部部署了一颗绝密卫星。因为这个巨大有效载荷出现了问题，他们被要求在某一阶段与它重新会合并进行维修。30年后，维修的原因仍然还在保密之中，吉布森和他的团队因工作而获得的国家情报成就奖章仍被锁在一个机密的保险库里。但是，关于STS-27的已知信息是（除了它只是"挑战者号"悲剧之后的第二次航天飞机任务）机组人员在重返大气层时几乎丧生。多年后，吉布森坚信"亚特兰蒂斯号"的热防护系统已严重损坏，以至于在重返大气层这最严重的空气动力学加热期间，他敏锐的眼睛一直盯着仪表板上的一个特定仪表。如果那个仪表（为"亚特兰蒂斯号"右翼后缘的升降副翼提供"修正"数据）显示出即使是与正常位置最微小的偏差，吉布森就会知道他的任务失败了，航天飞机很快就会失去控制并开始在高空中解体。如果发生这种情况，他知道他和他的团队就只剩下几秒钟的生命了。

"亚特兰蒂斯号"于12月2日从佛罗里达州肯尼迪航天中心的39B发射台顺利发射，它的3台主发动机和固体助推器提供了必要的推动力，将它提升到440 km、57°倾角的轨道。第二天一早，成功部署了有效载荷后，航天员们被令人不安的消息惊醒。对发射视频的检查发现，在上升约85 s后，有东西（可能是烧蚀绝热材料的碎片）从右侧固体助推器的鼻锥上脱落，并撞击了"亚特兰蒂斯号"的热防护系统（见图6-1）。当被问及他们在发射过程中的经历时，机组人员报告说，他们确实在航天飞机的驾驶舱窗户上看到了一些"白色"物质。

如果覆盖在航天飞机上的防热瓦被损伤或破坏，任务结束后，当它们以高超声速穿过大气层时，可能会带来灾难。幸运的是，"亚特兰蒂斯号"配备了加拿大的远程操纵系统（译者注：著名的"加拿大臂"，Remote Manipulator System，RMS），这是一个15.2 m长的带摄像头的机械臂。12月3日，航天员被指示用它来对这些防热瓦进行目视检查。马兰开始小心翼翼地操纵带摄像头的机械臂穿过有效载荷舱的前部，然后将它倾斜到航天飞机鼻锥的右舷侧。一切看起来都很好，原始的黑色棋盘格没有损坏。他小心翼翼地将带摄像头的机械臂沿着机身移向航天飞机的腹部，当5个人在航天飞机尾部驾驶舱内看着监视器上的摄像机图像时，他们都惊恐地倒吸了一口气，到处能看到白色条纹。这清楚地表

图 6 - 1　STS - 27 遭受了航天飞机任务中最严重的热防护系统损坏之一

明，某种形式的动力冲击已经完全剥离了许多高温可重复使用表面绝热（High Temperature Reusable Surface Insulation，HRSI）瓦片的黑色外层涂层，只留下白色的基础材料。这些瓦片是为了保护航天飞机在重返大气层时能承受高达 1 260 ℃的高温。马兰在《驾驭火箭》中写道："我们可以看到，机身上至少有一块瓦片已经被完全吹飞了。"白色的条纹越来越厚，并在航天飞机尾部消失，超出了摄像机的视野。看起来数百块瓦片被损坏了，伤疤一直延伸到机翼前缘（WLEs）的碳复合材料面板。"

正如本章后面将要看到的，这些碳复合材料面板又被称为"增强碳纤维"，负责保护航天飞机的鼻锥和机翼前缘（WLEs）在重返大气层时不受超过 1 500 ℃的温度影响。增强碳纤维面板由石墨填充的人造丝织物层压板和酚醛树脂组成，并用一种独特的模具分层，经过固化、粗边、钻孔和检查。为了防止氧化，在碳基的外层覆盖了一层 0.8 cm 厚的碳化硅。经验表明，在航天飞机的大部分飞行历史中，尽管增强碳纤维经常被碎片击中，但它从未被完全击穿，相反，这些面板上只是有零星的裂缝、碎片、划痕、针孔和异常的变色。事实上，大家一致认为增强碳纤维面板几乎是坚不可摧的（见图 6－2）。但在2003 年 2 月 1 日，"哥伦比亚号"左翼前缘的一个增强碳纤维面板的破裂直接导致了 7 人的死亡。

图 6－2　1988 年 12 月 6 日"亚特兰蒂斯号"着陆后，身着蓝色飞行服的 STS－27 航天员（左起）比尔·谢泼德、盖伊·加德纳和迈克·马兰正在检查"亚特兰蒂斯号"的受损情况

从他在 1988 年 12 月开始进入"亚特兰蒂斯号"的那一天，吉布森就知道，覆盖在机身上的大约 20 000 块瓦片中，如果少了一块，还有可能生还，但对机翼前缘的增强碳纤维的致命伤害可能只意味着一件事：STS－27 的乘员全部牺牲。远程操纵系统的长度使它无法到达所有位置并对增强碳纤维面板进行全面检查，但很明显，任务处于可怕的危险之中。"休斯敦，我们看到了很多破坏，"马兰用无线电说，"看起来好像有一块瓦片完全不见了。"他知道飞行控制中心可以看到向地面传送的视频。当任务控制中心回复说损坏看起来不太严重时，他感到困惑，航天员们目瞪口呆。"他们是盲人吗？"马兰后来写道，"他们以为那些白色条纹是海鸥的粪便吗？"（见图 6－3）吉布森急切地拨动他的麦克风。"休斯敦，马兰是对的，"他强调说，并在他的话中强调了指挥官的重要性。"我们看到了很多破坏，"他再次强调，但并没有指出热防护系统瓦片或增强碳纤维面板的灾难性破坏。

STS－27 是一次秘密飞行，这让事情变得更加复杂。航天员们没有办法将他们的图像可靠而迅速地传送到地面。由于其重点是保密，该任务使用了一种缓慢的加密传输形式，

图 6 - 3　"他们以为那是海鸥的粪便吗?"迈克·马兰轻蔑地问道。撇开幽默不谈,在"挑战者号"
之后的第二次任务中,STS - 27 所留下的伤疤不仅对航天员的安全至关重要,
而且对航天飞机项目的生存也至关重要

这意味着在得克萨斯州休斯敦的约翰逊航天中心接收的图像质量很差。NASA 要求获得更高分辨率图像的努力遭到了国防部(Department of Defense,DOD)的阻挠,后者以保密等级为由拒绝公布。因此,由于只有加密的图像可供使用,任务控制中心确信,昏暗的光线和颗粒状的图像误导了机组人员,使他们看到了并不存在的损坏。没有人接受吉布森的意见,他是这次任务的资深指挥官,也是未来的 NASA 航天员团队的负责人,他清楚地知道他看到的是什么,并且可以用他自己的眼睛而不是相机清晰地看到那些水晶般的棱块。他无奈地告诉他的机组人员享受剩余的飞行。他告诫他们,紧张地死去是没有意义的。

12月6日早些时候，航天员们穿上了笨重的压力服，吉布森按惯例启动了一对轨道机动系统发动机，开始了长达1 h的返回，目标是降落在位于加利福尼亚的爱德华兹空军基地。当飞机重新进入大气层时，表面的温度开始升高，马兰坐在驾驶舱内，拍摄了一些令人印象深刻的视频。但是，当重力开始对航天飞机和航天员起作用时，他退到楼下的中层甲板，把自己绑在座位上。"亚特兰蒂斯号"像一颗流星划过沉睡的印度洋，在短短25 min内越过澳大利亚，飞越浩瀚的太平洋，这不仅是它惊人的速度，也是它快速减速的标志。它脱离轨道时速度为28 200 km/h，降落前要减速到350 km/h以内。它腹部的空气被压缩，将分子加热成白热的辉光。"我想知道在我们下面发生了什么，"马兰写道，"我看到熔化的铝被气流吹扫着向后涂抹，就像雨点落在挡风窗玻璃上。我们的仪器和计算机显示器都没有显示"亚特兰蒂斯号"的表面温度。只有休斯敦知道这些数据。"

在漫长的等待中，只有吉布森在广播高度、速度和重力计读数时的平静声音打断我们，航天飞机的安全通过只能被形容为天意和纯粹的好运，不知怎么度过了气动加热最大的时期，航天员们听到了加固过的驾驶舱外悦耳的风声。此时，"亚特兰蒂斯号"仍然以马赫数5的速度移动，加德纳在机头部署了一套空气数据探测器，以提供飞行速度和高度的测量数据，从而指导飞行。在距离地表30 km的高空，飞行速度为5 000 km/h，吉布森在远处发现了爱德华兹机场17号跑道干涸的湖床。在接下来的几分钟里，航天飞机进一步下降，以低于马赫数1的速度飞过。当航天飞机标志性的双音爆震动窗户和耳膜，并引发汽车警报般刺耳的声音时，加州的观察者们瞬间被吓了一跳。

在整个痛苦的再入过程中，除了他名义上的职责之外，吉布森还密切关注着测量"亚特兰蒂斯号"右翼后缘副翼"修正"水平的仪表。"如果我们开始燃烧，我们将改变机翼上的阻力，这正是发生在'哥伦比亚号'上的事，"他后来说，"我们将开始看到'右副翼调整'，这意味着左副翼向下移动。我知道如果我们在右侧有过大的阻力，我们就会开始在左右升降副翼之间产生'分裂'。自动系统会尝试用升降副翼来调整。这是我们在重返大气层时一直关注的问题之一。无论如何，如果系统有半度的修正，就有问题了。即使只有半度，也会发生很多事情。正常情况下，你看不到哪怕1/4度的差异。"在达到"入口界面"之前，"亚特兰蒂斯号"在海拔约120 km的点开始感到大气阻力，吉布森私下里告诉自己，如果他确实看到一个升降副翼分裂超过1/4度的程度，那么他的生命将只剩下最后1 min。他会明智地利用这段时间，告诉任务控制中心他对他们的"无损伤"分析的看法。

STS-27的机组人员很幸运，降落在17号跑道上，完成了一次成功的任务。在两个月后发布的飞行报告中，NASA将这次重返地球描述为"在所有方面都是正常的"，但"亚特兰蒂斯号"所经历的真正恐怖和幸存，在跑道上变得非常清晰。"已经有一群工程师聚集在机身的右前方，难以置信地摇着头，"马兰写道，"损失比我们预想的要严重得多。"机身上总共20 000块热防护系统瓦片中的707块被粉碎。其中一块，靠近航天飞机的增强碳纤维防护鼻锥，完全消失了。它位于L波段天线致密的铝安装板上方，这（再次，纯粹的好运气）防止了对底层铝外壳的灼伤。总而言之，STS-27造成的损伤从"亚特兰蒂斯号"的鼻锥延伸到腹部，并在机翼前缘附近终止。副翼的下表面没有受到影响，但航天飞机尾舱内的轨道机动系统"吊舱"受到了 14 处撞击，右舷舵减速板多次受到撞击。

从所受的伤害来看，吉布森和他的机组成员显然是死里逃生。一个热防护系统损害评估小组立即成立，由 NASA 高级官员杰伊·霍尼克特（Jay Honeycutt）和约翰·托马斯（John Thomas）担任主席，小组成员包括航天员唐·麦克莫纳格尔（Don McMonagle）。他们追踪到最可能的原因是固体助推器绝热制造工艺的变化，其基本原理是提高烧蚀材料的性能，以保护助推器免受空气动力加热。对于STS-27 的航天员来说，这提醒了他们工程学的唯一重要指导："更好"是"足够好"的敌人。如果一个系统有效，并且运行良好，那么就没有什么理由去改变它。

STS-27 几乎成为灾难，期间另一个小插曲让吉布森既沮丧又无奈。着陆后，一位不愿透露姓名的 NASA 官员走过来问他："你们为什么不告诉我们这件事？"

6.2　一个公认的风险

"亚特兰蒂斯号"在"挑战者号"之后的第二次任务中所造成的破坏很容易就会走向相反的方向。事实上，当航天飞机离开了最糟糕的再入加热期时，L 波段天线的致密铝安装板完全烧毁了，再入过程中过热的等离子体已经对下面的铝外壳造成严重破坏。如果 STS-27 在 1988 年 12 月 6 日失败，吉布森确信航天飞机项目将会停止。毕竟如果在 3 年内发生两次"机毁人亡"（Loss of Crew and Vehicle，LOCV）事件后，很少有政治家会支持这种可重复使用的航天飞机再次飞行。但在 STS-27 之前，甚至在 STS-51L 的前夕，防热瓦片损坏已经成为航天飞机运行中的家常便饭。这被认为是一个可接受的风险，尽管防热瓦片和增强碳纤维的临界状态已经被很好地认识，但一个又一个任务虽经受了损坏，但都安全返回了。成功的"飞行经验"，理查德·费曼将其比作俄罗斯轮盘赌，以及迈克·马兰所称的"异常的正常化"，这些令人毛骨悚然的潜在混合，使工程师和管理人员产生了一种虚假的安全感，以为隔热板实际上是坚不可摧的。

事实上，这些问题没过多久就显现出来了。1981 年 4 月 12 日，在"哥伦比亚号"航天飞机第一次飞行任务进入轨道仅几个小时后，航天员约翰·扬和鲍勃·克里平将他们的照相机透过机尾驾驶舱的窗户，进入了巨大的有效载荷舱。舱本身和它打开的舱门并不是他们主要关心的，而是远端的两个球状轨道机动系统吊舱，里面装有强劲的发动机，用于航天飞机轨道机动和离轨"燃烧"，以实现再入。在右舷的吊舱上，几块白色的瓦片不见了，很明显是在"哥伦比亚号"猛烈地向太空攀升时被扯掉的。它们被称为"低温可重复使用表面绝热材料（Low Temperature Reusable Surface Insulation，LRSI）"，不仅覆盖了轨道机动系统吊舱和垂直尾翼，而且还覆盖了主机身的部分表面，在重返期间保护航天飞机免受高达 650 ℃的热应力。

"好的，"扬呼叫任务控制中心，"你们现在在看哪部摄像机？"

指令舱通讯员回答道："我们正看着前方的摄像机。"

　　"好吧。我们想在这里告诉你们，我们确实在右舷舱外少了几块瓦片。基本上，有 3 个瓦片和更小的碎片不见了。我能看到一个完整的正方形，看起来像少了几个小的三角形。我们现在正试图把它放到电视上。"

　　扬还注意到，飞机的机翼、垂直尾翼和机头上似乎都没有瓦片脱落，不过无法确定是否有其他瓦片从它的腹部脱落，而腹部将承受再入过程中空气动力加热的全部冲击［几年后，用于帮助 STS-27 航天员的带摄像头的远程操纵系统（RMS），在 STS-1 上还无法使用］。在地面控制中心，NASA 的工程师们观看了视频传输信号，但他们认为，丢失的瓦片都不在机身的关键加热区域。他们向扬和克里平保证，最多可能发生的情况是，在瓦片下放置的一块铝皮可能需要更换。有趣的是，STS-1 显示，NASA 有能力利用其与军方的联系和他们最先进的成像设备拍摄在太空的"哥伦比亚号"（见图 6-4）。当人们第一次发现丢失的瓦片时，航天员特里·哈特也在地面控制中心，他很担心。"是不是底下也少了什么东西？"他想，"我们没有办法进行检查，所以在上了一两个轮班后，我们都焦急万分。"然后，奇怪的是，他们被告知没有必要再担心了。NASA 负责任务运行的副主任吉恩·克兰兹（Gene Kranz）在任务控制中心展示了一堆图像，清楚地显示了航天飞机的底部，完全没有损坏。这些图像只有在地面上使用高度机密的设备才能获取。

图 6-4　在这张 STS-1 照片中可以清楚地看到"哥伦比亚号"轨道机动系统吊舱上缺失的瓦片（见彩插）

"你是怎么弄到这些的?"这是一个令人惊讶的问题。"我不能告诉你,"克兰兹笑着说。

这些图像显然是从哈特所说的"我们国家的一些技术资产"中获得的。对于任务控制中心的飞行控制人员来说,他们终于知道"哥伦比亚号"没有受损,并于 4 月 14 日将扬和克里平安全送回了家,这让他们松了一口气。但在接下来的几年里,其他航天员将真的与死亡搏斗,其中 STS-27 的乘员可能是最明显的例子。从 1981 年 4 月到 1985 年 1 月,在该项目的前 15 次飞行中,平均有 123 处撞击、凹痕或刮痕(见图 6-5)。

图 6-5　在 1982 年 11 月的 STS-5 着陆后的这张照片可以看到"哥伦比亚号"上的斑点和表面热防护系统损坏(见彩插)

正如本书前面所记录的,肯尼迪航天中心近乎完美的天气,对于航天飞机机组人员在 RTLS 中止方案中安全着陆是至关重要的,而且佛罗里达州的好天气对其他方面也至关重要。1982 年 6 月 26 日，在 STS－4 发射的前一天晚上，一场严重的冰雹风暴损坏了"哥伦比亚号"的几块热防护系统瓦片，并在两个反作用控制系统推进器的外壳后面沉积了水。尽管这可能会导致上升过程中结冰，但它被认为是一个无关紧要的问题，航天员肯恩·马丁利和汉克·哈茨菲尔德在第二天安全飞行。然而，更令人担忧的是几块瓦片后面的水分痕迹，这促使 NASA 让 STS－4 以"腹部对太阳"的轨道姿态飞行 12 h 以蒸发水分。但这并没有立即达到目的，在稍后的任务中，第二阶段的腹部对太阳的姿态被要求持续 23 h，成功地解决了问题。在"哥伦比亚号"返回地球后，几块瓦片被移走并检查了湿度，没有发现任何东西。这种"太阳能内部调节"被正式采用为操作"工具箱"的一部分，以处理未来类似性质的事件。

但热防护系统的困境仍在继续。1983 年 4 月，"挑战者号"从它的 STS－6 首航返航，它的先进柔性可重复使用表面绝热材料（Advanced Flexible Reusable Surface Insulation，AFRSI）遭受了表面损伤。这种绝热层采用了硅基材料层夹在复合绗棉织物之间的形式。这些轻量的"毯子"保护了温度较低的区域，再入加热温度预计不会超过400 ℃。与标准的重复使用低温表面绝热瓦片相比，先进柔性可重复使用表面绝热材料制成的毯子更耐用、更便宜、生产速度更快，厚度不超过 2.4 cm，有助于减少轨道器的总重量。但据观察，在 STS－6 之后，"挑战者号"的轨道机动系统吊舱先进柔性可重复使用表面绝热材料出现了损伤，从缺失外层板和绝热材料到断裂的缝合处。对于最糟糕的情况，归因于在重返大气层期间"某种类型的不确定流动现象"。为了进一步研究这个问题，在 1983 年 8 月的 STS－8 期间，"挑战者号"的机翼、机身上部和侧面被披上了 4 个先进柔性可重复使用表面绝热材料"测试毯"，以便进行飞行测试。

防热瓦片并不是航天飞机遭受的唯一损坏，因为在太空中以高超声速移动的"太空垃圾"（学术上称为"微流星体轨道碎片"）也构成了非常现实的威胁。在 1983 年 6 月的 STS－7 任务中，"挑战者号" 6 个前方驾驶舱窗口之一的外层受损，出现了一个 4 mm 宽的"坑"。指挥官鲍勃·克里平没有报告这一事件，直到飞机着陆后情况才为人所知。STS－7 航天员约翰·法比亚回忆道："我认为，他的基本考虑是地面无法给予我们任何帮助。事情已经发生了。我们很安全，我们选择什么都不说。我认为这是一个正确的决定。"对破损的窗玻璃进行了详细的能量离散 X 射线分析，检测到氧化钛和少量的铝、碳、钾。撞击物的整体形态表明，很有可能是某个航天器的油漆片。虽然它的大小可能不到 0.2 mm，但在 21 600 km/h 的撞击速度下，它是一个致命的弹丸。在其他至少 6 次航天飞机飞行中，也发生过类似的对窗户的损伤。

STS－7 除了窗户发生的损害，一些瓦片丢失，还包括一个从起落架门上撕下的碎片，在左侧的"中缝"（机翼前缘和机身的连接处）附近发现了刮痕，以及严重的先进柔性可重复使用表面绝热材料变色。一年后，也就是 1984 年 10 月，"挑战者号"完成了 STS－41G 任务返回地球。很明显，在重返地球过程中，有近 5 000 块瓦片从机身上"松动"了，靠近左下颚的一块瓦片已经完全脱离了机身。幸运的是，这次飞行避免了灾难，但飞行后的调查显示，在瓦片黏合材料下面的用于平滑金属表面的硫化剂（也称为"压平剂"）以某种方式软化了，其"粘接"性能受损。多次注入一种名为"Sylazane"的防水剂，再加上反复高温进入大气层，共同导致了黏合材料的降解。"挑战者号"的下一个任务 STS-51C，原计划于 1984 年 12 月执行，被推迟并转移到另一架航天飞机上，而它在地面上用了 6 个多月的时间进行维修。到 1985 年 4 月它再次飞行时，Sylazane 已经被取消了。

在 1986 年 1 月（"挑战者号"失事）之前的几个月里，如乌云密布般的预示接踵而至，其他的任务也遭受了同样程度的破坏：轨道机动系统吊舱上的瓦片丢失，大面积的先进柔性可重复使用表面绝热材料脱粘或完全脱落。1985 年 7 月 STS-51F 升空期间，航天飞机机翼下出现了长长的裂缝，是喷涂泡沫绝热材料的坠落造成了如此严重的破坏，以至于超过 100 块瓦片需要更换。事实上，STS-51F 的航天员在轨道上进行了 RMS 相机调查，发现了大量碎片撞击；在航天飞机着陆后进行了一次现场检查，发现了 553 处"撞击"。

"挑战者号"失事后，幸存的航天飞机于 1988 年 9 月重新服役，即使是第一次执行任务 STS-26，"发现号"的右翼也遭受了中等程度的热防护系统损伤。STS-27 机组人员在飞行中所遭受的创伤已经讨论过了，正如接下来几年将会充分证明的那样，航天飞机返回地球时通常会有松散的先进柔性可重复使用表面绝热材料黏附层和破损的瓦片。1991 年 6 月，"哥伦比亚号"轰鸣着进入轨道执行 STS-40 飞行，这是航天飞机第一次完全致力于医学研究的任务。但在打开有效载荷舱门的几分钟内，摄像头显示几个先进柔性可重复使用表面绝热材料毯子已经从轨道机动系统舱壁脱落。此外，部分有效载荷舱门密封胶条已经移位，可能妨碍任务结束时舱门的关闭。飞行指挥官确信没有必要惊慌，他指出，舱门的门闩很牢固，即使密封确实造成了障碍，也很容易"关闭"，舱门在重新进入大气层前也会安全密封。然而，舱门密封的一部分被运送到约翰逊航天中心，在那里航天员穿着笨重的航天服模拟进行太空行走维修。这证实了管理人员的信念，即使密封松动，舱门也可以安全关闭，并指出即使机组人员必须进行维修，他们只需要切断它或将它推回固定器。STS-40 的指挥官布赖恩·奥康纳（Bryan o'connor）表示，他担心密封条可能会被辅助关闭舱门的机械"叉子"弄乱，但详细的操作程序使他得到了安慰。着陆当天早上，舱门成功关闭（机组人员仔细观察并拍摄了录像），"哥伦比亚号"安全着陆，没有发生事故。

然而，6 年后，同一航天飞机在经历了有史以来最严重的一次热防护系统毁损后返回地球。1997 年 12 月，"哥伦比亚号"航天飞机执行 STS-87 返航，NASA 的工程师称其状态"不正常"。它的许多瓦片都有严重的刮痕，其中超过 100 块被认为是不可修复的：损坏程度是通常预期的两倍多。STS-87 所经受的撞击并不符合空气动力学的预测，而且其数量远高于预期。在飞行后的检查中记录了不少于 308 处的"撞击"，其中超过 100 处的撞击直径大于 2.5 cm，在某些情况下，已经穿透了瓦片总深度的 75%。具体原因被确定为外挂贮箱中喷涂泡沫绝缘材料或冰的掉落，包括升级的泡沫绝热体和有缺陷的底漆，而这些都是新的环保产品。在"哥伦比亚号"冲向轨道的过程中，这些东西击中了它的机头和机身。在 2003 年"哥伦比亚号"事故调查委员会（CAIB）深入调查 STS-107 悲剧背后的原因时，这一事件和 1988 年 12 月打击 STS-27 的灾难几乎都成了焦点。

6.3 "哥伦比亚号"的痛苦

2003 年 1 月 16 日上午，发射主任迈克·莱因巴克（Mike Leinbach）通过无线电对 STS-107 指挥官里克·赫斯本德说："如果有一个合适的时机说'只要耐心等待，一切都会好的'，那就是这个时候。我谨代表所有参与这项任务的人员，祝你们好运，万事如意！"

"我们很感激，迈克，"赫斯本德在"哥伦比亚号"的驾驶舱内回答道，"上帝赐予我们美好的一天，我们将肩负伟大的使命。我们准备好出发了。"

并没有其他的插曲，美国东部时间（EST）上午 10 点 39 分，当第 113 次航天飞机任务开始时，3 台主发动机的轰鸣声和固体助推器发出刺耳的爆裂声震耳欲聋。那天早上肯尼迪航天中心的天气近乎完美。由于航天飞机的货物清单不断变化以及机舱的技术问题，"哥伦比亚号"的科学研究任务被推迟了一年多。但是作为赫斯本德和他的 6 位队员——飞行员威尔·麦库尔（Willie McCool），任务专家戴夫·布朗（Dave Brown）、卡尔帕娜·查拉（Kalpana Chawla）、迈克·汉德森（Mike Anderson）和劳瑞尔·克拉克（Laurel Clark），以及有效载荷专家伊兰·拉蒙（Ilan Ramon）——第一个飞向宇宙的以色列航天员，有充分的理由认为一次伟大的飞行即将到来。毕竟，"挑战者号"的教训已经告诉了所有人，一旦固体助推器被抛离，任务中最危险的部分就已经过去了。"吸取教训是一回事，"前首席飞行主任米尔特·赫夫林（Milt Heflin）说，"但我认为，按照学到的东西去生活有时却很困难。"

不出意料，航天飞机成功发射，从特拉维夫的头条新闻到以色列驻美国大使，都不禁由千禧年的太空任务"伟大成就"联想到了两代人之前在第二次世界大战时犹太人的"最低潮"。在接下来的 16 天里，STS-107 进展顺利，航天员们分两组 12 h 轮班工作，昼夜不停地开展生命科学、流体力学、燃烧学、材料加工和地球观测等 80 项实验。只有最次要的问题带来了烦恼：有效载荷舱中低温液体贮箱的两个加热器中的一个顽固地拒绝工作，"哥伦比亚号"的驾驶舱与空间实验室之间的对讲机偶尔故障。伴随着电子脉冲的除湿器，航天员们在比常温稍微温暖的条件下工作。在任务进入最后阶段时，拉蒙谈到了地球大气层的脆弱，它就像母星和虚无缥缈的太空之间一层薄薄的面纱。"它救了我们的命，"他低声说，"它给了我们生命。"

在 STS-107 结束时，大气层（或至少在"哥伦比亚号"高速通过它时）却没有做到这些。

发射过程中拍摄的视频清楚地显示，一个公文包大小的喷涂泡沫绝热材料碎片在大约 81 s 的时间点从外挂贮箱落下，撞击了左侧机翼，造成了碎片雨（见图 6-6）。当然，这些碎片在以前的任务中经常看到，并不被认为是飞行安全问题。热防护系统的改进已经进行了多年，1994 年 4 月，"奋进号"STS-59 飞行了 6 种新规格的瓦片，称之为"增韧单

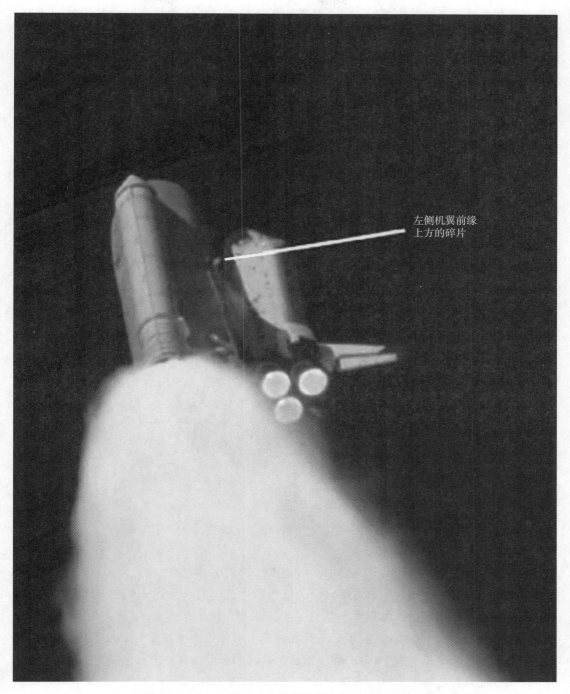

左侧机翼前缘
上方的碎片

图 6-6　STS-107 发射 81 s 时，一大块碎片从外挂贮箱连杆斜坡上掉落，并朝"哥伦比亚号"的
左机翼飞去（见彩插）

片纤维绝热（Uni-Piece Fibrous Insulation，TUFI）"。这些材料提供了不同的密度分
布，从外层的"高"到内层的"低"，增大了承受碎片冲击的能力。但增韧单片纤维绝热

的基本原理是减少飞行后的维护，而不是大幅加强航天飞机在重返大气层时的保护装甲。直到 STS-107，瓦片损坏仍然主要被认为是维护问题，而不是飞行安全问题。STS-59 任务的 9 年之后，"哥伦比亚号"环绕地球，这将是它最后一次任务，媒体迅速抓住泡沫撞击的消息，以至于任务控制中心给赫斯本德发了一封电子邮件，告诉他情况，以免他被记者的问题弄糊涂。这封来自飞行主任史蒂夫·斯蒂克（Steve Stich）的邮件向他保证，图像经过专家严格深入的分析，"绝对不必担心再入安全"。赫斯本德谢过斯蒂克，继续执行他的任务。

2 月 1 日早些时候，航天员们穿上他们的航天服，坐在座位上，等待 1 h 后滑翔回到肯尼迪航天中心的航天飞机着陆场（Shuttle Landing Facility，SLF）。"哥伦比亚号"的飞行甲板内坐着赫斯本德、麦库尔、查拉和克拉克，布朗、汉德森和拉蒙则坐在楼下的中层甲板内。美国东部时间上午 8 点 15 分，当"哥伦比亚号"以 28 200 km/h 的轨道速度在印度洋上空约 270 km 处飞回时，赫斯本德接到指令将轨道机动系统发动机启动，进行不可逆的离轨"点火"，以确保着陆。在接下来的 0.5 h 里，航天飞机像一块石头一样在黑暗的轨道上坠落，它的计算机引导它平稳地飞向地球另一边的跑道。然而，第二个 0.5 h 总是更引人注目，因为在高超声速下，不断增多的空气被压缩，使航天飞机的机身受到极高温度的影响，并通过驾驶舱的窗户看到了壮观的灯光秀。STS-51L 的迪克·斯科比曾经说过："再入是火热的，这是一场令人惊叹的灯光秀。""地狱之火正在你的窗外燃烧，而你坐在那里，美好而舒适地看着这一切的发生，这是一种美妙的感觉。"

斯科比英年早逝 17 年后，"哥伦比亚号"的机组人员也开始有了同样的感觉。他们几乎没有意识到这很快就会给他们带来厄运。"那现在可能是某种等离子体了，"麦库尔观察道，他瞥见了那奇异的、浅橙色的光芒，并逐渐取代了他在过去两周里已经习惯了的漆黑的太空。

"和想象的一样吗？"克拉克在麦库尔正后方的座位上问道。

"那是一些等离子体，"赫斯本德证实。

"收到，外面有些好东西，"克拉克说，"我现在正在上面拍摄。"

"这有点无聊，"麦库尔补充道。

"哦，到时候会很明显的，"赫斯本德向他保证。麦库尔告诉布朗、汉德森和拉蒙，他现在可以看到"哥伦比亚号"鼻锥上鲜明的橙色和黄色闪光（见图 6-7）。在随后的闲聊中，赫斯本德把这比作在鼓风炉里。当时是美国东部时间上午 8 点 44 分，航天飞机已经下降到大约 120 km 的高度，它像流星一样划过东太平洋，距离加州海岸线 9 min，距离原定于美国东部时间上午 9 点 16 分在佛罗里达州着陆的地点还有一个（北美）大陆的距离。

在飞行过程中，航天飞机的鼻锥向上倾斜，使鼻锥盖和机翼前缘的钢化增强碳纤维面板（见图 6-8 和图 6-9）承受远高于 1 500 ℃ 的温度。"哥伦比亚号"以 24 倍声速的速度落向地球，机身上的气动压力先是增加了 1 倍，然后是 3 倍，接着是 4 倍。航天员们意识到他们所处的情况是极其危险（但没有意识到他们的航天飞机实际上受到了致命的打击），然后平静地戴上手套，进行通信检查。克拉克带着摄像机，打算录下整个返回过程。美国

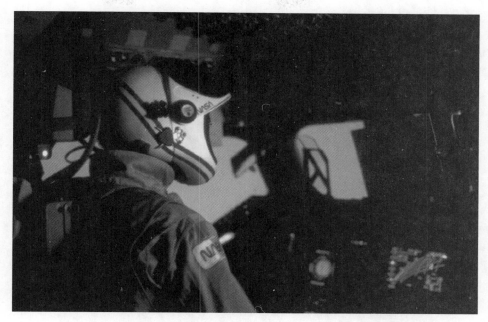

图 6-7　1984 年 10 月"挑战者号"从太空降落时，STS-41G 飞行指挥官鲍勃·克里平注视着他的
显示器。请注意航天飞机窗户外的电离等离子体呈浅橙色（见彩插）

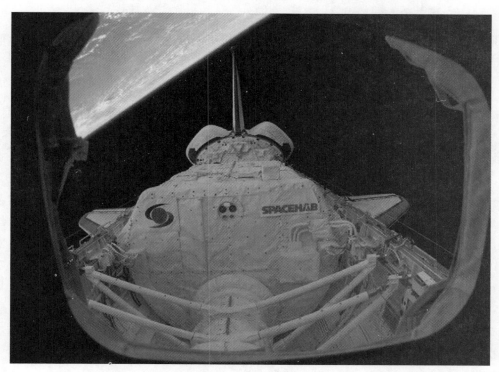

图 6-8　在 STS-107 任务中"哥伦比亚号"有效载荷舱视角。注意机翼前缘浅灰色的增强碳纤维面板。
左翼 8 号面板的损坏（见照片右侧）被有效载荷舱门遮住了，机组人员看不见

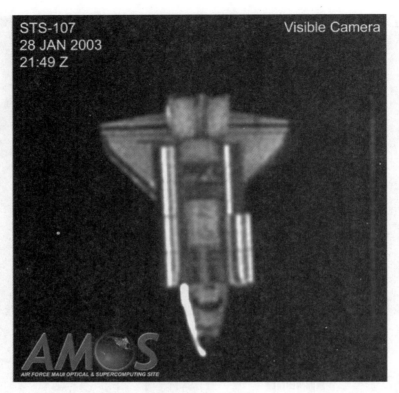

图 6-9　位于夏威夷的美国空军毛伊岛光学和超级计算基地（Air Force Maui Optical and Supercomputing Site，AMOS）在 STS-107 期间拍摄的在轨道上的"哥伦比亚号"的地面视图。航天飞机的有效载荷舱门遮盖了左侧机翼前缘 8 号面板的损坏

东部时间上午 8 点 50 分，"哥伦比亚号"的计算机仍在控制航天飞机飞行，它的右侧反作用控制系统推进器自动脉冲工作，以调整机头的位置。这是几个预先设定的动作之一，目的是让它的速度减慢。3 min 后，它准时穿过了加利福尼亚的海岸线，地面上的观察者都跑进了他们的后院，看到航天飞机在头顶上飞驰。自由摄影师吉恩·布莱文斯（Gene Blevins）说，"这速度难以置信。"然而，就在这个时候，他和同事比尔·哈尔滕施泰因（Bill Hartenstein）发现了其他东西。它看起来像"哥伦比亚号"下面的一个巨大的红色耀斑，好像有什么东西从航天飞机上脱离了。与此同时，在肯尼迪航天中心，航天员的家人，以色列政要和高级官员，包括 NASA 局长肖恩·奥基夫（Sean O'Keefe）和负责航天飞行的副局长比尔·雷迪（Bill Ready）（前航天飞机指挥官），在这个美丽的周六早晨聚集在观景台。美国东部时间上午 9 点 5 分，伊夫利·赫斯本德（Evelyn Husband）和她的两个孩子微笑着在著名的倒计时时钟旁摆姿势拍照。他们知道，再过 11 min，他们就要迎接执行任务的赫斯本德回家了。

他们几乎没有意识到，"哥伦比亚号"在这个时候已经开始解体了。

尽管管理层保证，喷涂泡沫绝热材料在上升过程中造成的严重损害不会出问题，但到了 1 月 31 日，"哥伦比亚号"返回的前一天，疑虑仍然挥之不去。NASA 工程师凯文·麦克卢尼（Kevin McCluney）给出一种假想的数据状态，描述他们可能会看到的情况。如果泡沫撞击确实在热防护系统上打出了一个洞，那么过热等离子体将进入机翼和主起落架轮舱（Main Landing Gear，MLG），高度范围从 120 km 高度的再入界面下降到大约 60 km，覆盖的时间不超过 15 min。

麦克卢尼写道："首先是轮胎、制动、连杆驱动器和上行驱动器的温度上升。"美国东部时间上午 8：52：17，返回再入 9 min 后，飞行主任勒罗伊·凯恩（Leroy Cain）和他在约翰逊航天中心的任务控制团队在监测器上看到了第一个不寻常的数据。那天早上，凯恩开始了他的轮班，在给赫斯本德回家开绿灯之前，他说："伙计们，我们去迎接他们吧。"大部分的再入是在计算机的授权下进行的（就像例行程序一样），但是"哥伦比亚号"在肯尼迪航天中心着陆前只剩下 23 min 时，维修、机械、手臂和机组系统（Maintenance，Mechanical，Arm and Crew Systems，MMACS）的工程师杰夫·克林（Jeff Kling）看到了一些奇怪的事情。克林注意到，埋在航天飞机左翼深处的一对传感器的读数旁边，突然出现了两个向下的箭头，这在飞行术语中被称为"非正常事件"。他们的目的是测量返回升降副翼的反馈回路中液压油的温度。几秒钟后，又有两个传感器失灵。克林和他的两位同事的注意力现在集中在传感器上，看起来好像他们的线路被莫名其妙地切断了。尽管他们尽了最大的努力，但没有一个人能找到一个共同的线索来解释这些故障。

克林向凯恩报告说："据我所知，我们刚刚在航天飞机左侧丢失了 4 个独立的温度传感器。""液压回路的温度。一号系统有两个，二号和三号系统各有一个。"

"4 个液压回温？"凯恩问。

"左侧升降副翼的内外数据都丢失了。"

左舷外副翼和左舷内副翼肯定有一个共同的原因，这 4 个故障发生的时间都如此的接近。但是当克林补充说他们之间"没有共性"时，凯恩感到很困惑。他的思路立刻回到了左翼的泡沫侵袭上。这 4 个故障在某种程度上与这个事件有关吗？他后来承认，他最初的怀疑是机翼上被打了一个洞，确实让等离子体对里面的传感器、电缆和系统造成了破坏。但在与制导、导航和控制（Guidance Navigation and Control，GNC）官员迈克·萨拉芬（Mike Sarafin）核对后，他的担忧得到了缓解，因为"哥伦比亚号"以 22.5 倍声速飞越加利福尼亚州和内华达州边界时的表现仍然正常。然后，凯恩又和克林检查了一遍，克林告诉他所有其他数据都是正常的。

"……在足够的时间内，假如轮胎没有破，轮胎压力会上升，"凯文·麦克卢尼一天前提出的令人胆寒的假设继续说，"随着电线被切断，数据会开始下降……"

突然，在美国东部时间上午 8 点 58 分，赫斯本德向任务控制中心发出了第一个无线电呼叫，这是自返回再入开始后的 15 min。但是他的信号突然被切断了。几秒钟后，航天飞机左起落架的内、外轮胎的温度和压力都出现了下降。如果轮胎被打了个洞或失去了压力，那将是糟糕的一天，因为"哥伦比亚号"携带了重量级的空间实验室研究舱，许多人怀疑"轮胎收起"的腹部着陆能否幸存。起落架的危险几乎不需要解释，1994 年 3 月，有人观察到航天飞机在着陆和在跑道上展开起落架时，从机身底部坠落了碎片。1995 年 11 月，在 STS - 73 期间，"哥伦比亚号"的轮胎记录到了低压。这就要求任务控制中心指示航天员将航天飞机置于各种不同的轨道姿态，以提高航天飞机腹部的温度，从而缓慢地将轮胎压力增加到所需的最低限度。但万一轮胎失去压力或"破洞"，航天员就必须跳伞逃生……这只有在低层大气的可控滑翔飞行中才可行。

麦克卢尼的预测令人不寒而栗："……数据丢失将包括轮胎压力和温度、制动压力和温度。"

在听到克林的报告后，任务控制中心的指令舱通讯员查理·霍鲍，一位经验丰富的航天飞机飞行员，呼叫赫斯本德，告诉他轮胎气压信息，并要求他重复他刚才想说的话。可是没有回答。与此同时，凯恩继续追问克林，这些信息——4 个液压传感器读数不见了，随后"哥伦比亚号"的轮胎明显破了——有可能是该区域发生紧急情况的证据，也有可能是仪表故障。答案是，所有的传感器都显示出"低于限幅"，这意味着它们已经停止工作了。几秒钟后，美国东部时间上午 8：59：32，赫斯本德再次试图与任务控制中心联系。这将是"哥伦比亚号"航天飞机发出的最后一句话。

"收到，呃，……"

这显然是对霍鲍的呼叫的回应，并试图说些别的，但他的话在句子的中间被打断了，同时从航天飞机传来的所有其他数据也被打断了，通信再也没有恢复。32 s 后，一名地面观察员用便携式摄像机拍摄到了许多碎片划过得克萨斯州上空的视频片段。

遥测信息流也被切断，任务控制的情况是越来越令人不安，克林告诉凯恩液压传感器和轮胎压力信息之间不存在共同的线索，而且负责监测前起落架（Nose Landing Gear，NLG）和主起落架的位置仪器上数据不见了。随着无线电静默的时间越来越长，仪器与通信主管（Instrumentation and Communications Officer，INCO）劳拉·霍庇（Laura Hoppe）预期到在重新进入大气层时会有一些"通信障碍"，但却惊讶于这种令人不安的沉默是如此的持久和"凝固"。

美国东部时间上午 9 点 03 分，霍鲍试图从通讯员的座位上呼叫赫斯本德。"'哥伦比亚号'，休斯敦，通信检查。"他的话受到了静电的影响。1 min 后，他再一次呼叫。但是，还是没有回答。

在 1 600 km 外的肯尼迪航天中心，航天员杰里·罗斯和鲍勃·卡巴纳（Bob Cabana）正在航天飞机着陆场的救援车队指挥官的面包车外面聊天，这时他们听说与"哥伦比亚号"失去了联系。起初，他们无动于衷，直到 9 点 4 分他们被强大的雷达告知，什么也看不见。雷达本应锁定再入的航天飞机，当它进入佛罗里达州空域，并且对准最终跑道方向。"这绝对是显而易见的结局，"凯恩后来悲伤地说，"如果雷达观察到地平线上没有任何东西，航天飞机就不在那里。"飞机可以通过调整飞行剖面，实现第二次着陆；与飞机不同的是，航天飞机从太空返航时，只有一次着陆，这受限于空气动力学的特性。在整个重返大气层的过程中，它急速的轨道速度通过一系列大范围的 S 形"转弯"逐渐放缓，以 350 km/h 左右的速度着陆。因此，从进入大气层到着陆的瞬间，航天飞机的轨迹可以被精确地绘制出来。聚集在肯尼迪航天中心的人群观看着著名的倒计时时钟，期待着美国东部时间上午 9 点 16 分降落。他们准备好迎接航天飞机标志性的双重音爆，然后第一次瞥见这个从西边迅速降落的小巧且黑白相间的航天飞机。但它一直没来。

资深的航天飞机指挥官史蒂夫·林赛负责照顾 STS-107 机组的家人们，他记得附近有人天真地说"他们总是迟到"。然而，林赛知道得更多，返航的航天飞机从不迟到。当双重音爆没有在佛罗里达回荡，"哥伦比亚号"没有出现在地平线上，它的轮胎没有在美国东部时间上午 9 点 16 分准时触到航天飞机着陆场跑道时，他本能地意识到事情不妙。其他航天员也一样，罗斯低下头，做了一个简短的祈祷。有那么一个瞬间，肖恩·奥基夫看着比尔·雷迪（一个坚强、严肃的前战斗机飞行员），看到他的脸色突然变了。雷迪显然在发抖。

在西部遥远的得克萨斯州，警方接到了大量 911 报警电话，报告清晨天空中出现了明亮的闪光、巨大的爆炸声和坠落的碎片。在任务控制中心，电视没有调到外部广播，而是不当班的 NASA 工作人员，他们在家中观看 CNN 的报道，然后打电话报告这个令人震惊的消息。工程师迈克尔·加斯克（Michael Garske）看到"哥伦比亚号"（它的残骸）从休斯敦南部的路边呼啸而过，他立刻跑到最近的公用电话亭打电话给任务控制中心的同事唐·麦科马克（Don McCormack）。

"唐，唐，我看到了，"加斯克喊道，"它解体了。"

"慢点，"麦科马克回答，"你在告诉我什么？"

"我看到了航天飞机。它解体了！"

那天在任务控制中心目睹了这一切的人，永远不会忘记接下来发生的无言的恐惧。你可以看到资深飞行主任菲尔·伊格拉夫接听下班的飞行主任布赖恩·奥斯汀（Bryan Austin）的电话，这个视频在"油管"网站（YouTube）上有超过 300 万的浏览量，后者和加斯克一样，目睹了"哥伦比亚号"的末日。虽然在没有窗户的控制中心没有人看到毁灭，但他们已经听天由命。2 min 前，凯恩问飞行动力主管理查德·琼斯，他预计什么时候能收到来自佛罗里达雷达的跟踪数据。他被告知这件事至少应该在 1 min 前发生。在一间密室里，包括李·布里斯科和杰伊·格林在内的几位前飞行主任，以及约翰逊航天中心主任杰斐逊·豪厄尔和副主任兰迪·斯通在内，聆听了这场正在发生的灾难。脸色苍白的斯通转向豪厄尔，说道，"今天，将是你一生中最糟糕的一天。"

在约翰逊航天中心的另一个地方，米尔特·赫夫林正在与一位部门主管聊天。突然，首席飞行主任约翰·香农走了进来，一言不发地从架子上抽出一本白色的活页夹夹在腋下。赫夫林知道这个活页夹包含了处理航天飞机灾难的应急程序。

"约翰，发生了什么事？"赫夫林问道。

香农没有停下脚步。"我们失去了他们，"他说。然后他离开了房间。在任务控制中心，当伊格拉夫把奥斯汀情绪激动的报告传达给凯恩时，航天员埃伦·奥乔亚（Ellen Ochoa）（她曾与赫斯本德一起执行过一次任务）转过头去，脸上带着痛苦的表情。凯恩平静了一会儿，然后宣布了航天飞机应急计划。在美国东部时间上午 9 点 12 分，他指示地面控制官员比尔·福斯特（Bill Foster）"锁上门"。如果有必要，这是在承认，所有的希望都破灭了。任何人都不许离开任务控制中心，不许打电话，所有人员都要开始保存他们的数据文件，并为不可避免的后续调查提供记录日志。在与琼斯确认没有获得进一步的跟踪数据后，凯恩让他的团队进入《飞行控制操作手册》　（Flight Control Operations Handbook）中的紧急情况程序。

在肯尼迪航天中心，STS - 107 任务机组人员家属被带离观景地，并在上午 9 点 30 分回到航天员宿舍。前首席航天员鲍勃·卡巴纳宣布了这个可怕的消息。他告诉他们，任务控制中心没有收到任何无线电信号，如果机组人员设法逃生，这些信号就会被激活。无论如何，"哥伦比亚号"在解体的瞬间飞得如此之高（约 60 km），速度如此之快（23 400 km/h），没有人能幸存下来。

机组人员的孩子们突然尖叫起来。

6.4　悲剧的时间表

在接下来的日子里，几乎没有人能想象到，一块不起眼的、重量很轻的泡沫竟会使一架航天飞机瘫痪。"这是发射后发生的事情吗？是在重返大气层时发生了什么事吗？还是在上升过程中发生了一些我们没有看到的事情？这些都是可能的，"航天飞机项目经理罗恩·迪特莫尔在 2 月 5 日的新闻发布会上说，"一块碎片成为'哥伦比亚号'及其机组人员失踪的根本原因，这对我们来说是没有道理的。肯定还有别的原因。"3 月中旬，航天飞机的飞行数据记录器在得克萨斯州亨普希尔附近的丘陵地带被发现，考虑到它是从太空边缘坠落到地球的，它的保存状况已经非常好了。它先被运送到一个磁带数据存储专家处进行磁带清洁和稳固，之后送回到肯尼迪航天中心被复制，再到约翰逊航天中心对其记录内容进行逐分钟的分析，记录数据取自 570 多个分散在"哥伦比亚号"机身的传感器。"供带"和"收带"轴之间的磁带已经损坏了，部分已经被拉伸，但经过净化去离子水手工清洗，绸布和氮气干燥后损伤消除，磁带回到了原来的状态并有了新的外框，准备揭示 STS - 107 最后 1 min 的故事。它提供了强烈的信号和有效的数据直到美国东部时间上午 9：00：18，距离赫斯本德最后一次通话整整 1 min 后。对于由前美国海军上将哈罗德·格曼（Harold Gehman）领导的"哥伦比亚号"事故调查委员会的调查人员来说，这既是一笔宝贵的财富，也是确凿的证据。但更重要的是，这是一个悲剧的时间表。

另一条时间线是找到的劳瑞尔·克拉克的录像带，这是在航天飞机降落初期拍摄的，其中有 13 min 的录像，她自己、查拉、赫斯本德和麦库尔兴高采烈地戴上手套，欣赏驾驶舱窗外壮观的灯光秀。他们一点也不知道，就在他们期待着回到佛罗里达州之时，来自不断增多的空气中的带电离子正进入航天飞机左翼的一个大洞，很快就会开始摧毁它。这盘幸存的录像带于美国东部时间上午 8：47：30 结束。克拉克显然在这段时间之后继续拍摄，但在接下来的几分钟里，无论发生了什么，由于储存在录像带的最外层，都在它坠落地球时被烧毁了。

大约在幸存的录像带结束后 1 min，位于左翼前缘的增强碳纤维板后面一个"应变计"

测量到了一个不寻常的结构应力峰值。铝似乎越来越热，膨胀并开始软化。航天飞机的每个机翼由上下表面组成，通过铝制框架连接，22 块增强碳纤维板（每个机翼 11 块）以"U"形包裹在前缘周围。在面板编号中，面板 1 离机身最近，面板 11 离机身最远。对 STS‑107 上升镜头的分析显示，从外挂贮箱那里掉落下来的泡沫似乎击中了 8 号面板（见图 6‑10）。这是一个航天员在轨道上看不到的位置，因为它被"哥伦比亚号"打开的有效载荷舱门遮住了。记录数据的应变计在 9 号面板后面，它显示出在返回再入后几分钟就开始出现问题。当"哥伦比亚号"事故调查委员会在 2003 年 8 月发布报告时，委员会确信应变测量数据是有效的，证明"哥伦比亚号"已经开始用一个受损的增强碳纤维面板再入返回（见图 6‑11）。基于该读数的支撑，该结论后来被细化到一个特定区域（8 号面板）。事实上，调查人员判断，传感器肯定位于距离热等离子体在铝制桁梁上作用点的 40 cm 以内。应变计第一次显示出不正常 20 s 后，9 号和 10 号面板后面的一个空心洞里的传感器测出温度异常升高。因为这个传感器不仅是高度绝热的，而且距离缺口也有一定距离，这表明 8 号面板上的洞很大，可能有 15～25 cm 宽。几乎可以肯定，任何更小的洞都不会产生如此强烈的测量读数。

美国东部时间上午 8 点 50 分左右，"哥伦比亚号"的计算机开始小心翼翼地引导航天飞机向佛罗里达州方向飞行，机头向右摆动。几秒钟后，连接在左边轨道机动系统吊舱上的传感器记录了一个不寻常的温度上升速率。它们不是以预期速率上升，而是缓缓地上升（低于预期速率）。后来的风洞试验显示，来自 8 号面板缺口位置的热等离子体将熔化的绝热材料和金属蒸气吹过左翼最上方的通风口，这干扰了航天飞机周围的正常气流，并推迟了预期的温度上升。随着重返大气层温度的恶化，密封增强碳纤维面板的耐热合金 Inconel 开始向里面的"哥伦比亚号"金属外壳喷射。然后，美国东部时间上午 8 点 52 分刚过，8 号面板后面的铝制桁梁终于烧穿了。热等离子体现在可以进入机翼内部，并立即切断传感器线路，加热支撑机翼上下表面的铝桁架。在这个阶段，增强碳纤维面板的温度是其设计时所能承受温度的两倍。在正常的再入条件下，航天飞机压缩稀薄的空气，产生两道激波，形成一个几厘米厚的"边界层"，可以抵抗进一步的压缩，并提供一个天然的绝热体。但是光滑的表面对于边界层的形成至关重要。由于 8 号面板上的孔洞不整齐，边界层的保护性能也相应被破坏。

当铝制桁梁最终烧毁时，STS‑107 机组人员仍在太平洋上空高高地飞行，对不断发展的危险浑然不知。然而，他们幸福的安全感不会持续太久。14 s 后，热等离子体开始破坏沿主起落架轮舱外壁的三束电线，然后通过门铰链上的通风口进入盒子状的外壳。就在这个时候，液压油温度升高的不寻常数据神秘地出现在任务控制中心杰夫·克林的显示器上。左翼的信号从内部被吞噬了，随着航天飞机深入大气层，计算机很难保持有效的控制。赫斯本德和麦库尔可能注意到，在空气动力阻力增加的影响下，机头向左拉时出现了轻微的拉力，但计算机命令升降副翼平衡了右侧的偏差，修正了这种拉力。

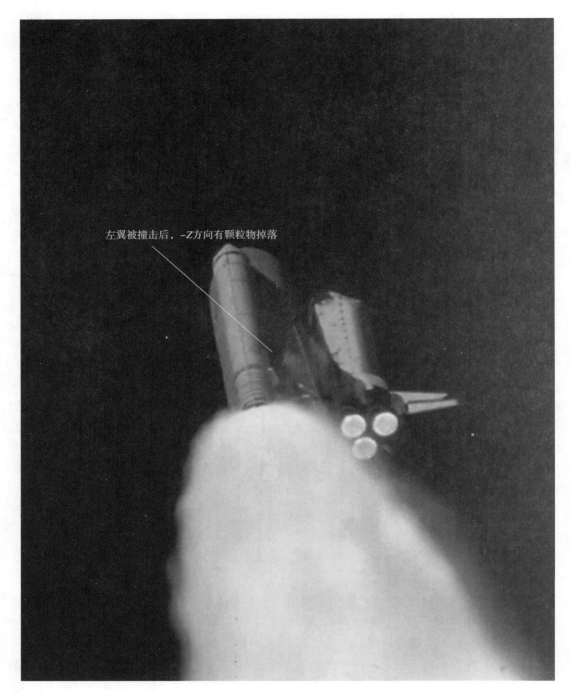

左翼被撞击后，-Z方向有颗粒物掉落

图 6-10　泡沫撞击后，"哥伦比亚号"左翼前缘的 8 号面板上落下一簇颗粒（见彩插）

图 6-11 航天飞机左机翼边缘的浅灰色增强碳纤维面板内层在之前"哥伦比亚号"
任务着陆后的视图中清晰可见，舱门及主起落架也是如此

然而，在美国东部时间上午 8 点 53 分 28 秒，当"哥伦比亚号"穿过加利福尼亚海岸
线时，它陷入了严重的困境。不仅铝桁架在软化和熔化，机翼本身的铝外壳和用来固定防
热瓦和先进柔性可重复使用表面绝热材料黏附层的粘接材料也在软化和熔化。地面观测者
在观察航天飞机发光的等离子体轨迹由西向东移动，穿过清晨的天空，几乎可以肯定看到
的是这片受损的热防护系统碎片。有报道说，大约在这一刻，有一道明亮的闪光，这可能
是等离子体最终烧穿左翼上表面的时间点。

绘制出来的碎片路径清晰地表明它们是"从西边吹来"的瓦片，也就是那些曾在"哥
伦比亚号"上升过程中脱落的瓦片，来自 8 号和 9 号增强碳纤维面板。在美国东部时间上
午 8 点 54 分 11 秒左右，计算机对正常飞行状态的进一步破坏做出了回应，尽管在这一

次，试图将机头拉向左侧并将飞行器滚向左侧的运动突然逆转，左侧机翼似乎获得了额外的"升力"。计算机重新调整升降副翼，以抵消这些不希望出现的运动。在飞行甲板上，赫斯本德和麦库尔可能注意到了仪器上的这些变化，但没有联系任务控制中心。调查人员后来将这种感觉上的升力归咎于左翼较低的表面，因为在压力增加的情况下，该表面开始向内弯曲。大约在这个时候，地面观察员拍下了一大块碎片从航天飞机上脱落的画面（见图 6 - 12），很可能是来自左翼下方。"哥伦比亚号"事故调查委员会的调查人员推测，在这一点上，熔化的铝制桁架可能已经在"机翼底部形成了一摊混合物"，只有增强碳纤维板将它们固定在位置上。到美国东部时间上午 8 点 56 分 16 秒，等离子体继续猛烈地冲击左轮舱，并开始灼烧主起落架的连杆，因为传感器记录了左舷外轮胎压力的增加。机翼下表面的凹面逐渐增大，计算机再次命令升降副翼抵消这一不希望出现的飞行偏差。"哥伦比亚号"几乎仍然处于控制状态，但在美国东部时间上午 8 点 58 分后不久，它的飞行特性突然发生了变化。

图 6 - 12　　"哥伦比亚号"图像，科特兰空军基地的"星火"光学视距仪拍摄。
这张照片清楚地显示了从航天飞机流出的物质，于美国东部时间
2003 年 2 月 1 日上午 8 点 57 分拍摄，就在失去联系之前

　　直到轮胎气压下降引发了飞行甲板上的警报，赫斯本德才终于用无线电通知了任务控制中心，但是他的话音在句子的中间被切断了。据推测，在接下来的几分钟里，克拉克继续记录了许多主警报中的第一个，但我们永远不会知道真实情况。此时此刻，调整升降副翼的命令被证明是没有希望的，在美国东部时间上午 8 点 59 分，一对反作用控制系统推进器在计算机控制下点火，每次持续约 1.5 s，试图重新获得控制，但没有成功。当升降副翼的控制电路失灵时，驾驶舱里响起了第二个主警报。几秒钟后，得克萨斯州西部的地面观察员看到航天飞机继续下降时，一大块碎片从飞机上掉了下来。这可能是左翼的残骸，最终脱离并消失在等离子体轨迹中。到了美国东部时间上午 9 点，另外两个大碎片也分开了，可能是垂直尾翼和轨道控制系统吊舱的一部分。当"哥伦比亚号"机头朝前坠落时，一个机翼不见了，其他几个主要结构部件也不见了，主警报会在驾驶舱中回荡。冷却

系统失灵，电力系统出现间歇性短路，航天飞机以 20 （°）/s 以上的速度失控。对于航天员来说，这似乎是一次糟糕的模拟运行，但在这种情况下，即使是经过多年的训练也让他们无能为力。我们永远不知道他们在那可怕的最后几秒钟有何反应，从恢复的飞行数据记录器中收集到的信息显示，它在美国东部时间上午 9 点零 18 秒停止工作。

就像它的姊妹号"挑战者号"17 年前所做的那样，"哥伦比亚号"为拯救乘坐它的航天员而英勇战斗到最后。

6.5　一个持久的问题

人们早就认识到，在不到 1 h 的时间里，让航天飞机通过重返大气层的"火炉"，降低轨道速度来完成受控的跑道着陆，是一项极其危险的任务。除了 STS-27 和 STS-87 的幸运加持和许多其他任务所经历的瓦片损坏之外，还有几次"侥幸脱险"。1989 年 8 月，在"哥伦比亚号"STS-28 重返大气层时，它的表现出现了不寻常的空气动力学"转变"。通常情况下，航天飞机的机翼在上层大气中经历一种平滑的（称为"层流"的）气流。随着航天器深入到不断变厚的空气中，气流变成了湍流，给机翼带来更大的热量和气动载荷。当 STS-28 返回地球时，从层流到湍流的转变发生在再入界面后 15 min，比它应该出现的时间整整早了 5 min，结果是左翼经历了比飞行器其他部分更高的热环境。

原因可以追溯到机翼的纹理"粗糙"，这给它的飞行特性带来了轻微的变化。在它的几块瓦片之间突出的"缝隙填充物"使问题变得更加复杂。幸运的是，STS-28 安全着陆。6 年后，也就是 1995 年 11 月，当轨道器从 STS-73 返回时，类似的事件也发生了：与左翼有关的加热和大气阻力的增加比预期的要早。任务后分析显示，表面粗糙度可能是一个重要因素。STS-107 任务后，美国国家航空航天博物馆（NASM）的空气动力学家约翰·汉德森（John Anderson）认为表面粗糙度和关键的增强碳纤维面板损伤相结合，导致"哥伦比亚号"被拉进了一个致命的"歧路"。在 STS-28 和 STS-73 上经历的空气动力变化本身可能不足以引起灾难性的结构破坏，但结合泡沫撞击和受损的增强碳纤维面板，它可能会带来足够严重的问题，将 STS-107 的运气推向（解体）边缘（见图 6-13）。

这凸显了一个事实，即到 2003 年 2 月为止，航天飞机已经完成了 113 次飞行任务，它远远不是一个"可运营"的飞行器，仍然是一个试验性的飞行机器。NASA 飞行主任、航天飞机项目经理韦恩·黑尔说："在 2 月 1 日那天，我所有的傲慢都消失了。""过去我会告诉你，我们了解自己在做什么，我们有成熟的流程和良好的硬件。现在我认为所有这些假设都被打破了。"事实上，过度自信的傲慢是"哥伦比亚号"事故调查委员会对 NASA 的一个关键批评。哈罗德·格曼说："我认为，虽然有些人否认，NASA——至少在航天飞机项目中——多年来已经修改了其组织结构，使之不再包含他们赖以建立声誉的属性。""委员会绝对相信，他们目前的管理团队没有能力长期安全地运营航天飞机。"强调成本、进度和效率并不是执行太空计划的正确方式。"整个国家，"格曼补充说，"还有国会和白宫对我们如何进行太空探索都有着不切实际的看法。"

图 6 - 13　在 STS - 107 期间，透过"哥伦比亚号"驾驶舱的窗户看到的地球美丽景色（见彩插）

　　2003 年 7 月，得克萨斯州圣安东尼奥市西南研究所开展了试验研究，将一块大小相近的喷涂泡沫绝热材料射到增强碳纤维面板上。它被以 850 km/h 的速度从研究所的氮气炮中发射出来。为了更好地模拟"哥伦比亚号"上升 81 s 时的空气动力学状况，泡沫还进行了轻微的旋转。测试的结果让参试者目瞪口呆，因为这一小块碎片产生了 1 000 kg 的力量，在增强碳纤维面板上留下了一个不小于 40 cm 宽的大洞。航天飞机热防护系统用于防护的一个关键部件，几十年来一直被认为是坚不可摧的，却被一小块泡沫破坏了。"确凿的证据"已经找到了。

　　在"哥伦比亚号"事故调查委员会报告的余波中，NASA 决定将双连杆斜坡——泡沫材料脱落的源头，从所有未来的外挂贮箱中移除，并用杆状加热器代替，以防止冰的堆积，如第 4 章所述。"NASA 必须减少脱落碎片的数量，""哥伦比亚号"事故调查委员会的一项重要建议写到，"他们必须加固航天飞机，他们必须能够检查和修理航天飞机，然后他们还必须给航天员更好的生存机会。这 4 种方法都有助于更安全的运行，但还没有一种方法可以修复出现的问题。"

　　修复航天飞机的技术和工具早在 STS - 1 之前就已经考虑过了，修复工具是为太空行走设计的。航天员乔治·"皮克尼"·尼尔森说，这可能会很棘手。他参与了这套设备的开发。"想象一下，站在光滑的冰面上，试着在墙上作业，"他说，"你每次碰它，就会溜走。"（译者注：尼尔森用此比喻太空微重力状态下，修复工作的开展难度。）

但是，随着一次又一次的任务从热防护系统的损伤中幸存下来，并一次又一次地安全返回地球，修理工具被放在次要位置，最终被取消。但在 STS - 107 的后续措施中，规定所有未来的航天飞机机组人员必须携带至少 5 套不同的工具，包括一种固化、填塞式非氧化物胶粘剂实验（Non - Oxide Adhesive Experiment，NOAX）材料和它的手持喷枪。在 2005 年 7 月的 STS - 114 上，"哥伦比亚号"失事后的第一次飞行，使用了一种原位修复烧蚀器（Cure - In - Place Ablative Applicator，CIPAA），但是从 2006 年 7 月的 STS - 121 开始引入了更小、更轻巧的瓦片修复烧蚀体分配器（Tile Repair Ablator Dispenser，TRAD）来代替它。它的形式是一个静态混合器，包括一个 90 cm 长的软管和一个与手持吸尘器大小相同的喷枪。最初只打算用于紧急情况，并于 2008 年 3 月在 STS - 123 轨道上对其进行了评估。当时出舱的航天员迈克·福尔曼（Mike Foreman）和鲍勃·本肯（Bob Behnken）对可能损坏的瓦片样本练习使用了新的烧蚀器。然后，航天员们用泡沫工具将烧蚀器弄平。这种硅基材料名为"航天飞机防热瓦烧蚀体 54"（Shuttle Tile Ablator - 54，STA - 54），由一种"基本"材料和一种催化剂组成，混合后，其浓稠度与蛋糕糖霜相似，但会在 24～48 h 内固化成铅笔橡皮擦般的质地。在重新进入大气层时，它会通过烧焦的过程来散热，以保护受损的热防护系统瓦片。

对于大多数"哥伦比亚号"后的任务来说，拯救实际上意味着定位，定位，还是定位。在 2005 年 7 月至 2011 年 7 月之间的最后 22 次航天飞机任务中，除了一次以外，其余都是前往国际空间站，这不仅为航天员在防热瓦严重损坏的情况下提供了一个"避风港"，而且还改进了在太空中使用高分辨率 400 mm 和 800 mm 相机镜头检查航天飞机机身的能力。当"发现号"飞行 STS - 114 时，除了地面上大量的摄影设施外，它的外挂贮箱上还配备了摄像机，来监控坠落的碎片。固体助推器也安装了摄像头，来观察外挂贮箱的箱间段，其中一个位置为每枚助推器的鼻锥下方，另一个靠近外挂贮箱连接环。安装在机翼系统后面的仪器为任务控制人员提供了稳定的加速度和温度遥测数据，包括用于收集加速度数据的 66 个传感器，另外 22 个传感器用于监测温度和校准上升过程中的碎片撞击。

NASA 指出："在发射前不久，这些单元进入'触发模式'，在发射时通过一个过载开关启动，内部单元存储器开始以每通道每秒 20 000 个样本存储和处理上升加速度计数据。""温度和电池电压数据每 15 s 存储一次。"汇总数据随后向下传输到地面，通过筛选并与标准判据进行比较，以确定是否发生了任何潜在影响事件。然而，在一些任务中，这些传感器会让人心跳加速。据报道，STS - 123 上升过程中出现了"过度触发"；2010 年 2 月，在 STS - 130 上观察到两个异常高的数据"峰值"；在 2011 年 7 月最后一次航天飞机发射 STS - 135 时，传感器的间歇性通信中断被记录下来。2007 年 8 月，手持无线扫描仪也首次在 STS - 118 上进行了测试。

航天飞机的工作人员还使用了远程操纵系统（RMS）的一个 15 m 长的传感器延伸部分，即航天飞机悬臂传感器系统（Orbiter Boom Sensor System，OBSS），在轨道上进行彻底的检查。航天飞机悬臂传感器系统最初是作为远程操纵系统备件建造的。当被固定在远程操纵系统上时，它使机械臂的有效长度增加了一倍，达到约 30 m，能够检查以前无法到达的航天飞机底部区域。桑迪亚国家实验室（Sandia National Laboratories）将一个强化电视摄像机（Intensified Television Camera，ITVC）升级成可获得三维图像的激光动态范围成像仪（Laser Dynamic Range Imager，LDRI），用来观察增强碳纤维损伤，可以达到足够好的分辨率，甚至是小到 0.5 mm 宽的裂缝。与航天飞机悬臂传感器系统相连的还有激光摄像系统（Laser Camera System，LCS），由加拿大视觉系统公司 Neptec 设计团队提供，该系统可以以 64 mm/s 的速度扫描航天飞机的飞行表面，并以几毫米的分辨率记录。为确保返回图像的质量，观察传感器必须放置在距离目标区域 3.3 m 的范围内，这要求航天员将远程操纵系统设置为自动和手动的组合模式，以确保传感器与航天飞机表面不发生碰撞。

这些工具还使现场专家能够确定何时可能需要采取行动，并迅速进行修复。"我们从简单的事情开始，比如，航天飞机外部的损伤是什么样的？"飞行指挥官保罗·希尔（Paul Hill）解释道。他在"哥伦比亚号"失事后领导了一个航天飞机检查和维修小组。"在飞行控制领域，我们的经验还不够，我们的任务是让航天飞机毫发无损地回来。不管我们着陆时有什么小的损坏，肯尼迪航天中心的一群人都会修复它，让航天飞机准备再次起飞。我们总是得到几乎是崭新的航天飞机。"现在飞行控制人员面临的问题是航天飞机的外部，包括它的腹部、鼻锥、机翼前缘实际上看起来是什么样的损伤以及有多少损伤可以量化为"太严重"。为了达到这些目的，航天飞机悬臂传感器系统和其他工具的成像能力脱颖而出。在 STS-107 之前，"可承受的"损伤被认为是小于一个几毫米宽的洞，但到2003 年 5 月，更小的撞击和凹痕仍然可能对航天飞机造成伤害。"如果周围有裂缝，"希尔说，"那就没有希望修复了。"

在 STS-114 期间，航天飞机悬臂传感器系统的图像显示"发现号"腹部的瓦片之间有一对凸出的"缝隙填充物"，执行太空行走任务的航天员史蒂夫·鲁宾逊（Steve Robinson）可以用他戴着手套的手轻松地将其取出（见图 6-14）。填充物由陶瓷浸渍布制成，具有多种功能。它们有助于防止瓦片在上升过程中相互碰撞，并帮助封闭瓦片之间的开口，以确保热防护系统的热完整性。虽然填补空间的物质预计不会对 STS-114 重返大气层造成重大问题，但在"哥伦比亚号"失事后的第一次任务中，出于谨慎考虑，需要移除它们。灾难发生后的前两次飞行也对瓦片修复方法进行了广泛测试。即使是 2006 年 9月进行的第 3 次 STS-115 任务，在视频检查显示航天飞机附近存在一块碎片后，也需要对瓦片进行额外的"延期"检查。5 小时的艰苦调查表明，航天飞机的热防护系统外壳状态良好，STS-115 在延迟 24 h 后安全返回地球。

尽管如此，热防护系统的损坏一直伴随着航天飞机直到它的飞行生涯结束。2000 年 5月，也就是 STS-107 的 3 年前，一个损坏的瓦片缝造成了热防护系统缺口，使得等离子体在重返大气层时穿透"亚特兰蒂斯号"的左翼。幸运的是，任务安全着陆。但总承包商罗克韦尔公司负责航天飞机项目的副总裁马丁·希弗勒提（Martin Cioffoletti）强调，"证

图 6－14　在 STS－114 期间，太空漫步者史蒂夫·鲁宾逊（Steve Robinson）正在清除
"发现号"表面下空隙中的填充物

明"坠落的外挂贮箱碎片可能导致灾难性的损坏是困难的。"我们不能想当然地说这将导致任何人死亡，"他后来说，"因为没有证据表明这导致了那种重大的损坏。"在航天飞机服役期的最后几年里又进行了渐进式的改进。2006 年 7 月，"发现号"在其鼻锥起落架舱门上安装了硬化瓦片，并采用了新的工艺，以确保缝隙填充物安全无虞，不会从机身凸出

（在 STS-114 之后，超过 5 000 个空隙填充物被移除并替换）。即使在 STS-114 上，碎片问题仍然以从外挂贮箱上的凸起物气动载荷（Protuberance Air Load，PAL）斜坡上掉落泡沫的形式存在，尽管这对航天飞机本身没有造成损害。

然而，在 2007 年 6 月，"亚特兰蒂斯号"左侧轨道机动系统吊舱上 10 cm×15 cm 的先进柔性可重复使用表面绝热材料部分在上升过程中脱粘，在大量的照片检查后，它被出舱的航天员丹尼·奥利瓦斯（Danny Olivas）固定在原来的位置（见图 6-15）。在 2008 年 2 月的 STS-122 任务中也出现了类似的情况，不过当时不需要修复。2008 年 11 月，当先进柔性可重复使用表面绝热材料的一小部分从 STS-126 的"奋进号"上分离出来时，也没有必要采取任何纠正措施。其他的任务出现了明显的响声和凹痕，包括 2007 年 8 月在 STS-118 上的"奋进号"的右翼下方有一个小的凿痕，以及 2009 年 7 月在 STS-127 上的航天飞机腹部有几处磨损。在"发现号"于 2007 年 10 月执行 STS-120 任务之前，3 个因少量碳化硅保护涂层的损失而受损的增强碳纤维电池板也被替换了。

在"挑战者号"损失之前，紧急情况下航天飞机间的转移是靠"个人救援附件（Personal Rescue Enclosures，PREs）"，一个 86 cm 宽的球形体，由钢化聚碳酸酯制造，外面有 3 层，包括聚氨酯、凯芙拉和一个外部热防护保护层，同时还留有一个观察孔。这些可以通过拉链关闭，提供内部体积为 0.33 m^3 的密封外壳，使航天员能够由太空行走的航天员伙伴从一架航天飞机转移到另一架航天飞机。"个人救援附件"装有一个基本的氧气供应装置和二氧化碳"过滤器"，可以让居住者存活大约 1 小时。"为了使用它，你必须以胎儿的姿势进入那个球，"航天飞机指挥官里克·豪克（Rick Hauck）记得，"球的概念是足够小，可以通过航天飞机的航天员舱口，因为你必须拯救人。"该系统从未在实际飞行中使用过，在航天飞机指挥官洛伦·施赖弗（Loren Shriver）看来，这似乎也很好。"现在回想起来，它根本不适合作为人员转移工具。但那时候我在太空相关的事情上很在行，所以这是一个很好的测试。"

从 STS-114 开始的每一次航天飞机飞行都伴随着"需要时发射"（Launch On Need，LON）能力，在这个能力中，用于下一个预定任务的硬件产品——轨道器、外挂贮箱和固体助推器被分配了双重任务，即在热防护系统损坏无法修复的情况下执行救援。由 4 人组成的下一组预定机组成员（一名指挥官、一名飞行员和两名任务专家）将执行"需要时发射"任务，通过使用已经接近飞行状态的航天飞机，有可能在应急航天飞机机组支持（CSCS）决定后的 40 天内启动应急救援任务。与此同时，受损航天飞机上的航天员将留在空间站作为"安全港"。但这被认为是一项高风险的努力，尤其是对正在进行救援的航天员来说，他们自己的运载工具也可能造成热防护系统损坏。"CSCS 是一项未鉴定的功能"，NASA 解释说。

"当航天飞机无法继续飞行、无法成功再入大气层和着陆的情况下，通过 CSCS 可以尽全力为机组人员提供安全返回的机会。"

在 STS-121 任务之前，一架不能飞行的航天飞机将在其机组人员获救后被抛弃（译者注：此为预案，并未发生），并在重返大气层时任由其燃烧，在某些情况下，有效载荷

图 6-15　"亚特兰蒂斯号"左翼上方，STS-117 出舱的航天员丹尼·奥利瓦斯正准备固定轨道
机动系统吊舱上松动的绝热毯

舱门将打开，以加速结构在上层大气层中解体。但在 STS-121 任务中，遥控轨道器
（RCO）的能力得以实现。一根 8.5 m 长的遥控轨道器飞行维护（IFM）电缆被送到国际
空间站，以允许远程控制再入和着陆。这项技术采用了现有的自动着陆能力，并提供了地
面指挥接口逻辑（GCIL）和飞行甲板仪表之间的电信号连接。在偏离轨道的轨道器上安

装电缆后，任务控制中心就可以自主地指挥辅助动力装置的启动和运行，包括航天飞机机头气动数据探测器的部署、燃料电池反应阀门的关闭、起落架和减速伞的控制和展开等。

如果出现了这种糟糕的情况（需要远程控制），加利福尼亚州的范登堡空军基地将作为着陆地点。它位于太平洋海岸线附近，这意味着如果远程控制着陆的尝试出现安全性问题，航天飞机可以被直接抛入海洋。当 LON 轨道器准备发射时，出问题的航天飞机上的航天员将与空间站的常驻人员一起留在国际空间站上，并根据情况配给他们食物。NASA 指出，空间站允许航天飞机机组人员滞留的天数取决于空间站上已有的物资储备以及航天飞机带来的物资。空间站上的物资储备包括食物、水、氧气和备换件，将在航天飞机发射之前进行评估，以确定 CSCS 在这一特定任务中的能力。出问题的航天飞机将自动执行脱离国际空间站的指令，在触及极限低温要求之前，执行无人分离以及再入性烧毁命令。

"哥伦比亚号"失事后最重要的两项任务是 2009 年 5 月的 STS - 125，哈勃空间望远镜的最后一次维修（见图 6 - 16），以及 2011 年 7 月的最后一次航天飞机飞行 STS - 135。STS - 135 没有后续的 LON 救援可用，4 名机组人员执行了任务，这比通常的机组人员数要少，从而使他们能够舒适地留在国际空间站，并在接下来几个月的时间里，依次乘坐俄罗斯的"联盟号"飞船返回地球。但是"亚特兰蒂斯号"在 STS - 125 任务中的任何失误都是很棘手的。由于哈勃的轨道倾角为 28.5°，国际空间站的倾角为 51.6°，显然它们之间是遥不可及的。因此，专门培训了 STS - 400 四人救援小组。

图 6 - 16　2009 年 4 月，就在最后一次哈勃空间望远镜维修任务发射之前，两架 T - 38 喷气式教练机飞过 39 号发射台。"亚特兰蒂斯号"在近处的 39A 发射台上，为 STS - 125 做好了准备，而"奋进号"则矗立在远处的 39B 发射台上，为 LON 任务 STS - 400 做准备

　　按照这个计划，"奋进号"将在发射后约 23 h 与"亚特兰蒂斯号"会合。驾驶员将使用远程操纵系统在亚特兰蒂斯有效载荷舱捕获一个抓钩装置。NASA 解释说："在抓钩过程中，每个飞行器的有效载荷舱都指向对方，飞行器相互垂直以获得间隙。"远程操纵系统会执行 90°偏航机动，在最近的位置，机头-机尾之间的距离不超过 7.3 m。这种配置将为"亚特兰蒂斯号"机组人员转移到"奋进号"提供最佳条件。整个过程包括 3 次太空行走，总计约 9 h，这将是有史以来最具大胆的尝试之一。第一次，持续 4.5 h（头一天），两名"亚特兰蒂斯"出舱人员沿着远程操纵系统拉出一根绳索，作为"奋进号"的平移路径，然后协助他们的一位同伴通过。第二天，两个 0.5 h 的太空行走将会有另外两名"亚特兰蒂斯号"的航天员进行航天飞机之间的转移。最后两名机组人员将在"亚特兰蒂斯号"重新配置完成后进行同样的行动，以确保任务指挥中心能够指挥一次处置性烧毁，在重返大气层时安全销毁它。一份期刊将 STS-400 任务称为"没人想要进行的航天飞机任务"。幸运的是，这一任务从未执行。

第7章 充满挑战的生涯

7.1 奇迹

1984年11月初，STS-51A任务指挥官里克·豪克收到了来自NASA公共事务高级官员的一个会议邀请。豪克将领导一个为期8天的"发现号"航天飞机任务，其中一个任务是寻回一对通信卫星，印度尼西亚的Palapa-B2和西方联盟公司的Westar-Ⅵ。2月份的时候，它们的推进器未能将它们正确地送入地球静止轨道。载荷辅助舱（PAM）推进器没有将卫星定位在离地球35 600 km的高空（地球静止轨道），而是点火、卡顿，然后熄火了，使得昂贵的载荷滞留在了一个无用的轨道上。这个轨道的高度远地点不超过1 100 km，近地点低至240 km。尽管问题出在推进器上，不是航天飞机本身，但发生在NASA试图吸引商业客户选用其可重复使用的航天运载器期间，这确实是一个令人尴尬的失败。Palapa-B2是与印度尼西亚政府签订的7 900万美元合同的一部分。而当1982年9月，欧洲的阿里安火箭爆炸时，Westar-Ⅵ的发射任务转向了更安全的航天飞机。回收两颗卫星并用航天飞机将它们带回地球进行整修的方案已经敲定，而这一任务就落在了豪克和他的机组人员肩上。

正如第2章所述，当时NASA内部盛行一种越来越自负的态度，媒体大力宣传航天飞机是完全可控的，它的任务是"例行公事"。一位航天员说："NASA仍处于养尊处优的日子，仍在阿波罗任务、天空实验室、阿波罗-联盟号、航天飞机首次测试等任务的成功中顺风而行。NASA继续着自己的自负。"

当然，豪克和他的同事们对此理解不同，航天员团队的其他人也是如此。发现Palapa和Westar后，机动接近这些卫星时轨道速度达到28 200 km/h，靠出舱的航天员"抓住"它们，并把它们放到航天飞机的有效载荷舱继而带回地球简直是科幻小说中才会有的疯狂情节。而这两次回收还不是STS-51A任务仅有的挑战，豪克的机组——飞行员戴维·沃克、机械臂专家安娜·费希尔（Anna Fisher）和出舱航天员乔·艾伦和戴尔·加德纳还有两颗通信卫星要部署（发射前，航天员办公室的伙计们调侃他们，要确保部署了正确的卫星，并把正确的卫星带回家，千万别弄错了）。

1984年11月8日，豪克和他的工作人员乘坐"发现号"进入轨道，并成功地部署了他们自己的卫星。在接下来的几天里，他们在轨道力学和精确飞行方面的表现令人惊叹，成功地与Palapa和Westar会合，捕获了它们，并将它们装进航天飞机的有效载荷舱，准备飞往地球。艾伦和加德纳在机组同仁的帮助下，完成了近12 h的太空行走，以抓取并保护卫星。在工作结束时，进行太空行走的航天员展示了一个手工制作的标牌，上面印有

"待售"（"FOR SALE"）的字样（见图 7 - 1）。豪克自豪地微笑着，请他们向任务控制中心宣布他们的成功。

图 7 - 1　乔·艾伦（右）和戴尔·加德纳在 1984 年 11 月成功完成 STS - 51A 任务后，在 Palapa - B2
通信卫星和 Westar - VI 卫星上展示了"待售"的标牌。这个高调的救援任务虽然壮观，
但却助长了宣扬航天飞机是一种可运营的飞行器的神话（见彩插）

　　"里克，那是指挥官的工作。"其中一个出舱的航天员回答，"你应该报告我们捕获了两颗卫星。"然后，他几乎没有停顿，又补充道："你也可以说'真是个奇迹'。"

　　豪克听了这个笑话，"咯咯"地笑了。他的思绪回到了几周前的会议上。当时，航天员们正在佛罗里达州肯尼迪航天中心的航天员营地中，媒体认为 STS - 51A 任务只是小菜一碟，两次卫星部署和两次卫星回收都很容易，这让他们很恼火。当航天员们走进会议室，看到 NASA 公共事务高级官员在等着他们时，他们有些惶恐不安。豪克轻快地询问议事日程。这位官员回答说，他没有具体的议程，但希望在他们执行任务前祝他们好运。"我们都很惊讶。"艾伦回忆道，"因为这真的占用了我们早上的时间，当时时间对我们来说非常重要。"豪克突然大怒地说："你可以做一些事情。"他引用媒体的报道"STS - 51A 机组人员认为这次任务很容易"。豪克对这名官员说："我可以向你保证，我们谁也没说过，我们也不相信这很简单。我告诉你，我的评估是如果我们成功捕获一颗卫星，那将是一个奇迹，如果我们同时捕获两颗卫星，那将是一个更大奇迹。你可以引用我的话告诉媒体！"

然后，豪克和他的机组成员转身离开了房间。

两周后，在太空，他的谈吐温和多了。"休斯敦，"他在无线电中说，"我们已经把两颗卫星放到货仓里了！"

在"挑战者号"悲剧发生之前的那个看似"成功才是常态"的时代，豪克认为成功完成航天飞机任务远远不是想象中的小菜一碟，然而这种想法并没有得到普遍的认同。在 1986 年及以后的时间里，航天飞机执行过几次高风险的飞行任务，其中一次任务由豪克指挥。尤里西斯和伽利略探测器分别是研究太阳两极和木星的任务，计划于 1986 年 5 月相隔 5 天发射。使用航天飞机执行这两项任务看上去似乎不存在问题，然而这两个探测器都是核动力的，而且在飞行中都将由一种名为"半人马座 - G"的液体燃料上面级接力实现最终的入轨。NASA 长期以来的经验法则是，任何故障都不能危及航天飞机及其机组人员的安全。但"半人马座"的威胁远不止于此。它的绰号是"气罐"，需要进行加压，以保证其壁面及很多关键系统的结构刚性。如果机组人员由于任务中止执行返回发射场的命令，那么推进剂在贮箱中晃动的风险会造成严重影响。

在这种危险的中止情况下，航天员将被迫在本已高机动的飞行阶段泄出"半人马座"的推进剂。执行尤里西斯任务的 STS - 61F 指挥官豪克说："为了确保它能够安全泄出，你需要有冗余的泄出阀，控制泄出阀的氦气系统和进行应急处理的软件。然后，当着陆的时候，航天员和"半人马座"同处航天飞机中，如果你没能把所有的推进剂全部泄出，则你只能把气态的氢和气态的氧分别从两边排出。这并不是个好主意（译者注：氢氧混合极易爆炸）。"在 STS - 51L 悲剧发生时，"挑战者号"和"亚特兰蒂斯号"都设置了额外的装置来装载和排空"半人马座"，紧急泄出口能够在任务中止 250 s 内排空整个上面级。但推进剂泄漏或爆炸的风险仍然非常高。NASA 也接受了建议，以前所未有的 109% 工况运行航天飞机主发动机，将沉重的"半人马座"送入轨道。

似乎这还不够，在 1986 年 1 月之前的几个月里，有一些令人担忧的迹象表明，人们的工作很草率。一名航天员看到一名技术人员在口袋里放着未系保险绳的扳手爬上了"半人马座"，而另一名技术人员在试图平整焊接处时无意中损坏了散热器。NASA 安全、可靠性和质量保证办公室的前副主任加里·约翰逊（Gary Johnson）回忆道："据我所知，尽管没有达到真正的安全要求，该项目仍被大力推动。""我们是无往不胜的，"STS - 61F 机组成员之一航天员迈克·朗奇补充说，"在'挑战者号'之前，我们认为我们是无敌的，一切都会很顺利。"灾难发生后的几个月里，肯尼迪航天中心安全办公室拒绝执行"半人马座"任务，理由是 NASA 和上面级制造商通用动力公司对风险控制能力不足。安全问题和成本超支最终导致了"半人马座"计划在 1986 年 6 月被取消。对于豪克和其他可能执行"半人马座"任务的人来说，这是一大好消息。他已经亲眼看见了飞行安全正在受到威胁。但是被首席航天员约翰·扬暗喻为"死星飞行"（译者注：引自《星球大战》）的尤里西斯和伽利略任务在当时并不是唯一不可接受的危险任务。

一年多前的 1984 年 10 月，在 STS-41G 任务中，戴夫·利斯特马和凯西·沙利文需要出舱活动，并在航天飞机有效载荷舱的两个球罐之间转移肼燃料。NASA 希望在未来的任务中对卫星进行服务和补给，有两次该种任务计划在 10 年内对 Landsat-4 和康普顿伽马射线天文台（CGRO）实施。康普顿伽马射线天文台的贮箱上有 3 个备用插接器，它们用于防止剧毒肼从贮箱泄漏并溅射到航天员的航天服上，而危险在于在阳光的直射下它可能会爆炸并波及航天飞机的后部。此外，如果航天员不小心把它（剧毒肼）带回到舱中，哪怕是最微小的摄入或与皮肤的任何接触都可能导致全体航天员死亡。在"挑战者号"失事之前，STS-41G 的飞行指挥官鲍勃·克里平就坚持认为，航天员不应该在太空中使用真正的肼。"我们应该用水替代肼进行试验，"利斯特马说，"它们的传热特性接近。""克里平觉得我有点太傲慢了，因为我坚持要用肼。"最后，克里平才同意进行 STS-41G 测试，因为他看到利斯特马使用三重冗余密封装置成功地演示了整个过程，并对发生泄漏时的清理方法进行了评估。航天员执行的程序是在直射的阳光下烘烤工作服上的肼液滴，然后，一旦回到舱内，就将他们的设备密封在密封袋里，释放气闸的空气，在摘掉头盔之前用吸气管吸入新鲜空气。就像"半人马座"计划一样，1986 年 1 月，该计划被取消。

7.2　机器臂

航天员史蒂夫·霍利回忆道："尽管有些有效载荷在进入太空后最初的表现并不好，卫星的部署工作还是需要在发射后尽快开展，以防出现严重的问题，导致航天飞机比计划提前返航。"除了利斯特马和沙利文的太空行走，STS-41G 任务还包括部署一颗地球观测卫星，它的太阳能帆板形似手风琴，难以收起。通过"挑战者号"的机械臂（远程操纵系统，RMS）将它们展开的尝试由于铰合部位冻住而失败。显然，此时只能采取一些比较粗鲁的方法了，而且不能让任务控制中心知道。航天员们等到通信中断期（LOS），将远程操纵系统左右摇晃。几次尝试后终于起作用了，太阳能帆板成功展开。

"你们做了什么？"当与任务控制中心重新建立无线电通信时，指令舱通讯员惊讶地问。

"我们不会告诉你的，"回应说，"只是检查了一下，确保它已经部署好了！"

6 年后的 1990 年 4 月，更大的哈勃空间望远镜停在了机械臂的尾端，为它期待已久的部署做好了准备。它的高增益天线顺利展开，两个巨大的太阳能电池板中的一个也顺利展开，就像巨大的卷帘。然而，第二列电池板仅展开了几厘米，突然停了下来。时间对哈勃离开有效载荷舱至关重要。按照计划，航天飞机的脐带供电已经被切断，这架价值 15 亿美元的望远镜内部电池的使用寿命只有 2 h，之后它的电池板必须完全打开并自行发电。如果这个问题不能在这段时间内解决，航天飞机发射的最重要的科学有效载荷就会完蛋。航天员布鲁斯·麦坎德利斯（Bruce McCandless）和凯西·沙利文穿上航天服，准备出去手动展开顽固的电池板，这时发现问题归结于一个错误的软件指示，所以这一故障很快得到了解决。

其他载荷同样出现过各种问题。1992 年夏天，欧洲可回收运载器（EURECA）遭遇间歇性数据问题，对这些问题的调查导致其部署推迟了 24 h。1994 年 2 月，由于通信故障和姿态控制系统问题，被称为"尾流屏蔽装置"的自由飞行载荷失联。两年后，机组人员发现一颗日本卫星的太阳能电池板已经失效，导致位置错误。然而，即使在航天飞机进行回收后，低于预期的燃料温度增加了肼泄漏的可能性。在 1993 年 9 月部署的先进通信技术卫星，分离时产生的大量碎片导致航天飞机机身受到了 36 处撞击并且产生了一些划痕，有一处直接穿透了机尾舱壁。NASA 指出，在飞行过程中，碎片撞击没有产生任何影响，所有受损部位将在返航准备期间修复。但这番话也反映了 NASA 在"哥伦比亚号"事故发生之前对热防护系统的态度。在"哥伦比亚号"事故发生后，这种破坏被视为决定性的问题，而不仅是飞行安全问题。

其他任务则需要出舱活动的直接干预。在 1993 年 6 月另一次回收欧洲可回收运载器的任务中，两个天线无法正常关闭，航天员大卫·罗（David Low）和杰夫·维索夫（Jeff Wisoff）被派到舱外，手动将它们转到合适的位置。两年前，在部署推迟已久的康普顿伽马射线天文台的努力中，人们担心（像哈勃空间望远镜一样）其中一个 20 m 长的太阳能电池板可能会卡住，但事实证明，它按计划打开了，航天员们松了一口气。"好吧，"杰伊·阿普特（Jay Apt）对杰里·罗斯（Jerry Ross）说，"我想从现在开始一切就该顺风顺水啦！"指挥官史蒂夫·内格尔看着他，表示同意他的看法。但他们失算了，不久之后，当关键的高增益通信天线展开时，它拒绝动作。航天员们焦急地交换了一下眼色，至少进行了 6 次展开尝试，甚至试图用航天飞机的推进器来晃动它，但都没有成功。位于远程操纵系统（RMS）末端的天文台既没有对推进器的喷气做出反应，也没有对打开天线的努力做出反应。罗斯和阿普特出舱进行手动展开成了唯一的选择。

罗斯摘下结婚戒指，递给内格尔。

"史蒂夫，"他说，"我要下去准备一下。"

内格尔点了点头。一两分钟后，任务控制中心联系他们，要求他们这么做。

罗斯和阿普特在"亚特兰蒂斯号"的小气闸舱穿上航天服后，出舱进行拯救康普顿伽马射线天文台的任务。"我不知道我们是否能操纵它，"罗斯之后承认，"而现在我们正试图去修理它，如果我们做不到，就只能带着这个死重了。"事实上，康普顿伽马射线天文台是航天飞机有史以来运载到轨道上最重的有效载荷之一，重量超过 17 000 kg。从外形上看，它像一个结实的蒸汽机车。"我们可能无法把它带回家，因为太阳能电池板已经展开了，天线部分也已经松开了，苍天啊，"罗斯继续说。很快，出舱的两人分头行动，阿普特准备好了工具，罗斯仔细检查着。出问题的天线在这个天文台的背面，从"亚特兰蒂斯号"驾驶舱看不见。罗斯想把它摇开，但他知道天线离康普顿伽马射线天文台的肼贮箱很近，他不想损坏贮箱，以免推进剂溅到航天服上。他把天线摇了几下，但它很快就卡住了。又试了几次，天线开始移动，然后突然张开。原来是一片防热材料挂在了一个螺栓上。罗斯欢呼起来。他花了 17 min 挽救了这个价值数亿美元的科学试验平台。

有趣的是，罗斯还经历了另外一次事件，这种情况可能（也许不是）与挽救康普顿伽马射线天文台有一些相似之处。1988 年 12 月，在 STS-27 任务中，他是为国防部部署一颗机密侦察卫星的机组成员之一。多年以后，据参与这项高度保密任务的一名航天员说，国防部在有效载荷方面遇到了一些问题，要求他们对有效载荷进行修复。当然，修复并不一定意味着进行太空行走，例如天线的故障可以通过远程操纵系统修复，但罗斯和同伴比尔·谢泼德是否在 STS-27 上进行了太空行走的这一问题一直是一个令人好奇的未解之谜。直到今天，参加那次任务的航天员都没有被授权讨论他们在 1988 年 12 月做了什么。STS-27 的飞行指挥官罗伯特·"霍特"·吉布森曾经承认，分离后它出了点问题，我们再次与它会合，并修复它，然后再次分离。要知道真相可能要等到这个任务 30 多年后解密的时候了。

在罗斯成功挽救康普顿伽马射线天文台一年后，出舱人员成功地取回了 Intelsat-603 通信卫星。该卫星的推进器发生了故障，轨道高度远低于预定轨道。最初的计划要求航天员皮埃尔·索特（Pierre Thuot）和里克·希伯（Rick Hieb）用一个特别设计的操纵捕获杆捕获卫星，然后将其放入航天飞机的有效载荷舱，为其更换新的推进器，并将其重新部署回太空。这个精心设计的计划似乎失败了，因为索特无法用操纵捕获杆将其捕获（见图7-2）。每次他靠近那颗缓慢旋转的卫星时，他的努力都会引起不必要的振动，最后的解决办法是派第 3 个出舱活动人员汤姆·阿克斯（Tom Akers），到外面将它捕获。

这是第一次（也是唯一一次）多达 3 人进行了太空行走。计划最终获得成功，Intelsat-603 被捕获，更换了新的推进器并被重新部署在轨道上。NASA 内部有一种观点认为，这颗卫星的捕获克服了许多困难，展示了航天飞机的能力，但它也是一个令人不快的提醒，让人想起了前"挑战者号"时代的商业飞行任务。

1997 年 11 月，当 STS-87 号的机组人员部署了一颗 Spartan 太阳物理卫星，进行本应为期两天的科学观测时，航天员戴着手套修复有问题的有效载荷再次成为热门话题。后来在"哥伦比亚号"事故中失去生命的航天员卡尔帕娜·查拉使用远程操纵系统捕获了卫星并将其释放。机组成员全神贯注地看着，期待 Spartan 在几分钟后完成一个预先设定好的旋转动作，以确认其系统处于良好的工作状态，但是旋转并没有发生。查拉上前再次对其进行捕获，但在仪表板上没有收到明确的捕获指示。当她收回远程操纵系统时，她无意中碰到了 Spartan，并使它轻微旋转。她后来说："当我把机械手臂往后移动时，我以为 Spartan 在进行机动。这是我的第一反应。"

但是这颗小卫星的自转速度达到了 1.9 (°) /s，迫使 STS-87 任务指挥官凯文·克里格（Kevin Kregel）操纵"哥伦比亚号"的推进器进行脉冲工作，以与它的速率匹配。然而，这些努力耗尽了推进剂的安全余量，任务主管比尔·里夫斯（Bill Reeves）取消了捕

图 7 - 2　1992 年 5 月 Intelsat - 603 回收工作期间，STS - 49 中进行出舱行走的皮埃尔·索特
站在"奋进号"远程操纵系统机械臂的末端

获 Spartan 的任务。任务专家温斯顿·斯科特（Winston Scott）和土井隆雄（Takao Doi）
计划在飞行后期进行太空行走，到舱外进行手动捕获。斯科特和土井分别位于有效载荷舱
的两侧，等待着克里格移动到安全距离内。然后，他命令他们去捕获这颗装有望远镜的
卫星。

"温斯顿，"他通过无线电说，"我们得耐心点，看起来望远镜好像在旋转。""纵轴的
顶端看起来会一直延伸到你的位置，右侧的底端会到土井的位置。如果我们继续等待，它
就会直接来到我们这边。"

"好的，收到，凯文，"斯科特回答，"我们将耐心等待，看看会发生什么。"

过了一会儿，斯科特的声音里明显流露出得意，他宣布任务成功了，一个非常稳定的
Spartan 完美地落在了他戴着手套的手里。尽管在将卫星放回有效载荷舱内的泊位上有一
些困难，回收工作还是成功了。按航天飞机剩余的推进剂余量，对它进行第二次部署的希
望落空，Spartan 在 1998 年 10 月再次被成功发射。但 STS - 87 并不是 Spartan 这种可重
复使用航天器第一次被证明难以进行操作。在 1985 年 6 月的第一次飞行中，它被成功部

署在轨道上，但当航天员在任务结束后返回时，他们发现它没有按应有的方向进行定位。STS - 51G 机组人员约翰·法比亚说："飞行和捕获它对我们来说应该是比较容易的。而事实证明，捕获操作比在舱外进行操作更难。"这就要求航天员进行一次他们没有接受过训练的出舱操作。10 年后，在 1995 年 9 月，另一个机组在捕获 Spartan 过程中出现了意想不到的状况，但捕获过程未受影响，还是很成功。

　　15.2 m 长的远程操纵系统机械臂在很多捕获任务中发挥了不可替代的作用。从 1998 年 12 月起，它还在国际空间站的建设中发挥了巨大作用。然而，这个加拿大制造的机械臂在过去的几十年中经历了远超预期的考验和磨难。它就像一个人类手臂，由肩膀、手肘和手腕关节组成，由一对石墨环氧吊杆连接，并有能力通过其终端执行器移动有效载荷：这是一种通过类似耙子的结构来移动载荷的机制。1981 年 11 月进行的第一次飞行试验结果令人满意，但在 STS - 3 任务中它腕部的摄像机失效，影响了临时环境污染监测器的部署任务。

　　在机械臂的早期工作历程中，相机故障确实会周期性地出现，但更值得关注的是关节的故障。航天员史蒂夫·霍利说："驱动各个关节的是电动机，你可以通过向电动机输送多少电流来确定关节的速度，而电流的多少则取决于你如何配置软件。这都是由航天飞机计算机上的软件控制的。对于一个非常大的有效载荷，特别是一个离航天飞机很近的载荷，你要担心的是自动驱动的手臂可能会出现问题。操作员会一直在那里观察着它，但显然，如果它足够接近，你可能没有时间做出反应。因此，机械臂的关节驱动速度被限制在能给操作员足够的时间进行干预的范围内。1984 年 2 月的一次关节故障使一颗重要的卫星无法部署，而 1994 年 11 月的一次相机故障意味着有效载荷舱门上的冰柱无法安全清除。1990 年 4 月，史蒂夫·霍利开始部署哈勃空间望远镜时，他发现远程操纵系统关节中的信号正在以一种类似抖动的运动形式发生振荡（见图 7 - 3）。这促使霍利建议他的同事们在计划机械臂的运动时，要考虑到这种振荡。事实证明，这些问题远非小问题，因为远程操纵系统构成了操作硬件的关键部分，无论是有效载荷部署，还是从 1998 年开始的国际空间站的组装和维护。

　　在 1985 年 8 月的 STS - 51I 任务期间，一个容纳澳大利亚 Aussat - 1 通信卫星的遮阳罩被打开，进行部署前的例行检查。当遮阳罩的一扇翻盖状的门未能完全打开时，航天员迈克·郎奇使用远程操纵系统将这扇门推开，卫星提前于预定时间部署，避免了 Aussat - 1 及其载荷辅助舱推进器的热压过大。此时，机械臂关节出现了故障，郎奇只好操作它进入"单一关节"模式。他说："这并不是一些协调一致的动作，而是有点别扭且花了一些时间。"在看了这一过程后，STS - 51I 的指挥官乔·恩格尔可以看出郎奇任务的困难之处在于手动操作电器开关，依次选择单个机械臂关节，然后逐个移动它们，以准确定位这个巨大的手臂。

　　更糟糕的是，STS - 51I 还肩负着回收和修复一颗大型 Syncom 通信卫星的任务，该卫星在几个月前未能进入正确轨道。恩格尔后来说："这是一个问题，因为在抓取和捕获过程中我们的速度会减慢，然后重新部署我们要修复的 Syncom。"修复工作表明了 NASA

图 7 - 3　STS - 61 进行出舱活动的斯托里·马斯格雷夫乘坐远程操作系统机械臂来维护哈勃空间望远镜

在"挑战者号"之前所采取的一种日益增长的仅凭直觉的态度。Syncom 在 1985 年 4 月由 STS - 51D 机组人员发射，并且在它的部署过程中遇到了问题。当时试图通过太空行走和临时拼凑的工具来解决这个问题，但最终失败，使得同步通信在一个比预期低得多的轨道上失去了作用。STS - 51I 航天员朗奇和詹姆斯·"奥克斯"·范·霍夫坦在地面上观看着这一切并开始交换想法。范·霍夫坦说："那时候，NASA 有一种'我能做到'的精神，每个人都觉得，嘿，你能做任何事。"航天飞机项目经理格林·伦尼（Green Lunney）和航天员们围坐在任务指挥官杰伊·格林家中的餐桌周围，打开了一瓶陈年威士忌，草拟了一项捕获 Syncom、将它放进航天飞机的有效载荷舱、修复并重新部署的计划。"我们喝下了那瓶酒，"STS-51I 乘员迪克·柯维回忆道，"庆祝我们让大家相信我们可以做到这一点。这在今天再也不会发生了！"范·霍夫坦自己承认，他之前修复 NASA Solar Max 的任务计划得非常详细；相反，在 STS-51I 任务中，他们完全是即兴发挥。这个想法赢得了休斯飞机公司总裁的支持，他希望 NASA 的局长詹姆斯·贝格斯花费几百万美元进行救援。幸运的是，STS-51I 的修复工作进行得很完美，但这将是 NASA 最后一次冒着航天飞机和航天员的风险挽救商业客户的载荷。

7.3　危险的太空行走

从 1983 年 4 月的航天飞机 STS-6 任务进行首次舱外活动（EVA），到 2011 年 5 月的 STS-134 任务最后一次舱外活动，来自美国、俄罗斯、日本、瑞士、法国、加拿大、瑞典和德国的 100 多名航天员进行了 160 多次太空行走。这些行走从来都不是一成不变的，航天服本身腿部和上部躯干（HUT）就经历了复杂的改进过程。第一次进行航天飞机太空行走的斯托里·马斯格雷夫是航天服演变过程中的亲历者（见图 7-4）。NASA 前舱外活动生命维持系统负责人乔·麦卡恩（Joe McCann）表示："我们进行了 10 次重大调整。航天服上半身和活动节点的问题暴露得很早，斯托里无法穿戴上它，因为他的两肘无法靠近，所以我们最后在航天服上安装了平衡环和波纹管，让他能够完成穿戴。这是一个重大的挑战，而且是一个关键点，因为我们把航天服的活动节点埋在玻璃纤维里，它们被卸荷后如果发生爆裂，航天员就会丧命。在早期，航天服还出现了许多其他故障，包括二氧化碳冲刷氢氧化锂盒、蒸发器堵塞、水压调节器循环故障、电池故障等问题。

最严重的故障发生在 1980 年 4 月 18 日。航天员乔治·"皮克尼"·尼尔森正在家里的花园干活，这时他接到一个电话，说有一套航天服发生了事故。"他们在一个真空室里做了一些测试，穿上航天服，按正确的顺序安装所有的开关，然后核对检查表。"尼尔森回忆道，"有一个步骤，你需要拨动前侧的一个滑阀，推动调节器内部的一个杠杆打开一条管道，把高压应急氧气罐连接起来。你需要在出舱前这样做，当你在舱内时，你用不上它们，因为你可以给气闸舱加压，但是当你在舱外的时候，你就需要这些高压气罐了。报告显示是一个技术人员按下了开关，航天服就爆炸了！不只是气体爆炸，而是发生了着火爆炸，他被严重烧伤。航天服里是纯氧，这个背包在纯氧中很容易爆炸，于是它在烟雾中爆炸了。"事故发生后，NASA 调查小组成员切斯特·沃恩回忆说："当时就是否公开烧焦的航天服照片进行了争论，因为大多数人可能会认为里面有人。"幸运的是，在这种情况下，技术人员不需要进入整套航天服，只需要伸手打开胸部面板上的开关，那天他在休斯敦加尔维斯顿烧伤中心经过了一夜治疗。

大约 3 年后，1982 年 11 月 15 日，STS-5 任务的航天员比尔·勒努瓦和乔·艾伦正在准备他们的第一次航天飞机太空行走。不幸的是，在对航天服进行例行的泄漏检查时，

图 7 - 4　1983 年 4 月，航天员斯托里·马斯格雷夫（左）和唐·彼得森（Don Peterson）
参加了首次航天飞机太空行走

艾伦的风扇出现了问题。机组成员们说这声音听起来像一艘摩托艇。准确来说，它开始运转的时候就出人意料的缓慢，接着挣扎运转，最后戛然停机。勒努瓦的航天服表现也没有好到哪儿去。他的氧气调节器未能产生足够的压力，只达到了 26.2 kPa，而非所需的 29.6 kPa。一些安装在头盔上的灯也不能正常工作。在排除故障的尝试失败后，太空行走被推迟到 STS - 6 任务。STS - 5 的飞行指挥官万斯·布兰德说："我想就让我来做那个恶人吧，我向地面建议取消舱外活动，因为航天服中一个单元发生同样的故障，这看起来是一个共性问题。这是第一次出舱活动。我们不想让两个人甚至只让一个人出舱，结果任务失败。我们本可以争取尝试一下，但我们最终还是放弃了。我不知道比尔·勒努瓦对此是否感到高兴，因为他和乔都想出去进行第一次舱外活动。"

作为太空行走的先行者，勒努瓦确实对失去太空行走的机会感到沮丧，为此他进行了几个月训练。他想知道是否可能只让他一个人出去。"我们试图讨论这样做的可行性，"他说道，"对乔来说这样的决定很难做，因为现在我在试图说服他们。我们不是要穿着一套不靠谱的航天服出舱，而是只有一个人出舱，所以在外面没有同伴支持。"在艾伦看来，这是一个再明白不过的事了：航天服在太空真空中可能会发生灾难性问题。无论如何，STS - 5 已经完成了部署两颗通信卫星的主要任务目标。剩下的只有两项重要任务：太空行走和安全着陆。艾伦觉得，如果二选一，他更喜欢安全着陆。

"哥伦比亚号"安全返回后，NASA 计划运营办公室主任理查德·科隆纳（Richard Colonna）等人组成了调查小组。勒努瓦航天服上的故障被查出是由于他的氧气调节器中缺失了两个锁定装置（每个装置只有米粒大小）。它们的缺失导致航天服上的一个锁环打开，从而引发了压力泄漏。根据航天服制造商汉密尔顿标准公司提供的文件，这些锁定装置曾在 1982 年 8 月被打开，并由一名监管人员签字放行，但事实上根本就没有打开检查。相关员工和主管被禁止继续为 NASA 工作。由于没有锁紧装置，勒努瓦航天服上的压力从 29.6 kPa 下降到了 26.2 kPa。而在艾伦的航天服故障中，问题在于风扇电子设备中的磁传感器故障。科隆纳的最终报告表明："即使没有任何改进，如果调节器制造合理，PLSS（背包便携式生命支持系统）就能正常工作。"该报告列出了将来在发射前调节器和电机的测试和检查方法，并建议在航天飞机的气闸舱内进行测试。此外，公司还计划为未来的电机提供具有更好防潮性能的传感器并进行新一轮测试，以便在早期阶段就识别出缺陷。

1983 年 4 月，STS-6 任务航天员斯托里·马斯格雷夫和唐·彼得森首次进行了太空行走，尽管取得了成功，但也发现了一些问题。最重要的是彼得森在 NASA 称之为"高新陈代谢时期"收到了氧使用量偏大的警告。警告很快就停下了，没有再出现，后来被认定为他穿着航天服、工作强度高引起的。"我当时在使用棘轮扳手。"彼得森后来说。在飞行的早些时候，机组人员在有效载荷舱后部一个项圈结构中发射了一颗大型通信卫星，彼得森的任务是把它转回原位。"我的脚上有安全绳，但安装和挪动它们需要很长时间，所以我们没有这样做，我只是用一只手抓住，用另一只手转动扳手。我的两腿在身后漂浮着。当我转动时，航天服的腰环来回旋转，密封件弹出，航天服严重泄漏，触发了警报。"彼得森停下手中的工作，呼叫了斯托里·马斯格雷夫。随着情况的发展，航天员与任务控制中心失去了联系，而当通信恢复时，他们已经回到了航天飞机里。

显然，彼得森的警报是由工作强度过大和呼吸急促引起的，这增加了氧气消耗量，迫使供氧水平增加，并触发了警告。生物医学数据显示，他在转动扳手时心脏每分钟跳动 192 次。在他们返回航天飞机后，航天服上的数据被传送到了地面，飞行控制人员仔细研究了这一问题。"他们对此感到不安。"彼得森补充道，"如果任务控制中心知道情况，他和斯托里·马斯格雷夫肯定会被指示提前终止舱外活动。"

28 年来，太空行走被证明是航天飞机最具挑战性的任务之一。被选中执行舱外活动的航天员认识到，具有充沛的体力和必要的耐力，才能穿着笨重的航天服在人类所知的最恶劣的环境中工作 8 h 或更长时间。地面训练是在各种各样的模拟器中进行的，从虚拟现实计算机到空气承载台，再到在一个巨大的水槽中模拟失重状态。在 1993 年 12 月第一次哈勃空间望远镜维修任务之前，参与太空行走的凯西·桑顿在健身房锻炼，但同次任务的杰夫·霍夫曼指出，大多数任务并不需要过剩的体力，而是更强调技术上的协调，在移动物体时要非常小心，以免把它们弄乱了。在 2019 年 11 月接受本文作者采访时，斯托里·马斯格雷夫补充说，训练的全部意义是尽可能达到太空行走的身体要求。

可以说，几乎每一次舱外活动都存在问题。在修复哈勃空间望远镜的第一次旅行中，斯托里·马斯格雷夫和霍夫曼遇到了一个问题，望远镜陀螺仪隔间的门无法关闭和密封。"陀螺仪隔间的门是整个望远镜里最大的门。"霍夫曼解释说，"事实上，它们是不对称的，一扇门比另一扇门大。我们在水里训练时开关那些门有 100 次了，所以我们知道它们是如何工作的。有几个门闩和一个大把手，你需要转动那个把手，基本上就把门闩关上了，然后你只需要拧几个螺栓，门就固定好了。"经过仔细检查，发现有两个门闩没有正确复位，霍夫曼怀疑门是由于受热不均匀而变形了。如果门不能关闭，哈勃空间望远镜就无法正常工作，因为它将丧失温度控制功能，光线渗入望远镜内部会毁掉它精密的仪器。每当他试图关上门的顶部时，底部总是关不上，而且门的高度使霍夫曼无法同时抓住门的两端。他请求斯托里·马斯格雷夫帮助他。不幸的是，斯托里·马斯格雷夫被拴在绳子上，他只能用一只手推门，因为他需要用另一只手稳住自己。"基本上是 5 个人干的活，"霍夫曼说，"而我们只有 4 个人。我们试了几次。有一次，斯托里·马斯格雷夫甚至试图用他戴着头盔的头去顶，但没有用。"最后，参与行走的航天员建议任务控制中心使用有效载荷限制装置（一种带棘轮的装置）来辅助关闭。任务主任米尔特·海芬（Milt Hefin）认为任务小组在适当的时候做出了最佳的决定并批准了他们的建议。该计划最终起了作用，舱门成功地关闭并闩上了。精疲力竭的航天员们在工作将近 8 h 后返回舱内，这比预期的时间长得多。

其他任务中也遇到过问题。1984 年 4 月，在 STS-41C 任务中，"皮克尼"·尼尔森和"奥克斯"·范·霍夫坦在喷气推进载人机动单元（MMU）背包和机组成员特里·哈特操作机械臂的帮助下，执行回收和修复 Solar Max 的任务（见图 7-5）。尼尔森后来回忆说，"穿上航天服在外太空进行太空行走，感觉和在模拟器中差不多，但最具挑战性的还是把轴销连接装置（TPAD）连接到 Solar Max 上，以将它恢复。"根据训练经验，这个装置不可能固定在 Solar Max 上。哈特说："当时不知道是哪里出了问题，但作为机械工程师，我们说过，如果小锤子不能用，那就用大锤子。"尼尔森加快了驱动轴销连接装置的速度和力度，但仍然无济于事。作为最后的手段，他抓住了一块太阳能电池板，但这却导致了卫星的翻转。航天员们最终回到了航天飞机内，任务失败。

调查结果显示，一个只有 20 mm 高、6.4 mm 宽的小金属环是问题所在。这个金属环有助于固定 Solar Max 的部分隔热片。"没有人注意到的是，其中一块隔热片是用玻璃纤维隔开的。"哈特说，"工程图纸上并没有说明这些隔离装置应该在哪里，所以当他们组装卫星时，技术人员只是在金属环所在的地方放了一个。他们把它粘在金属框架上，然后把隔热片粘上。"在 Solor Max 发射一年后，航天飞机前往执行修理任务。但当工程师设计用于恢复它的轴销连接装置时，没有人注意到金属圈的存在。尼尔森试图在太空中捕获它时，金属环挫败了他的一切努力。轴销连接装置显然不会起作用。唯一的选择是使用机械臂抓取卫星。Solar Max 姿态稳定后的第二天，航天飞机再次前往，机械臂捕获了卫星并将它放入有效载荷舱进行修理工作。

这件事凸显了进行太空行走的航天员熟悉他们的工具和他们将要操作的硬件之间关系的重要性。随着建造永久性空间站工作的开始，建造这样一个复杂的系统需要大量的太空行走。在 20 世纪 90 年代初，几次成功的舱外活动演示为空间站的建造打下了基础。STS-80 任务就计划进行一次这样的演示，航天员塔米·杰尼根（Tammy Jernigan）和汤

图 7 - 5　乔治·"皮克尼"·尼尔森（右）和詹姆斯·"奥克斯"·范·霍夫坦
在 1984 年 4 月 STS - 41C 任务期间修复 Solar Max（见彩插）

姆·琼斯将对各种工具和方法进行测试（见图 7 - 6）。琼斯解释说："在即将进行的所有空间站组装任务中，超过 80％的任务都需要舱外活动。它们将依赖于那些我们目前认为正确却尚需验证的事。"1996 年 11 月 27 日晚些时候，穿戴完毕的杰尼根和琼斯处于"哥伦比亚号"的气闸舱中，准备进行他们的第一次舱外活动。他们已经花了几个小时的时间来呼吸纯氧，以清除体内的氮，目前为止他们的航天服没有显示出任何问题。

图 7 - 6　塔米·杰尼根和汤姆·琼斯为 STS - 80 任务的太空行走准备航天服

那天早上，机组成员被罗伯特·帕尔默（Robert Palmer）的歌曲《有些家伙用光了运气（Some guys have all the luck）》唤醒。这或许不是什么好兆头。

当气闸舱压力接近零时，杰尼根伸出她戴着手套的手转动手柄试图打开舱盖，但它没有动。她又试了一次，还是没有打开。"起初，我认为舱盖可能粘住了，塔米未能打开它只是说明我们需要更用力一些。"琼斯后来说。但是，无论他们怎样努力，舱盖的把手始终旋转不到 30°，我们也就无法打开周围的一系列门闩。地面的一个工程小组很快被召集起来调查原因，后来发现是舱口与气闸舱密封的位置发生了错位。几天后，航天飞机返回地球，检查显示，一个小螺钉不知怎么地从内部组件脱落，卡在驱动器内。这一事件带来的危险远比之前被取消的舱外活动大得多。如果一个生死攸关的紧急情况出现了，比如一个有效载荷舱门闩卡住了，这时就必须进行太空行走来手动关闭它，以确保安全的再入，可这一切的前提是航天员能够出舱。

即使在航天飞机项目的后期，航天服和设备的问题仍然存在。2007 年 8 月，进行太空行走的里克·马斯特拉丘（Rick Mastracchio）发现他的手套上有一个小洞，尽管没有泄漏的迹象，航天员也没有处于任何危险中。6 个月后，在将欧洲的哥伦布实验室安装到国际空间站的关键出舱活动之前，由于一名机组人员的医疗系统出了问题，不得不更换了一名航天员出舱。2009 年 7 月，进行太空行走的克里斯·卡西迪（Chris Cassidy）航天服内的二氧化碳过滤器出现问题，迫使舱外活动提前终止。

7.4　疾病、狭小空间和上厕所的麻烦

事实上，在航天飞机项目的早期，引起人们关注的正是太空行走或者说是缺少太空行走才引发了太空病的问题。1982 年 11 月，"哥伦比亚号"执行 STS－5 任务，这是第一次搭载商业有效载荷执行任务，它的机组人员也将穿着新型航天服执行第一次舱外活动。这将是大概 10 年前的天空实验室时代以来，美国公民第一次打开航天飞机舱门进入太空。STS－5 的任务专家比尔·勒努瓦和乔·艾伦负责执行任务，他们的心理、生理、敏捷性、沟通和冷静处事的能力接受了全面的评估。他们还接受了几个月的训练，以掌握 NASA Solar Max 卫星的维修技术，并用专门的扳手固定和调节螺栓。但由于勒努瓦和 STS－5 航天员鲍勃·奥弗迈耶患有太空病，太空行走推迟了 24 h。这种疾病的症状类似于晕车，令人恶心和疲倦的感觉是近一半的航天员都经历过的，通常持续不超过几天。但对于周期为 5 天的 STS－5 任务来说，这不仅影响了"哥伦比亚号"上一半的成员，也打乱了他们的工作时间表。

现代医学理论认为，微重力环境对人类前庭系统（内耳的工作）的影响可能是造成这种疾病的根本原因。当眼睛和其他感觉器官的感觉与前庭系统的感觉，和在地球引力正常状态下生活的大脑信息发生冲突时，就会产生方向错乱感。在几天内，中枢记忆网络会发生重组，这样来自眼睛和耳朵的不熟悉的感觉就会开始被正确地解释。很难说哪些机组成员可能会受到影响，在 STS－5 任务中，训练有素的美国海军陆战队试飞员奥弗迈耶和 T－38 飞行员勒努瓦不幸中招，但指挥官万斯·布兰德和物理学家艾伦却没有感觉。几年后，勒努瓦说，奥弗迈耶的痛苦在飞行的第二天变得严重起来。"他感觉很不好，但我一直都很信任他。"他说，"他坐在飞行员的座位上，记录数据，做着他应该做的一切，从来没有出过错。他觉得很难受，难受到可能要把内脏吐出来了，那两天真的很糟糕。"过了不久，轮到勒努瓦了。他后来说，这感觉就像轻微的宿醉，这种不适不会影响他的工作，但却使他一直昏昏欲睡。舱外活动计划的推迟让他有了几个小时来恢复。最终，一次硬件故障让他们与第二次出舱活动的机会失之交臂。

由于机组人员生病而取消舱外活动，虽然是不可避免的，但在航天飞机研制初期，这也是大家所不愿意看到的。尽管航天员都完成了医学调查问卷，并尝试了右旋安非他明和东莨菪碱片剂等药物，以及在后来的几年里，肌肉注射抗恶心药物非那根，但谁会患上这种病依然难以预料。1982 年 12 月，NASA 派医生兼航天员诺姆·萨加德（Norm Thagard）和比尔·桑顿（Bill Thornton）执行了两次航天飞机任务（见图 7－7），全面分析这种疾病。撒加德在与本书作者的通信中解释说："主要的实验涉及追踪眼球的变化。由于空间适应综合征被认为是由视觉-前庭冲突引起的，因此在跟踪研究中观察眼球运动的变化是很重要的。同时，利用听觉诱发电位研究第八前庭神经的听觉部分。但是，无论是比尔·桑顿还是我的工作，都没有发现可靠的易感性预测因子。"

包括 STS－8 任务航天员丹·布兰登施泰因在内的部分航天员在地面试验中感到不适，

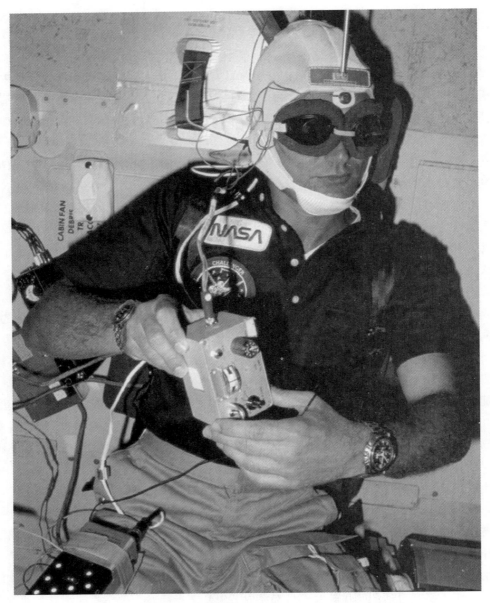

图 7 - 7　诺姆·萨加德参加 STS - 7 任务期间进行太空病研究

但在太空中却毫无问题。"如果你不需要处理这些问题，你的任务肯定会更轻松。NASA 试图确定是什么让人们生病以及如何预防，但一段时间后，他们放弃了。"他说，"有些人可以坐在旋转轮椅上，直到电动机烧坏也不会感到不适。然而一旦进入轨道，在 10 min 内，他们就感到非常难受。"执行 STS - 8 任务的机组同伴盖伊·布卢福德没有任何不良反应，他在进入太空后立即狼吞虎咽地吃了一个三明治。凯西·沙利文曾开玩笑说，失重实在是太有趣了，我们不能浪费时间来生病。乔治·"皮克尼"·尼尔森在微重力研究飞机上感到不适，但在太空中他感觉很好。

　　然而，戴尔·加德纳（在 STS‐8 发射几小时后完成了一项关键的卫星部署任务）没有被太空疾病折磨太久。在加德纳的案例中，疾病对他执行任务的能力几乎没有影响，也没有影响 STS‐3 航天员杰克·洛斯马和戈登·富勒顿，但太空病确实有可能使其他航天员丧失能力，从而影响任务的成功和安全。事实上，医学界知道航天飞机只能部署一周左右，他们对一些航天员可能完全不能执行大部分任务感到震惊。1984 年 4 月 6 日发生了一次这样的事件，"挑战者号"进入轨道执行为期一周的任务，部署长期辐照设施（LDEF）和修复 Solar Max。负责长期辐照设施部署的是特里·哈特，他曾是一名战斗机飞行员，从未被任何令人反胃的空中机动所困扰。但在进入轨道的几分钟内，哈特知道他有麻烦了。他回忆说："第一天我感觉很糟糕，每隔 30 min 就会呕吐一次。"他在镜头前出现了几次，但却几乎没有能力完成激活和检查机械臂的任务。药物并没有让他好转，尽管在飞行的第二天，也就是长期辐照设施被部署的那天，他感觉已经不错了，觉得可以成功地完成任务。哈特说："这与地面上的晕车完全不同。不管机理是什么，我身体里的某种机制肯定是被触发了。但和其他人一样，一天左右之后，整个人都恢复了，你的身体也适应了，每个人都做得很好。"

　　1985 年 4 月，当参议员杰克·加恩（一名经验丰富的喷气机飞行员）进入轨道时，他深受这种疾病的影响，以至于他不情愿地以自己的名字命名了一种严重的病症。"加恩单位"（Garn Unit）是为了测量航天员的恶心程度而设立的，一些报告表明加恩在 7 天任务的前几天几乎失去了行动能力。"他在航天员团队中留下了很深的印记。"一位有效载荷专家鲍勃·史蒂文森（Bob Stevenson）回忆道，"因为他代表了人们所能达到的最严重程度的太空病，所以完全生病和失去任务能力的标志是 1 Garn。大多数人可能会达到 1/10 Garn！但 1985 年 7 月 STS‐51F 任务中，由于有效载荷专家劳伦·阿克顿生病，为期一周的太阳物理观测计划被打乱了。"我病得很厉害。"他后来说，"主发动机关闭 30 s 后，我感觉我的胃和内脏都在向肺部移动。我病了 4 天，连呕吐袋都来不及打开就吐了。"当他的一名同事把头探进航天飞机的中层甲板，告诉他一个重要的太阳物理仪器已经开始回传有价值的数据时，阿克顿已经病得不能动弹了。在很多情况下，航天飞机指挥官有责任了解（太空病）对机组人员的影响。航天飞机指挥官史蒂夫·奥斯瓦尔德说："你要根据你有多少新手，计算出你需要增加多少额外的时间。有些人呕吐不止，而另一些人则继续前进，执行计划。"对于需要大量工作安排和时间安排的任务来说，太空病的负面影响可能是深远的，不单是对航天员的伤害。1985 年 4 月，作为生命科学实验的一部分，两只松鼠猴出现了昏睡和食欲不振的症状，它们的呕吐物意外地从笼舍里飘了出来，最后飘到了航天飞机指挥官的面前。

　　在航天飞机的飞行甲板和中层甲板狭小的空间里生活和工作也是一种挑战，特别是人员数量比较多的时候（见图 7‐8）。"我们有 7 名机组人员，住在一辆小货车大小的空间里。"STS‐51G 航天员约翰·法比亚调侃道，"我们做了一个星期的好邻居！""不可否认，在失重状态下的三维操作稍微容易一些。"航天飞机指挥官洛伦·施赖弗说，"机舱的整个体积、墙壁、地板和天花板都可以很容易地占据。"其他麻烦表现为厕所故障和污水

图 7 - 8　航天员吉姆·达顿（Jim Dutton）展示了 STS - 131 航天飞机尾部飞行甲板的狭小。
请注意图片右侧的指挥官和飞行员座位，以及左侧尾部飞行甲板窗户（见彩插）

管道堵塞。1990 年 12 月，在 STS - 35 任务中，小便池完全不能使用，机组成员迈克·郎奇承担了把尿液装进密封塑料袋的任务。"很臭。"他后来轻描淡写地说，"这不是迷人的太空飞行。"9 天的任务结束后，航天员们用旧袜子清理小便，"哥伦比亚号"中层甲板上的气味令人难以忍受。幸运的是，失重状态下的液体没有散发出令人作呕的气味，但 STS - 35 任务专家杰夫·霍夫曼同情那些飞机着陆后不得不爬进航天飞机内部进行清理的技术人员。

1984 年 8 月的另一个任务遭遇了废水排放系统结冰的问题。STS - 41D 航天员迈克·马兰写道："出口喷嘴上的加热器应该确保液体分离，而且不会冻结。"调查显示，一个 30 cm 的尿液冰柱伸向太空，这引起了人们的担忧，它可能在重返大气层时脱离并损坏热防护系统。此前的一次飞行中也发生过类似事件。当时，为了清除冰柱，曾考虑进行紧急出舱活动，但马兰的同伴史蒂夫·霍利非常谨慎，他说："没有合适的路径到达那里。"在霍利看来，让一名航天员悬挂在有效载荷舱的外壁上使用临时工具敲开冰柱是一个糟糕的计划。最后，STS - 41D 的指挥官汉克·哈茨菲尔德被要求用机械臂的尖端把它取出来。这是一次充满困难和危险的行动。霍利说："当时的规则之一是，你不能在看不到手臂在做什么的地方操作手臂。我需要走到舷窗下尽我所能地观察。哈茨菲尔德会让机械臂以一个预先确定的轨迹运动，如果正确，它就能撞到冰柱。"这次尝试成功了，在电影《捉鬼敢死队》全球上映几周后，航天员们完成了任务，他们从航天员同伴那里赢得了"破冰者"（译者注：电影里的人物）的称号。然而，不可避免的结果是，6 名航天员不能再使用航天飞机的厕所，以免另一个冰柱形成。对于固体废物来说倒没什么问题，但航天员必须使用塑料袋来盛装液体。哈茨菲尔德察觉了朱迪·雷斯尼克（译者注：女航天员）的难处，坚持让她像往常一样使用厕所，而男机组人员则使用塑料袋。

一个星期或更长的时间里，有多达 7 个人生活、工作、睡觉、吃饭、排便和排尿，地方却还没有一辆露营车大，这很难算得上是一种愉快的经历（见图 7-9）。"我们在航天飞机上使用的免冲洗肥皂和免冲洗洗发水在清洁方面效果很好。"航天员皮埃尔·索特说道，"我们每个人每天都在太空中洗澡，所以在太空中我没有注意到任何令人不适的气味。但当我们降落在加利福尼亚州的爱德华兹空军基地时，NASA 的人来打开舱门。他们首先使舱内外压强相等，当他们这样做的时候，空气冲向外面。它卷吸着甲板下潮湿垃圾桶里的臭气，闻起来就像你站在垃圾堆里。我敢肯定他们以为是我们身上的气味，但那真的是垃圾！"

图 7-9　STS-75 号航天员（左起）富兰克林·昌·迪亚兹（Franklin Chang-Diaz）、杰夫·霍夫曼和克劳德·尼克里埃尔（Claude Nicollier）在"哥伦比亚号"上的睡眠站里吃早餐（见彩插）

如果说生活条件艰苦，那么长期睡眠不足也困扰着许多航天飞机机组人员。据 STS-5 任务的比尔·勒努瓦回忆："乔在最后一天很疲惫，因为他睡得不好。他需要睡一会儿。"失眠和疲惫也不是 STS-5 任务独有的。在几次长时间的空间实验室飞行中，航天员们发现自己要花很长时间来完成复杂的科学研究项目，经常需要两班人马夜以继日地工作。在 1993 年 4 月的 STS-55 任务中，航天员杰里·罗斯是有效载荷指挥官，负责所有的实验，他记得坚持让其他航天员得到充分的休息。"虽然我没有。"他后来打趣道，"在整个任务过程中，我可能每晚的睡眠时间不超过 5 h，当我回到地面时，我已经筋疲力尽了。"两班倒的任务中，中层甲板上有电话亭大小的睡眠站，以便给不当班的人提供一些隐私空间。但对罗斯来说，它们感觉就像不舒服的棺材，而且由于当班的人不断发出的敲击、吃饭和工作的噪声，使人根本无法入睡。即使是单班次操作的空间实验室任务也是一样的情况。1998 年 4 月，在 STS-90 神经实验室（Neurolab）的飞行中，几只啮齿动物死亡，航天员们不得不利用空闲时间来处理它们。载荷指挥官里克·利纳汉（Rick Linnehan）平均每晚睡 3～4 h，他开始把他们的任务称为"模糊实验室"，因为他永远记不起今天是几号。在许多方面，正如比尔·勒努瓦所说，失眠和眩晕是适应不寻常的失重环境的重要部分，而适应失重环境总是需要时间的。在一个相对较短的航天飞机任务中，航天员几乎没有足够的时间来适应新的环境。

其他问题同样困扰着航天飞机任务，比如通信天线故障，以及当航天飞机接近其他卫星时，需要执行碎片规避机动（DAMs）。1991 年 9 月，"发现号"的 STS-48 任务因为在距离俄罗斯废弃的宇宙 955 卫星 1.2 km 的地方规避了太空垃圾而登上了头版头条。航天飞机推进器的短暂工作让航天飞机成功避开了那颗旧卫星。"当时我们都在忙着做实验，"航天员肯恩·赖特说，"所以没人花太多时间或精力做这个操作。我甚至没有朝窗外看一眼，确认是否有太空垃圾经过。我只是想平安顺利地回家。"

第 8 章   艰难的回家之路

8.1   大自然的狂怒

航天飞机机组人员承担着巨大的计划节点的压力，而大自然则通过一次又一次的飓风、洪水、闪电、高空风切变、雷雨和低空云来展示自己的愤怒，同时让 NASA 的发射和降落计划完全落空（见图 8-1）。在 1981 年 4 月至 2011 年 7 月间进行的 135 次飞行中，大约 40% 在发射前受到佛罗里达州或跨洋中止着陆坏天气的影响，30% 的发射因此推迟了至少 24 h，其他一些发射任务由于天气条件最终转好，幸运地只延迟了几分钟。佛罗里达州和加利福尼亚州的天气状况也导致几项任务比预定时间提前返航或者在轨道上停留更长时间。1994 年 11 月，"亚特兰蒂斯号"计划返回肯尼迪航天中心，但由于狂风、暴雨和与热带风暴"戈登"有关的低空云的气象预警，它被转移到爱德华兹空军基地。1997 年 7 月，当 STS-94 机组人员准备返回地球时，佛罗里达州的暴雨预警使得他们按时着陆的机会变得渺茫。然而，尽管困难重重，在脱离轨道前 2 min 天气突然好转，最终航天飞机安全着陆。2002 年 12 月，就在"哥伦比亚号"失事前几周，执行 ST-113 飞行任务的"奋进号"航天飞机由于佛罗里达州的云、降雨和高空风，整整推迟了 3 天才降落。由于天气或与有效载荷有关的问题，1982 年 3 月至 2009 年 9 月期间的 40 次任务在轨道上至少多停留了一天，而 1981 年 11 月至 1997 年 4 月期间的 5 次任务时间至少缩短了 24 h。

这种情况确实给航天员的家人带来了额外的烦恼。1983 年 6 月，肯尼迪航天中心的航天飞机着陆设施铺上了红地毯，以欢迎 STS-7 任务机组人员凯旋，这是返回佛罗里达州的首个任务。不巧的是，由于能见度不佳，"挑战者号"和机组人员被迫前往爱德华兹空军基地进行降落。1984 年 4 月，在 STS-41C 任务中完成了一次重要的卫星维修工作后，佛罗里达州的雷暴天气再次迫使"挑战者号"改降爱德华兹空军基地。航天员乔治·"皮克尼"·尼尔森执行的 STS-41C 任务和后来在 1986 年 1 月多次推迟的 STS-61C 任务，最初的目标降落地都是在肯尼迪航天中心，但最终都改降在了爱德华兹空军基地。在"挑战者号"失利之前的时代，航天员要亲自负责把他们的家人送到着陆场并为他们预订汽车旅馆。在 STS-61C 任务之前，尼尔森的妻子在卡纳维拉尔角的公寓住了 3 周，他们的孩子在等待发射和着陆的时间里损失了大量上学时光。在后来的几年里，NASA 承担了更多照顾航天员家人的责任。

除了天气方面的担忧，在选择着陆地点时，还必须考虑返回轨道器的重量和质心限制，因为其中一些轨道器携带了特别重的有效载荷或将大型卫星（如长期辐照设施，LDEF）带回地球。1990 年 1 月，STS-32 任务机组人员部署了一颗卫星，并将长期辐照

图 8-1　STS-134 任务前发射台遭闪电袭击

设施这个在轨 6 年的巨大卫星带回地球。

载荷舱中的长期辐照设施使"哥伦比亚号"的着陆重量达到了 103 400 kg。它原本计划降落在 13 km 长的爱德华兹干湖床上的 17 号跑道，但 NASA 的地面人员最终选择将其改为 4.5 km 长的混凝土 22 号跑道，这样做是希望更坚固的表面可以为指挥官丹·布兰登施泰因和飞行员吉姆·韦瑟比（Jim Wetherbee）提供更大的容错空间，并提升着陆和滑跑过程的可操控性。但即使是在更"安全"的混凝土表面着陆也存在困难，由于搭载了长期辐照设施，巨大的载荷使航天飞机的重心稍向前移，需要航天员非常灵活的操作才能使"哥伦比亚号"保持在跑道中心线上。布兰登施泰因和韦瑟比为了确保降落成功，在主起落架触地后控制了速度，使前起落架（NLG）柔缓地触地。

8.2　从倒计时到再入大气

计算机问题也对部分任务造成了影响。1983 年 12 月 7 日晚些时候，STS-9 任务 6 人乘组正在为"哥伦比亚号"的第 6 次返航做准备，包括将一次卓有成效的国际科学任务的硬件打包带回。就在预定着陆时间前 5 h，当指挥官约翰·扬和飞行员布鲁斯特·肖为再入大气层配置 5 台计算机时，隐藏在航天飞机系统中的一个小麻烦突然出现了。在航天飞机反作用控制系统（RCS）推进器的一次测试中，5 台计算机中的 1 台发生了故障，处理结果不佳。这 5 台计算机包括 4 台运行再入过程软件基本功能的计算机，还有 1 台是备份计算机，用于应对这 4 台计算机故障的突发状况，同时备份计算机配置一套备用软件。它们处理成千上万的离散函数，这对于长达 1 h 的高超声速回家之路至关重要。

更糟糕的事情还在后头。第一台计算机故障 6 min 后，第二台计算机也发生了故障。扬和肖成功地让这台计算机重新上线，但他们重启第一台计算机的努力却失败了，不得不关闭其电源。NASA 指出，对第二台计算机内存转储的地面复查表明，内存发生了变化。幸运的是，它被重启并重新加入了冗余工作序列中。"哥伦比亚号"上的气氛非常紧张。"我的膝盖开始颤抖，"扬在谈及第一台计算机故障时说到，"当下一台计算机出故障时，我完全愣住了，我们的眼睛都睁圆了。"最终，由扬和肖（加上另外两名机组人员）修复的计算机准备引导航天飞机安全返回。然而，更多的麻烦接踵而至。当天早上晚些时候，一个惯性测量单元（IMU）发生故障。为了留出地面专家分析问题的时间，再入被推迟了。除了准备重返大气层，6 名机组人员没有安排任何其他工作。

近 8 h 后，脱离轨道返回地球的过程才终于开始。总体来说，"哥伦比亚号"在返航过程中的表现还算不错，直到还有 4 min 就能降落到爱德华兹的 22 号跑道时，3 台辅助动力单元中一台的温度开始急剧上升。"随后我们又被上了一课，"肖后来说，"在没有足够测试机会的情况下，永远不要让他们更改飞行控制系统中的软件。飞行控制系统中的增益会根据你所处的飞行阶段而改变。当你处于最终着陆阶段时，会有一个确定的增益使航天飞机以一种确定的方式响应驾驶员的操作。当主起落架即将触地时，增益改变为使你可以正确完成着陆的形式。我们按在增益固定不变的训练模拟器上所做的训练进行操作，但他们却更改了飞行软件，这也使得当约翰在真实飞行环境中降落飞机时增益与我们训练的时候完全不同。这也就可以理解为什么当约翰操纵飞机降落时它的反应与他训练时不同。"在肖报告飞行速度和高度后，扬将"哥伦比亚号"的主起落架对准跑道。机上的每个人都开始欢呼。"我们下降到大约 150 节（约 278 km/h）的时候，"肖接着说，"机头撞击地面并压破了！"飞行软件增益的变化和飞行器的不同反应使他们经历了一次有惊无险的硬着陆。

问题很快查清，第一台计算机故障是由焊渣在反作用控制系统推进器工作过程中脱落导致计算机短路引起的。扬和肖成功修复的第二台计算机在着陆几秒钟后再次发生故障。6.5 min 后，其中一个辅助动力单元自动关闭，4 min 后另外一个辅动动力单元也关闭了。当时机组人员并不知道，但当航天飞机沿着跑道滑行时，其中一个辅助动力单元由于胼泄漏而着火。肖说，第一个辅助动力单元关闭的原因是它着火了，燃料没有到达催化剂床，所以它的加速度不足，从而自动关闭。当时负责辅助动力单元的航天员肖为了防止第三个辅助动力单元关闭，重新配置了系统。他说："第三个辅助动力单元一直工作至我们将它关闭。我们的一根输送燃料并注入催化剂床的小金属管破裂了。当我们关闭辅助动力单元并切断燃料供应时，火就灭了。着火造成了一些损坏，但好在它最终灭了。直到第二天我们才知道这些。"前航天飞机主管阿诺德·奥尔德里奇说，"在一次着陆中发生了两个辅助动力单元故障，这是我能想象到的最严重的事故。"

3 个辅助动力单元的问题影响着其他任务，以至于在重返大气层和着陆以及倒计时和发射期间，机组人员都要保持警惕。这些由胼供能的涡轮驱动装置为定位执行器、气动外形变化、断开液氧和液氢加注连接器、放下起落架及在跑道上的操纵控制提供能量。可以说，它们是航天飞机系统的重要组成部分。在 T−5 min 时，航天员通过中央仪表板上不少于 15 个的按钮来打开它们（见图 8-2）。1981 年 11 月，"哥伦比亚号"的第二次任务 STS-2 由于两个辅助动力单元的润滑油出口压力过高而被取消。当时，它们的压力达到 690 kPa 左右，远高于允许的最大压力 414 kPa。随后的检查发现，它们的油滤器被季戊四醇堵塞了，季戊四醇是肼流过变速器时形成的晶体。两个齿轮箱都进行了冲洗，油滤器也进行了更换。1982 年 3 月，STS-3 任务的一个辅助动力单元在上升过程中关闭。根据任务控制中心人员特里·哈特的说法，"这是我们第一次在发射过程中发生问题。"在 STS-51L 之前的几年里，这些辅助动力单元还发生过涡轮壳体裂纹等其他问题。

图 8-2　STS-83 指挥官吉姆·霍塞尔在操作辅助动力单元，1997 年 4 月他参与的任务因为辅助动力单元问题而发生意外。"哥伦比亚号"不得不返回地面，计划 16 天的航行被缩减至不到 4 天

在"挑战者号"失事及其后的一段时间里，科研人员研发出一种改进型辅助动力单元（IAPU），它们的工作寿命延长到 75 h，是之前版本的 3 倍。但作为机械设备的特性和对危险的肼燃料的依赖使它们难以摆脱着火、爆炸和泄漏的影响。1989 年 10 月，STS-34 任务上升段辅助动力单元出现了问题，次年准备发射的哈勃空间望远镜的任务则由于辅助动力单元压力异常和涡轮转速异常而被取消。1992 年 3 月，改进型辅助动力单元首次应用于 STS-45 任务。1993 年 6 月，STS-57 任务开始使用改进版控制器，但是问题依然时有发生。1996 年 6 月，STS-78 任务中的燃料泵密封发生严重泄漏。3 个月后，执行 STS-79 任务的"亚特兰蒂斯号"航天飞机上的一个辅助动力单元异常关闭，机组人员不得不依靠仅存的两个辅助动力单元再入和着陆。在 STS-79 的案例中，故障促使研究人员提高了着陆的天气标准：侧风风速不得超过 18.5 km/h，云层高度要求加严，能见度要求至少达到 11 km。即使在"哥伦比亚号"失事后，辅助动力单元问题仍不时出现。2006 年

7 月，在执行 STS - 121 任务的"发现号"航天飞机进行再入大气层前的飞行控制系统检查中发现了微小泄漏，但最终没有对整个任务的成功产生影响。

8.3　永恒的传奇

　　尽管在航天飞机 30 年的服役生涯中，成千上万的人目睹了航天飞机的发射和着陆，作者却没有亲身经历，这是一个终生的遗憾。但在 1983 年 6 月，英国伯明翰的一个学校运动会期间，出现了让人难以忘却的一幕。当一群 6 岁左右的孩子们穿过学校操场时，一架低空飞行的飞机发出的轰鸣声吸引了大家的注意力。显然这不是一架普通的飞机，包括我在内的数十双眼睛瞬间被这世界上最大的双翼飞机迷住了。那是专门运载航天飞机的波音 747（SCA）和机背上的"企业号"，它是唯一一架从未真正进入过太空的航天飞机，被大家称作"机库女王"。这架惊艳的飞行器在灿烂的夏日午后阳光下熠熠生辉。在返回美国之前，它还访问了德国、意大利、英国和加拿大，吸引了众多目光。"企业号"在 1983 年的巴黎航展上大放异彩。

　　40 年后，它静静地停在华盛顿杜勒斯国际机场附近的国家航空航天博物馆（NASM）Steven · F · Udvar - Hazy 中心的醒目位置。虽然它的光彩被后来的"哥伦比亚号""挑战者号""发现号""亚特兰蒂斯号"和"奋进号"等所掩盖，但它永远具有开创性意义（见图 8 - 3）。在航天飞机诞生的 20 世纪 70 年代，当时对于如何操作这架三角翼航天器以 28 200 km/h 的高超声速穿过大气层，依靠空气动力学优雅地返回，并以 350 km/h 的速度像一架巨大的滑翔机一样降落在跑道上等种种问题，存在着极大的不确定性。如果这种严酷程度还不够，那么航天飞机机组人员还必须在第一次尝试时就操纵这架极其复杂的飞机完美着陆，而不像客机飞行员那样如果一次不行就再来一次。

　　即使是训练有素和经验丰富的航天飞机指挥官、飞行员也会对大气层飞行阶段的极端情景感到惊讶。1993 年 7 月，在 STS - 57 再入大气层的最初阶段，航天飞机的时速超过 25 000 km，一声轰鸣突然在机身内回荡。坐在"奋进号"座舱后部的飞行工程师南希·夏洛克（Nancy Sherlock）惊讶地抬起头来，但她注意到指挥官罗恩·格拉贝（Ron Grabe）和飞行员布赖恩·达菲（Brian Duffy）似乎很镇定，一句话也没说。不久之后，又发生了第二次轰鸣，格拉贝转向达菲问道。

　　"你以前经历过这种情况吗？"

　　"没有。"达菲说。

　　两位航天员都是经验丰富的老兵，但这声音依然令他们不安。原因后来查明，"奋进号"受到了密度切变引起的振动：航天飞机以高超声速穿越的高空气团在密度上存在差异。"这种情况可以延伸到很高的高度，而你以非常快的速度从一个进入另一个。"达菲后来说，"就像有谁在晃动这架航天飞机，整架飞机都在响，因为它并不是很坚固。虽然它看起来很坚固，但事实上，在高空中你可以感觉到它在变形。"

　　考虑到航天飞机在早期研制过程中所遇到的问题，NASA 希望在 1977 年进行第一次

图 8-3　加利福尼亚州爱德华兹空军基地上空，"企业号"航天飞机与波音 747 飞机分离

任务（STS-1 任务）的希望破灭也就不足为奇了。1978 年 3 月，8 名航天员被宣布将参加 4 次轨道飞行测试（OFTs），人们期待已久的处女航将在 1979 年春天到来。可直到 1979 年 9 月，计划也没有执行，且至少还需等待 12 个月的时间。如果国会不提供更多的资金支持，还存在进一步拖延的风险，因为航天飞机计划在这一阶段的花费比最初的 51.5 亿美元预算已经高出 8%。尽管得到了美国空军的大力支持，但仍有政客们强烈质疑可重复使用载人航天器的必要性。从表面上看，它似乎只是在执行与一次性火箭相同的任务。

　　这可能让人感觉很奇怪，整个 1977 年航天飞机确实没有进入太空，但它在加利福尼亚州沙漠腹地的爱德华兹空军基地进行了一系列着陆试验，用以评估其低空真实大气环境下的操纵特性。根据最初航天飞机的合同，需要两架航天飞机："宪法号"（轨道飞行器-101）和"哥伦比亚号"（轨道飞行器-102）。"宪法号"将进行着陆试验飞行测试并在之后为太空任务进行改进，其在后来根据公众的请愿活动更名为"企业号"，这些人大多是《星际迷航》的忠实粉丝。1976 年 2 月，航天员佛瑞德·海斯、戈登·富勒顿、乔·恩格尔和迪克·特鲁利奉命执行着陆试验任务。除了一对地面模拟器，另一个关键的训练设备是格鲁曼公司的双发动机湾流Ⅱ飞机。其中两架经过特别改装，成为航天飞机训练机（STAs），并于 1976 年 6 月和 9 月交付给位于得克萨斯州休斯敦的美国航空航天局约翰逊航天中心。航天飞机训练机模拟了航天飞机从 10 600 m 的高度到跑道的亚声速飞行特征，并与之使用相同的驾驶舱仪表、视觉系统和控制能力。

　　"航天飞机的飞行控制系统，是早期的电传操纵飞行控制系统之一，操纵杆和控制器之间没有物理连接。"航天飞机指挥官史蒂夫·内格尔回忆道，"我们通过计算机发出电子指令，告诉飞行控制面或反作用控制系统要做些什么来控制飞机。并不是你学不会，你只是需要一段时间来适应这个系统。它没有发动机，只是一架滑翔机，所以它的下降角度非常陡。从航天飞机训练机中得到的操作质感和反馈非常接近于真实的航天飞机。如果非要说有什么不同，那就是真正的航天飞机要更优秀一些，反应也更迅速一些。"

航天飞机指挥官、前 NASA 副局长弗雷德·格雷戈里补充说："它们以同样的轨迹、同样的速度、同样的下降率飞行，在距离跑道尽头大约 1 英里的地方拉平（flare）（译者注：拉平为飞行术语，指飞机着陆前调姿动作，让机头向上，以便主轮先着地）。"这些接近真正的航天飞机的特性是通过六自由度的独立控制实现的，得益于升力调节、通过主起落架和前起落架建立适当的机翼载荷和使用反推技术。航天飞机训练机的计算机通过程序设定为具有满载的航天飞机的精确特征（包括重量和质心约束），使航天员能够精确地模拟从太空的返回过程。通常情况下，一名指导人员坐在一名航天员旁边，驾驶航天飞机训练机飞至巡航高度。这时航天员使用手边的一套仿真的控制系统接管飞机的操纵，在减小下降角并转入大气内滑行之前降低鼻锥提高速度并形成 20°攻角。根据真实航天飞机在跑道上的预期高度，当高度为 10 m 时仪表板上的一个绿灯会亮起，以模拟着陆的瞬间。这时，指导人员将退出模拟模式，启动反推装置，并驾驶航天飞机训练机返回巡航高度供下一轮训练。在每次任务之前，航天飞机指挥官和航天员要进行数百次这样的练习。"我们参与了 500～700 次的着陆训练。"格雷戈里在谈到他作为航天员的第一次任务时说，指挥官的训练次数至少是这个数字的两倍。"这是一个非常棒的模拟器，比我们的地面模拟器要好得多，因为你是实实在在地在移动。""挑战者号"的第一任指挥官保罗·韦茨回忆道，"你无法通过移动地面模拟器产生加速度来自欺欺人。"

另一个有用的工具（也是使航天飞机航天员保持积极飞行状态的严格要求）是对 NASA 的 T-38"鹰爪"喷气式飞机保持熟练的操作。然而，使用这种超声速飞行器模拟航天飞机的操纵特性是有问题的，因为它们的升阻比完全不同。为了最大限度地模拟航天飞机以大迎角接近跑道的过程，航天员们通常会把 T-38 的速度制动器打开到极限，然后在开始下降时展开起落架。"我为 T-38 设置了一个小装置，可以让你在任何给定的重量下设置速度制动器的功率，以模拟数据显示的运行速度。"富勒顿说，"这样我们可以按照我们打算在 T-38 上采用的模式，陡降、滑行和着陆。"除了模拟航天飞机着陆，这些喷气机还为航天员提供了一个保持态势感知和驾驶舱管理技能的机会。"休斯敦附近有一个区域，在墨西哥湾上空，我们可以在那进行我们称之为"转向-再入"的训练，也就是做特技飞行，盘旋、翻滚、绕着云层追逐。"航天飞机指挥官和前首席航天员丹·布兰登施泰因回忆道，"一直以来，这都是保持驾驶技能的一种方法。显然，这对那些已经飞行了数千个小时的人来说是一种刺激，但对那些之前从未飞行或没有经验的人来说，这是一种真正的刺激，因为你可以进行 7g 过载的超声速飞行。"

为了准备第一次降落，1976 年 9 月，第一架航天飞机"企业号"被推出其主承包商洛克韦尔公司设在加利福尼亚州的生产厂，次年年初经由陆路运输至爱德华兹基地准备进行着陆试验。随后它被固定在波音 747 航天飞机运输机上，在跑道进行了 3 次"的士测试"。

这架波音 747 来自美国航空公司，并于 1974 年 6 月被 NASA 购买，因为它是当时可搭载航天飞机的最大飞机。它主要用来将航天飞机从爱德华兹运往佛罗里达的肯尼迪航天中心，或者往返于帕姆代尔市进行维护和翻新。但在它承担这个新角色之前，必须进行大量的减重。它的乘客座椅被移除，厨房也被移除，空调管道、电气线路和 4 台发动机进行了改造上部机身得到了加强，并在风洞测试后在水平尾翼上增加了垂直稳定装置（参见图 8-3）。1976 年 12 月，在华盛顿州西雅图附近，NASA 和波音公司的联合机组人员进行了 90 min 的试验飞行，并在大气飞行测试之前排除了所有问题。除了承载 18 万 kg 的飞机本身，还必须承载 68 000 kg 的"企业号"，飞机在跑道上的时速从 143 km 逐渐提高到 250 km。

　　这些测试的成功为负载"企业号"的第一次飞行奠定了基础。在 1977 年 2 月 18 日开始的两周时间里，航天飞机运输机飞行员菲茨・富尔顿（Fitz Fulton）和汤姆・麦克默特里（Tom McMurtry）以及飞行工程师维克・霍顿（Vic Horton）和斯基普・吉德里（Louis Skip Guidry）进行了 5 次无负载空中飞行，以评估真实飞行条件下的结构完整性和操控性。在最后的测试飞行后，计划进行 3 次搭载航天员的飞行（"企业号"与航天飞机运输机连接）和多达 8 次的自由飞行（航天飞机与 747 分离进行无动力滑行，至爱德华兹着陆，见图 8-4，图 8-5）。恩格尔说："我们的目标是让飞行器进行空气动力学飞行，并尽可能地在真实飞行环境中测试所有系统：液压系统、电子系统、飞行控制系统和起落架。同时在一个尽可能理想的环境中收集尽可能多的飞行数据，包括稳定性、控制参数和性能参数。"

图 8-4　"企业号"第 4 次驶向爱德华兹机场的跑道，请注意没有航天飞机的气动尾锥

图 8-5　STS-132 指挥官肯恩·哈姆（Ken Ham）（左）和一名教官在新墨西哥州白沙试验基地上空
乘坐航天飞机训练机（STA）进行训练。注意，哈姆的仪表盘与航天飞机的飞行仪表盘十分
相近，而教官的操纵系统则为标准的飞机操纵系统

　　在太空失重状态下一周或更长时间后，航天飞机指挥官和飞行员将会忙得不可开交，他们将经历一系列飞行状态——高超声速、超声速、跨声速和亚声速，因为它从一个轨道飞行器过渡到一个超大的、重量级的滑翔机，而不需要额外担心如何处理意外的侧风或跑道上方的低空云（译者注：返回前有严格的气象约束）。恩格尔承认："接近、拉平和降落只是任务中非常小的一部分，但却是非常关键的一部分。"因此，在 STS-1 之前知道如何让航天飞机着陆，并建立信心是很重要的。海斯和富勒顿在 1977 年 6 月 18 日进行了第一次飞行，并简要评估了"企业号"的气动外形、方向舵和速度制动器。10 天后，恩格尔和特鲁利对它的飞行控制系统进行了低速测试。7 月 26 日，海斯和富勒顿在自由飞行前完成了对航电设备的彻底检查。他们还在航天飞机运输机停下后测试了"企业号"的起落架。

　　8 月 12 日，超过 65 000 人聚集在爱德华兹空军基地，观看海斯和富勒顿的第一次自由飞行。太平洋时间上午 8 点，航天飞机运输机和"企业号"从 22 号混凝土跑道起飞，在 5 架 T-38 喷气式飞机的伴飞下，进入逐渐变亮的沙漠上空。48 min 后，菲茨·富尔顿让航天飞机运输机进行了一次俯冲，海斯按下了航天飞机仪表板上的分离按钮。7 颗爆炸螺栓点火，"企业号"分离。但它在最初的飞行段几乎立即引发了警报。就在分离之后，海斯将操纵航天飞机右转并向上爬升，以拉开与航天飞机运输机的距离。当时富尔顿正在拆除断路器并复位开关，因为分离的冲击使航天飞机计算机中的一个小焊瘤和晶体管移位，并触发了警报和红灯。"你对飞机的所有控制都是通过电传和这些计算机进行的。"富尔顿后来说，"我有一张提示卡，上面写着如果发生了这种情况需要怎么做。我们在模拟器中练习过，必须转过身，拉一些断路器，并重置几个开关，以降低对下一次故障的敏感性。当我环顾四周时，我意识到，嘿，这次飞行很棒！因为我真的不像最初那样仅仅关注对飞机的评估工作了。"

在航天飞机第一次独立飞行时，海斯向右倾斜了 20°，朝爱德华兹干涸湖床上的 17 号跑道飞去。它保持机头朝下的姿态，做了两个 90°的转弯，并打开了速度制动。任务控制中心错误地告诉海斯，飞机的升阻比比风洞测试中预测的要低。对此，航天员的反应是以更高的速度完成最后的降落，从而节省能量以延长滑翔。事实上，"企业号"的升阻比是正确的。当意识到航天飞机实际上过高、过热而必须长距离着陆后，海斯将速度制动从 30% 工况增加到 50%，以快速消耗能量，并在 275 m 的高度将飞机拉平。当飞机水平飞行后，他展开起落架，以 340 km/h 的速度降落在离预定着陆点 900 m 的地方。

航天飞机的首次测试飞行持续了 5.5 min。一个不寻常的发现是前起落架的缺陷，当飞机完全降落时导致机翼明显下倾，形成了 -4.5°的攻角，这使起落架承受了巨大的压力。因此在实际任务中，主起落架轮胎只能使用一次，而前起落架轮胎不能超过两次。对海斯来说，当他转动飞机时真是太有趣了。"有一段时间，你几乎认为你没有起落架，因为它的下降距离太长了！"

在随后的自由飞行中，航天员测试了航天飞机的自动着陆能力。在这次测试中，海斯和富尔顿让"企业号"的计算机引导他们降落到 270 m 的拉平点，然后接管飞机，让它平稳地停了下来。

最初计划进行 4 次测试飞行，在"企业号"3 台航天飞机主发动机模型和球形轨道机动系统（OMS）吊舱上安装了一个气动尾锥。在接下来的两次飞行中，发动机和轨道机动系统吊舱均暴露在外，以评估航天飞机在着陆过程中经历的气动（和热）环境条件。然而，NASA 认为前 3 次自由飞行是如此成功，以至于第 4 次着陆可以不需要尾锥。在恩格尔看来，这是正确的选择。他告诉 NASA 的口述历史学家："带气动尾锥的航天飞机在相对较浅的滑动面上表现不错，但这并不是我们真正需要关心的结构。因为再入大气层和着陆是在发动机暴露和滑动面较陡的情况下进行的，对外形要求更高，着陆时间更短。如果加上额外的阻力，空速会下降得更快。一旦带着尾锥体，我们就无法真正获得想要的性能和驾驶参数。"

"企业号"在 1977 年 10 月 26 日最后一次大气飞行测试自由飞行中的表现比预期要好，尽管在最后的降落过程中还是出现了一些问题。当飞机从拉平机动中冲出来时，海斯注意到它下降的速度比计划的要快得多。虽然他提前打开了速度制动，但"企业号"的速度反而加快了。他展开起落架，使机头向下倾斜，以达到预期的着陆点。海斯努力控制，翼面向下倾斜，主起落架轮胎重重地砸在混凝土地面上，最终着陆。飞行的其他部分均工作正常。

这个问题被定位到飞行控制软件有 270 ms 的延迟。海斯通过操纵杆的输入和"企业号"的反应之间的延迟使航天飞机过度修正，导致"航天员诱导的"振荡、海豚式的点头动作和反弹着陆。这为工程师监测起落架性能提供了重要的数据。整个大气飞行测试获得了自动着陆能力的宝贵数据，验证了"企业号"在亚声速下的适航性，并全面检测了它的系统。在富尔顿看来，如果没有"企业号"，他为执行真正的任务所接受的训练将会更加艰难。他解释道："从驾驶的角度来说，它的操控性比我们的任务模拟器或航天飞机训练飞机都要好。它在控制输入、保持高度方面表现更佳，优于我们在模拟器中所体验的。"

3 年多后，1981 年 4 月 14 日，STS-1 的航天员约翰·扬和鲍勃·克里平在太空中待了两天后准备将"哥伦比亚号"带回大气层。虽然大气飞行测试系列试验已经成功演练了着陆前的最后几分钟，但轨道机动系统发动机重返大气层时要经历 45 min 的烧蚀，完成一系列复杂的 S 型气动转弯来减速并为着陆做准备，这一切仍充满变数。

为了安全起见，NASA 选择使用爱德华兹广阔的干涸湖床作为 4 次轨道飞行测试任务的着陆场。这将为扬和克里平提供一个更宽阔的跑道环境和更大的容错空间。按照预期，当航天飞机的空气动力特性被完全掌握并投入使用时，在肯尼迪航天中心航天飞机着陆场的混凝土跑道上精确着陆将成为常态。返回佛罗里达（尽管那里的天气变化无常）则意味着将显著压缩航天飞机的周转时间，可能会减少一周或更多，并为 NASA 节省约 100 万美元的航天飞机运输和其他成本。

在脱离轨道前 20 min，扬和克里平让"哥伦比亚号"进入再入姿态，并打开 3 个辅助动力单元中的两个，以在整个重返大气层过程中控制飞行翼面和液压。在印度洋上空，轨道机动系统发动机在真空中点火，使"哥伦比亚号"的速度下降；接着开始滑翔阶段，并准备向地球另一端的着陆跑道降落。扬以其典型的冷静态度报告了 2.5 min 的点火过程："点火过程正常。"

"放松点，约翰，"任务控制中心的指令舱通讯员乔·艾伦说道，"我们都是你坚强的后盾。"

几分钟后，"哥伦比亚号"调头，机头向上倾斜 39°。扬和克里平取下了弹射座椅和头顶逃生舱口上的安全栓，然后打开了第 3 个辅助动力单元。他们以 25 750 km/h（马赫数 20.8）的速度前进，窗外的电离气体颜色从浅粉色变成深粉红色，然后变成浅橙色，形成了但丁的《地狱》中都没有呈现的场景。

在整个世界都在紧张等待之际，NASA 公共事务评论员源源不断地发布最新消息。"我们将与'哥伦比亚号'失去联系约 21 min。"他指的是由于航天飞机周围积聚的等离子体导致的无线电中断。"在西海岸之前没有测控站，有一段大约 16 min 的再入过程无法进行通信。"高度继续下降，航天员终于能够收到超高频（UHF）无线电呼叫，那是任务控制中心和一架 T-38 喷气式飞机之间通信的"噼啪"声，这架飞机将陪伴航天飞机降落到跑道上。在航天飞机越过加利福尼亚海岸大索尔（Big Sur）附近后不久，扬开始手动控制飞机。安德森峰上的远程跟踪相机拍摄到了"哥伦比亚号"的第一批地面图像，显示其高度超过 35 km。

"来加州的方式真棒！"克里平无比兴奋。

航天飞机仍然以超过 4 倍声速的速度经过贝克斯菲尔德、伊莎贝拉湖和莫哈维机场，航天员能够通过窗户瞥一眼来验证他们的地面跑道"正确性"。扬然后执行了一个 225° 的大转弯，将航天飞机与爱德华兹的 23 号湖床跑道对齐。他操纵着驾驶杆，下降到 12 km 以下，控制清晰而精确。成千上万的人观看了美国第一架航天飞机从轨道上归来，其中包括《费城问询报》的拉里·艾歇尔（Larry Eichel）。他的描述完美地概括了等待这一历史性事件的每个人焦虑、紧张又兴奋的心情。"航天飞机出现在东北地平线上方，在万里无云的蓝天上是一个白点，"他解释说，"那个点下降得如此之快，以至于在习惯于观察商用喷气式飞机逐渐下降的眼睛看来，航天飞机撞向沙漠地面似乎是不可避免的。"随着"哥伦比亚号"越来越近，它的减速板逐渐收回，并在飞机离跑道 600 m 时完全关闭。轨道器以比商用客机大 7 倍的倾角和几乎两倍的速度急剧下降，艾歇尔对即将发生坠机事件的反应也是可以原谅的。然而，就在这时，扬拉回了操纵杆，抬起机头，在一瞬间，他的飞机从一块落下的砖块变成了一架优雅的飞行器。

　　加利福尼亚沙漠的天气状况近乎完美，地表风平浪静。随着时钟在太平洋夏令时间上午 10 点 20 分滴答作响，克里平打开起落架，6 个轮子都放下并在 10 s 内锁定到位。"哥伦比亚号"在 22 s 后以 342 km/h 的速度着陆，并滑动了近 3 000 m 才平稳停止。减速板打开，升降舵全降，这些给航天员留下了明显减速的印象。"当它着陆时，"艾歇尔回忆说，"后轮紧贴在坚硬的沙地上，将一条鸡尾巴踢到空中（译者注：借此比喻高耸的垂直尾翼）。"着陆倒计时得到了爱德华兹的公共事务发言人和其中一架 T-38 机组人员的回应，他们第一个用响亮的声音"漂亮！"欢迎扬和克里平回家（见图 8-6 和图 8-7）。

图 8-6　1981 年 4 月 14 日，当"哥伦比亚号"航天飞机安全返回时，任务控制中心松了一口气（见彩插）

　　确实很美，但绝非易事。事实上，许多航天员将航天飞机描述为他们曾经驾驶过的最困难的"飞机"。"它不像波音 707 或 757 那样的大型航空运输机那么容易飞行，当然比 NASA 的 T-38 更难飞行，"航天员约翰·法比亚说，"你必须始终保持对它的驾驭。你必须在登上航天飞机之前好好考虑，这不仅仅是一个飞行工作……需要真正知道如何操纵飞机的人。这是一台由具有高智商和高技能的人驾驶的机器。"着陆后分析显示，"哥伦比亚

图 8-7　"哥伦比亚号"于 1981 年 4 月 14 日在爱德华兹着陆（见彩插）

号"的右侧内侧制动器承受了高于预期的压力，导致在机轮停止之前轻微向右拉动。扬通过平衡航天飞机两侧的总制动来补偿这一点，沿着跑道中心线保持近乎完美的航线，在23 号和 15 号跑道的交叉路口停下来。一个值得注意的意外是大量的湖床碎片——鹅卵石和砂粒被机轮扬起。

"我必须把它带到机库吗，乔?"扬问道。"我们先得把它擦洗干净，"艾伦笑着调侃道。在机轮停止后，航天员立即解开安全带，并在地勤人员到达之前开始保护反作用控制系统和轨道机动系统。当后者到达时，他们连接了敏感的"嗅探器"设备，以验证没有有毒或爆炸性气体，并将冷却剂和净化管线连接到"哥伦比亚号"的后舱，以对其系统和有效载荷舱进行空气调节并消散残留的烟雾。在此过程中，地面团队穿着防护服工作，然后将机场式楼梯移到舱口。在再入过程中，扬一直保持冷静，但现在他变得非常兴奋。在着陆后大约 1 h，他跳下台阶，来到外面，检查轮胎和起落架，双拳得意洋洋地捶向空气。他甚至踢了轮胎……这吓坏了 NASA 的工程部主任亨利·波尔。"我真的很担心，因为这些轮胎的压力为 375 psi（约 2.59 MPa）……而且我知道制动后它们很热，"他解释说，"我担心轮胎会爆炸。在完成了所有的飞行和出色的着陆之后，因为你过去踢了它而爆胎，那将是一种耻辱！"当然，扬是可以原谅的，他只是非常兴奋。克里平后来说："我经常说，约翰在他出去的时候应该冷静下来了，"克里平的眼中闪烁着光芒，接着说："他在驾驶舱里的时候你应该看到了他那样子！"

8.4　缺憾

在扬和克里平完美着陆 7 个月后，进场和着陆测试时的老朋友乔·恩格尔和迪克·特鲁利作为 STS - 2 任务机组，第二次将"哥伦比亚号"送入轨道。通过这样做，他们成为第一批乘坐"二手"航天器的航天员。尽管 STS - 1 只进行了为期两天的试飞，但 STS - 2 计划至少持续 5 天，并将一个成熟的科学研究平台——OSTA - 1（由 NASA 空间和地面应用办公室提供）送入轨道，还要开展加拿大远程操纵系统（RMS）的首次试验。RMS 是一个 15.2 m 长的机械臂，用于有效载荷的部署和回收以及未来的空间站建设（见图 8 - 8）。OSTA - 1 位于"哥伦比亚号"有效载荷舱的一个托架上，由 7 个实验设备组成，巨型航天飞机成像雷达（SIR）是其主体，以评估航天飞机作为研究实验室的能力。航天飞机成像雷达是一个侧视的"合成孔径雷达"，任务是检查矿物和石油勘探的地质特征。其他 OSTA - 1 实验将对岩石和矿物进行光谱观测，对地表特征（如水、植被、裸地、雪、云和冰）进行分类，并测量低层大气中的空气污染。而"哥伦比亚号"乘员舱的另外两个实验将检查闪电和矮向日葵的生长情况。虽然 STS - 2 只是第二次轨道飞行测试任务，但为恩格尔和特鲁利安排了满满的 5 天时间，许多关键有效载荷目标都被有效地"预先加载"到时间表中，以防出现问题。

没过多久，问题就出现了。

在地面上多次延误后，"哥伦比亚号"于 1981 年 11 月 12 日再次发射升空，正好是特鲁利的 44 岁生日。这使他成为第一位通过发射庆祝生日的美国航天员。航天飞机完美地进入轨道，OSTA - 1 被激活并开始获取第一批数据。但就在飞行 2 h 后，任务控制中心注意到"哥伦比亚号"的 3 个燃料电池之一出现高 pH 值指示。燃料电池的任务是使用低温储存的液氧和液氢进行发电，每个电池都连接到独立的电气总线，固定于前部有效载荷舱的地板下方。在"峰值"和"平均"功率负载期间，所有 3 个电池都串联运行，在最低功率需求期间仅使用两个（第 3 个保持待机模式）。每个电池包括一个"动力模块"和一个负责监控的"附件模块"。动力模块负责将氧气和氢气转化为电能、水和热量，并细分为 3 个"子电池组"和 96 个单元，沿着这些子电池组布局的分支管负责氧气、氢气和冷却剂的分配。

1981 年 11 月 12 日下午开始出现故障的是 1 号燃料电池，虽然它的整体性能保持正常，但情况迅速恶化。在几个小时内电压急剧下降，表明很可能有一个或多个子电池组出现了故障。如果情况确实如此，该电池为"哥伦比亚号"发电、为恩格尔和特鲁利提供饮用水的能力可能会受到严重损害。由于担心供水可能受到污染，1 号电池被停用。但这引发了另一个风险，即它的水被"电解"，从而形成潜在的爆炸性混合物。作为额外的预防

图 8-8　在 STS-2 被压缩的两天任务期间，恩格尔和特鲁利完成了加拿大制造的远程操纵系统的测试

措施，任务控制中心对燃料电池进行了减压。根据早在 STS-1 之前制定的高度保守的飞行规则，所有 3 个燃料电池都必须完全正常运行才能继续执行任务。很明显，STS-2 将比预期更早地返回地球。

　　第二天一早，任务控制中心指令舱通讯员萨莉·赖德告诉航天员一个令人失望的消息，他们的着陆被提前到了 11 月 14 日。精心编排的为期 5 天的任务现在需要压缩成两天。"那不太好，"垂头丧气的特鲁利只能这么说。但令人惊讶的是，STS-2 是在几乎完成了 90% 的预定任务后返回家园的。多年后，恩格尔说，他们在地面上的训练使他们能够迅速重新规划他们的任务。他说："我们受过足够的训练，可以准确地知道必须做什么，并且我们尽可能多地开展工作。""我们只有（有限的）地面站，所以我们无法与任务控制中心保持连续语音通信，他们也没有来自飞行器的连续的数据下行链路，只有当我们飞越地面站时才有。"

这使航天员需要在完成任务方面开夜车。恩格尔说："当我们的睡眠周期临近时，我们确实关闭了一些系统的电源，并且确实告诉任务控制中心晚安。""一旦我们从地面站信号丢失（LOS），我们就开始忙碌起来并启动远程操纵系统，运行手臂测试程序，我们运行尽可能多的其他数据，在晚上完成尽可能多的工作。"11 月 13 日两人都没有睡觉，因为这是他们在太空的最后一晚。当任务控制中心在早上发送惯常的叫醒电话时，他们假装仍然睡眼蒙眬。

但并不是每个人都被愚弄了。STS-2 着陆后，飞行主任唐·帕迪（Don Puddy）将恩格尔拉到一边。任务控制中心通过他们的数据知道两个人整夜都醒着。"我们可以看到，"他带着干瘪的笑容指出，"如果你睡着了，你消耗的能量比你不睡要少得多！"

第二天，"哥伦比亚号"安全返回地球，降落在爱德华兹空军基地。即使是在第二次任务中，着陆也绝非一帆风顺。航天员在重返大气层期间要进行不少于 29 次机动，涵盖整个高超声速、超声速、跨声速和亚声速飞行状态。这使得恩格尔成为唯一一位在手动控制下驾驶飞行器从轨道离轨并利用气动减速着陆的航天飞机指挥官。"这些动作背后的基本原理是，我们非常渴望看到航天飞机在稳定性和操控性方面有多少余量，在不同的马赫数和迎角下表面有多少控制力。"他后来说，"此外，如果必须在与着陆点横向航程过大的轨道上进行离轨，为了获得更多的横向航程，而不是来回 S 转弯以消耗能量，采用技术是将飞行器沿一个方向朝向着陆点，然后继续飞向着陆点，离开直线的地面轨迹向着陆点飞行。你可以通过降低攻角来提高横向机动能力。这样机翼前缘将稍微多加热一点，并可能减少一架'特定'航天飞机可以执行的任务总数，但它可以让你获得额外的性能……使其成为着陆点。"

"前缘会加热多少以及会给你带来多少升阻、转弯能力和横向机动能力理论上是已知的，并且有一些风洞测试数据，但风洞非常易受许多变数的影响。因此你真的很想知道，如果有一天你必须在真实状态下使用它们，到底能有多大能耐，这就是我们的目的。在再入过程中，我会在所有 3 个轴上对飞行器进行脉冲处理，以查看进入过程中飞行器表面的有效性以及飞行器在受到干扰后恢复的速度。获取这些数据来验证和确认飞行器的能力是我们非常想做的事情。老实说，并不是 NASA 的每个人都认为这有那么重要。在工程界有一派观点认为我们总是可以带着变数和未知完成飞行，就像它们来自风洞数据一样，都是源于来流方向。然后还有另一派的说法觉得你只是不知道什么时候你可能有一个你无法部署的有效载荷，所以你可能'质心'不在最佳位置，你不能做任何关于它的事情，在这种情况下，你能用那个飞行器做多少机动？升降副翼上真正有多少控制力，如果你需要降落在一个不是你真正打算降落的跑道上，你有多少横向航程？"

由于任务时间缩短，航天飞机在大气层中飞速驶往爱德华兹时的再入剖面（如此复杂）与这些雄心勃勃的计划相比也毫不逊色。后机身中的反作用控制系统推进器被命令点火 1 000 多次——消耗了超过 800 kg 的推进剂。这远远超过原定计划，因为 2 天后的预测推进剂消耗量与 5 天任务的估计值不同。在进入大气层前不久，"哥伦比亚号"的前部反作用控制系统倾倒了大量推进剂，以便在下降过程中更精确地控制航天飞机的质心。还进行了一系列飞行测试，其中最重要的是特鲁利的"俯卧撑/引体向上"练习。他将机头从 40°迎角"向下"推到 35°，然后将其抬高到 45°，然后又恢复到原来的 40°，提供了有关整个重新进入过程中航天飞机空气动力学性能的额外数据。这使航天员能够评估，在 35°时可以为航天飞机提供多少操纵力，以及在 45°时，如果需要降低机翼前缘的热流，他们如何拉升到更高的迎角。但是，执行如此复杂的再入操作程序使他们的睡眠不足成为一个问题。"事实上，我们整晚都在熬夜，"恩格尔说，"回想起来，这可能不是一个好的计划。""哥伦比亚号"的供水出现了另一个问题，当燃料电池膜破裂时，产生的氢气导致他们的饮用水中出现了气泡，因而无法饮水，他们不得不拖着疲惫和严重脱水的身躯返回地球。

但是，完成 STS-2 期间也有有趣的一幕。恩格尔在爱德华兹担任试飞员的经历很长，他和特鲁利在训练期间都在那里度过了许多周末，并在航天飞机训练机模拟进场和着陆。有一次，控制塔台半开玩笑地告诉恩格尔就"哥伦比亚号"着陆进场时给他打电话，"我会让你着陆"。当然，这不是一件正常的事情，因为着陆期间所有航天飞机的通信都通过休斯敦的任务控制中心进行。然而，为了获得一点乐趣并感谢他在爱德华兹的朋友在任务的成功中所发挥的重要作用，恩格尔发出了呼叫。

"爱德华兹塔台，这是'哥伦比亚号'，即将进入最后阶段，"他在无线电中说道，"我打算拉平放起落架啦！"

爱德华兹控制塔台团队喜欢这个玩笑，并马上回复道，"收到，'哥伦比亚号'，你获得了第一名。允许着陆！"

着陆非常完美，但由于没有前轮转向能力，恩格尔不得不采用差速制动，以沿跑道中心线保持平直的航线。他在任务总结报告中解释说，他的仪表板上有一个指示器的数据波动，很难保持恒定的减速率。然而，就像之前的 STS-1 一样，NASA 努力像客机一样让这些飞行器着陆，STS-2 已经安全着陆，这就意味着他们可以在清单上再打一个勾了。但是，随着任务一次又一次地顺利着陆，每隔一段时间就会出现问题和危急关头，这会让这些超大、超重型滑翔机着陆的真正危险性逐渐暴露在人们面前（见图 8-9）。

轨道器还没有解决燃料电池的问题。STS-2 问题最终被归结为抽吸器中氢氧化铝的沉积物（可能只是一粒），这阻止了从电池中正确分解水。在"挑战者号"灾难发生后，该系统进行了大规模升级改进，以提高可靠性和可维护性。每个燃料电池的末端电池加热器都被取消，以消除电气故障的风险，并替换为氟利昂-21 冷却剂回路通道。每个电池中的氢泵和水分离器都进行了改进，以减少电池中过多的氢滞留，并安装了新的传感器，以便更好地了解潜在的过载和不可接受的热环境条件。

"挑战者号"失事后，提出了最短持续时间飞行（MDF）的概念，以应对轨道上需要立即返回的严重突发事件。"我们分析了该计划，以确定是什么原因导致需要做一些不同的事情，"航天飞机项目经理汤米·霍洛韦表示，"在飞行规则中明确定义了导致出现最短持续飞行时间的情况。如果航天飞机出现比持续飞行可接受风险更高的故障，飞行任务将缩短至 4 天，这一规定简单明了。对于其他情况，需要确定可能会出现什么问题，从而制

图 8-9　1992 年 1 月 30 日，STS-42 指挥官罗恩·格拉贝（左）和飞行员史蒂夫·奥斯瓦尔德在
"发现号"从轨道降落期间监控显示器

订不同的计划，并需要付出巨大的努力来制订应急计划。"

　　在后"挑战者号"时代，燃料电池也将再次出现在其他几个任务中，引发氢泵异常、传感器失效、流量计故障以及在某些情况下"不稳定"的功能。但是在 STS-51L 十多年之后，也是航天飞机服役期中的第二阶段，燃料电池问题再次出现，触发了一次最短持续时间飞行，并将任务缩短到 4 天。这比 STS-2（它只损失了几天的飞行时间）要麻烦得多，因为"哥伦比亚号"的 STS-83 任务是一项在轨 16 天的马拉松，并将进行一系列复杂的流体物理和材料科学试验，7 名机组人员分成两班进行全天候工作（见图 8-10）。"哥伦比亚号"于 1997 年 4 月 4 日下午进入轨道后不久，指挥官吉姆·霍塞尔和飞行员苏珊·斯蒂尔（Susan Still）报告了 2 号燃料电池的不稳定行为。其中一个子电池组的两个单元之间的电压输出差异急剧增加。在发射之前，这个问题已经在地面上被注意到了，但"哥伦比亚号"仍然被允许飞行。在飞行工程师迈克·格恩哈特（Mike Gernhardt）的协助下，霍塞尔和斯蒂尔调整了电气系统，以减少施加在故障单元上的负载。这种干预似乎产生了预期的效果，电池的变化率从每小时 5 mV 减慢到大约 2 mV。但是，它仍然呈现出轻微的上升趋势。

　　"子电池组的两部分之间总是存在差异，但我们注意到差异正在发生变化，"任务运行代表杰夫·班特尔（Jeff Bantle）解释道，"实际上，这种不断变化的差异已经趋于平稳，因此在任务的前 12 h 内电池损坏程度更大。"班特尔的主要担忧是，如果两个电池组之间

图 8-10　STS-83 的迈克·格恩哈特于 1997 年 4 月通过"哥伦比亚号"飞行甲板的头顶窗户进行地球观测摄影

的电压差增加到300 mV，而且可能在 4 月 5 日晚上就达到 250 mV，机组人员将被迫完全关闭 2 号燃料电池。在这种情况下，飞行规则要求尽早着陆。"令人担忧的是单个电池中的衰退。如果它衰退得足够多，就不是从电池中产生电力，而是会吸收电力到电池中。实际上，还可以在电池内进行交叉和局部加热、氢氧交换，甚至可能发生局部火灾，这是最糟糕的情况。这就是为什么我们有非常保守的飞行规则，试图避免并在出现那些可能故障之前关闭并'保护'一个燃料电池。"4 月 6 日早些时候，霍塞尔和斯蒂尔对电池进行了手动清洗。但随着情况恶化，当天下午晚些时候，最短持续时间飞行命令被启动。

　　与此同时，状况不佳的 2 号燃料电池与其他几个非关键硬件一起被关闭，以尽可能长时间地运行科学有效载荷。一时间，连加压空间实验室内的灯都变暗了，机组人员用手电筒进行实验。据一位流体系统工程师称，在 STS-83 发射前大约 12 h，2 号燃料电池甚至在开启之前就显示其两个电池组之间存在 500 mV 的差异。"亚特兰蒂斯号"在之前的两次任务中也发现了类似的异常电池行为。但在这两次任务中，在开启并开始支持其全部电力负载后不久，这种差异就趋于稳定了，完全符合安全准则。考虑到之前的经验，工程师为 STS-83 激活了"哥伦比亚号"的燃料电池，果然 2 号稳定到了"正常"水平。它在整个上升过程中表现正常，但这种差异在进入轨道后再次增大。作为后续预防措施，分配给"亚特兰蒂斯号"STS-84 任务的另一个燃料电池在显示出类似的特征后被移除并进行检查。

根据任务专家唐·托马斯的说法，在"哥伦比亚号"上，机组人员的反应是"震惊和难以置信"。科学家们争先恐后地重新排列他们的日程安排，以充分利用返回地球之前的1～2天时间，并已经在努力游说 NASA 在今年晚些时候再进行一次飞行任务。事实上，甚至在"哥伦比亚号"着陆之前，就已经开始计划让驾驶 STS-83 的同一批机组人员再次飞行。"已经有传言说，在解决问题后，NASA 将在几个月内让我们的机组人员重新飞行，以完成我们的太空实验室科学任务，"托马斯在他的网站 OhioAstronaut.com 上记录道，"这肯定有助于缓解提早回家的心理刺痛感。"

因此，当霍塞尔在 4 月 8 日完成完美着陆后离开"哥伦比亚号"时，肯尼迪航天中心的主任罗伊·布里奇斯与他握手并保证他的机组和航天飞机将会"进行维修并再次执行任务"。3 天后，航天飞机项目经理汤米·霍洛韦批准了 7 月份的飞行计划，内部编号为 STS-83R（R 代表"复飞"），后来被指定为数字代号 STS-94，并于 7 月 1 日发射。NASA 通常每次任务花费约 5 亿美元，其中很大一部分用于硬件测试、处理、训练、规划和模拟，而且很多还是不需要重复投入的。霍洛韦为 STS-94 任务报价大约 6 000 万美元，并强调在 3 个月内再次飞行"哥伦比亚号"提供了"为建造空间站准备的相应能力进行非常好的测试。不管出于何种原因，这种能力可用于将空间站的一个部件带回来，然后修好它，并尽可能在合理的时间内换上去。"与预测一致，这次飞行更便宜：5 500 万美元用于处理"哥伦比亚号"本身，外加 860 万美元用于与空间实验室周转相关的费用。

"我们的观点，"STS-94 飞行指挥官罗伯·凯尔索（Rob Kelso）说，"一直将这次飞行视为发射延迟。机组人员完全一样，飞行指挥官也一样，飞行控制团队几乎完全相同。在许多方面，这是一次镜像飞行。"事实上，霍塞尔的机组人员佩戴的任务 LOGO 也是一样的，只是边框颜色不同：STS-83 为红色，STS-94 为蓝色。空间实验室加压模块仍留在"哥伦比亚号"航天飞机处理车间（OPF）的有效载荷舱中，但隧道适配器已被拆除，以便技术人员更好地进入其内部。通常，在两次飞行之间，有效载荷模块会被转移到操作和检查大楼。在短暂的周转期内，技术人员能够完成许多关键任务，包括为实验设备补充液体。通常情况下，航天飞机处理小组会花 85 天处理一架轨道器，但这次飞行只需要航天飞机在处理车间待 56 天。为确保完成必要的工作，包括更换"哥伦比亚号"机头的两个辅助动力单元和几个反作用控制系统推进器，一些结构检查被推迟到它的下一次任务。1 号和 2 号燃料电池被移除并返回给它们的供应商——位于康涅狄格州的国际燃料电池公司进行分析。虽然没有确定确切的故障原因，但据信这是一起孤立事件。工程师采取了相关措施，开发了监视器，以提供更好的性能数据。与此同时，"哥伦比亚号"于 6 月 4 日被推入垂直总装大楼，以连接到它的外挂贮箱和固体助推器，并于 11 日从那里驶往 39A 发射台。为帮助实现 7 月初的发射目标，该轨道器配备了从"亚特兰蒂斯号""借用"的 3 台主发动机和从"发现号"即将进行的 STS-85 任务"借用"的两枚固体助推器。

事实上，STS-83 和 STS-94 之间的着陆到发射周转时间总共只有 81 个工作日，是后挑战者时代以来最短的。在 1986 年 1 月失去 STS-51L 之前，共有 16 次任务突破了这一纪录（即比 81 个工作日短）。1985 年底两次"亚特兰蒂斯号"飞行之间的周转保持了最短纪录。在 10 月 7 日从 STS-51J 着陆并于 11 月 26 日再次发射 STS-61B 后，"亚特兰蒂斯号"在 46 个工作日内进行了重新处理。在整个航天飞机计划中，随着系统和流程的成熟，周转时间逐渐缩短，从"哥伦比亚号"准备 STS-1 所需的 668 个工作日下降到 STS-2 的 187 个工作日，然后 STS-3 的 97 个工作日，而 STS-4 仅需 77 个工作日。前挑战者时代的"运营"任务平均为 89 个工作日，而在失去"挑战者号"后，平均增加到 147 个工作日。在 STS-107 任务中失去"哥伦比亚号"之后，上升到平均 326 个工作日。

在"哥伦比亚号"的最后一次成功完成的任务 STS-109 中，距离执行最短持续时间飞行差之毫厘。2002 年 3 月 1 日发射后 85 min，有效载荷舱门被打开，排列在其内部表面的散热器开始了将航天飞机电子设备中多余的热量排放到太空的重要任务。很快就发现两个氟利昂-21 冷却剂回路中的一个运行缓慢，最初的怀疑集中在一块焊渣或焊料上，它们可能在上升过程中松动并卡在环内。指令性任务规则禁止在只有一个循环功能的情况下继续飞行。但是渐渐地，故障的 1 号回路稳定了。无论如何，2 号回路很明显是完全健康的。看起来不需要执行最短持续时间飞行了。"上升的振动、'嘎嘎'声和翻滚确实是一项非常动态的测试，"航天飞机项目经理罗恩·迪特莫尔说，"你不仅会受到很多振动，还会听到很多噪声。如果 2 号回路中也有任何东西，它现在应该已经松动了。这就是为什么我们相信我们在 1 号回路中看到了碎片，也相信它会保持稳定并支持余下的飞行。"

严格来说，将 STS-109 坚持在轨上并使用一个工作冷却剂回路违反了任务规则。但迪特莫尔很快强调，2 号回路仍然"坚如磐石"，即使是受污染的 1 号回路在重返过程中也能完成自己的工作。"我们在 1 号回路上看到的流量，"任务控制中心告诉机组人员，"足够大，如果要求它独立完成所有工作，它将能够支持一次正常的再入过程。"当然，飞行主任约翰·香农不愿意严格执行飞行规则。"飞行规则是非黑即白的，"飞行主任的同事杰夫·汉利（Jeff Hanley）说，"他们说那些特定的盒子失去了冷却……你应该马上回家，你不应该继续开展一个正常的任务。约翰是我们所拥有的最优秀的人员之一。他也了解他的团队，他知道你不能只从表面上看规则。你必须认真阅读并理解其背后的意义。"随着情况的发展，香农和他的团队制订了一种管理硬件的方法，任务成功进行，并为哈勃空间望远镜提供服务。

除了 STS-2 和 STS-83，另一项任务确实成为最短持续时间飞行的牺牲品，不得不比计划更早返回（见图 8-11）。1991 年 11 月，"亚特兰蒂斯号"的 STS-44 机组人员为国防部执行为期 10 天的飞行任务。在任务进行一周后，他们已经部署了一颗重要的红外预警卫星。30 日上午，航天飞机的 3 个惯性测量单元中的一个——导航系统关键单机——出现故障。机组人员试图给设备循环供电，希望能恢复它，但无济于事。最短持续时间飞行应急返回指令被宣布执行。然而，由于"亚特兰蒂斯号"最初计划在佛罗里达州的航天飞机着陆场上着陆，应急返回着陆点不得不改为爱德华兹空军基地，其更宽阔更长的跑道为导航能力下降的轨道器提供了更大的安全裕度。他们在 12 月 1 日早上平安着陆，比原计划提前 3 天降落，令人非常失望的是他们的家人都在佛罗里达州。STS-44 航天员汤姆·亨里克斯说："景色会很壮观，因为我们降落在 5 号跑道上，这意味着我们正好飞过建筑物的顶部。""当我们经过时，控制塔台里的人可能会看到航天飞机的窗户。如果你一直在坡道上，就是 NASA 的飞机停放的位置，你几乎可以跳起来触摸到我们的轮子。"

图 8 - 11　为防止可能需要最短持续时间飞行的技术问题风险，通常在发射后尽早部署主要有效载荷，这在 STS - 44 上尤其幸运，其国防支持计划（DSP）预警卫星在执行任务仅数小时后就部署了

惯性测量单元之前曾于 1990 年 1 月在 STS-32 上出现过问题，并且在 2001 年 12 月 "奋进号"的 STS-108 任务期间也发现了一个"瞬态"问题。首先，指挥官重置了该装置，而且没有必要采取进一步行动；其次，"奋进号"的另外两个惯性测量单元保持健康，任务未受影响。在其他几次飞行中，惯性测量单元在飞行前的自检中曾出现故障，1991 年 6 月 STS-40 的发射由于其中一个单元未能与其余冗余部分正确校准而被推迟。当然，就 STS-44 而言，当最短持续时间飞行被启动时，航天员已经完成了大部分关键工作，但是一个仓促的着陆点改变取消了几项任务，并将原计划与他们见面的家人留在了数千公里之外的另一端。

8.5　奇趣

从 1983 年 8 月到 2011 年 7 月，航天员至少有 26 次驾驶航天飞机在黑暗中着陆。尽管在模拟器、T-38 和 STA 上进行了数百小时的训练，但无论是白天还是黑夜，让这台高度机动的轨道器着陆对任何指挥官或飞行员来说仍然是最具挑战性的考验之一。但在 STS-8 上，"挑战者号"将首次在夜间发射和着陆，这是由其主要有效载荷——印度通信卫星的需求所决定的。指挥官迪克·特鲁利和飞行员丹·布兰登施泰因都曾是海军飞行员，他们在黑暗的掩护下从航空母舰上执行了数百次任务。任务（虽然新奇）并没有让他们感到困扰，但他们并不幻想在夜间降落这架"超大型滑翔机"就像在公园里散步一样。为了提供额外的安全余量，NASA 安排"挑战者号"降落在爱德华兹空军基地的宽阔跑道上，而不是冒着佛罗里达州更窄、紧临沼泽边缘的航天飞机着陆场的风险。"换句话说，"布兰登施泰因评论道，"如果我们遇到问题并从跑道一侧滑出，我们也不会掉入'水沟'里！"

航天飞机时代早期的另一个困难，是如何在夜间为返回的航天员正确照亮跑道。爱德华兹空军基地的 22 号混凝土跑道被选为 STS-8 的着陆场，因为担心如果"挑战者号"降落在干燥的湖床 17 号跑道上，它的轮胎会扬起巨大的类似鸡尾形状的灰尘，从而有减弱光线的风险。布兰登施泰因说："我们认为降落在混凝土上而不是湖床上更安全。"为帮助航天飞机乘员而设计的照明被称为精确进场路径指示器（PAPI），并使用红白相间的灯带使飞行器保持在正确的外侧下滑道上。PAPI 系统部署距跑道尽头约 2.3 km 处，以及距预计着陆点 3 km 处。航天员通过将白光集中在红灯"带"上，来确定正确的飞行路径。相当于 8 亿支光照度的氙气泛光灯组成的过渡和区域照明照亮了整个区域，绿色标志灯指示跑道的近端和远端。

作为一种高超声速再入飞行器，航天飞机无法配备自己的外部着陆灯，所有东西都必须位于热防护系统里面和轮廓线内部。参与开发精确进场路径指示器的航天飞机指挥官洛伦·施赖弗说："我们其实做好了夜间着陆的准备，因为作为一个全天候运行的计划，我们最终将在夜间降落在某个地方。""没有着陆灯，除了正常的跑道灯外，我们还需要在跑道上进行某种照明。航天员有很多线索可参照，但没有任何东西能照亮触地区域。我们必须想办法为触地区域提供一些照明，并且足够远，以便指挥官可以获得他通常必须飞入和着陆的视场。我们尝试了多种方法在下滑道上飞行，然后在拉平之后进行小角度滑行。我们使用了其他高功率照明系统的各种组合，最终将注意力集中在氙气灯上。我们发现这些灯以2～4个一组的方式排列，并在着陆区上成一定角度，不仅可以引导航天员朝着正确的方向前进，还提供了足够的照明。然而很明显，当航天员驶入时，如果光源在他们身后并且他们试图降落在湖床上，翼前缘涡和航天飞机的滑行会产生大量灰尘，这将切断触地区域其余部分的灯光。所以，晚上尝试降落在湖床上可能不是一件好事，因为灰尘很快就会挡住所有的光线。不久之后，我们把所有的东西都放在了混凝土跑道上，并决定如果我们要在晚上降落，必须降落在坚硬的跑道上。这是一个不断论证改进的过程（见图8-12）。"

图8-12　2011年7月21日，在佛罗里达州肯尼迪航天中心的航天飞机着陆场，配置制动减速伞的"亚特兰蒂斯号"如鬼魅般地滑行。这是30年航天飞机计划的最后一次航行

　　精确进场路径指示器系统在 1990 年 11 月证明其有价值的一个案例是 STS-38 任务，爱德华兹空军基地恶劣的天气条件迫使 NASA 将"亚特兰蒂斯号"的着陆场转移到肯尼迪航天中心。"这是今年的秋天，"STS-38 指挥官迪克·柯维回忆道，"秋天他们在佛罗里达州做的事情之一就是烧松树林中的灌木丛，一种非常受控的燃烧类型，只是为了让灌木丛消失。他们在香蕉河的西侧这样做……而且风主要来自东北部，可以将烟雾吹过佛罗里达州中部，吹向奥兰多。"根据这个能见度预测，柯维被建议降落在航天飞机着陆场的东南端（指定跑道 33），而不是西北端（跑道 15）。

　　但是当"亚特兰蒂斯号"开始它长达 1 h 的再入返回时，风向转变，烟雾开始掩盖航天飞机着陆场的南半部。此外，STS-38 将在日落时降落，而午后光线的折射效应使烟雾显得更浓。在落地前的最后几分钟，柯维和飞行员弗兰克·卡伯特森几乎看不到任何东西，只能透过窗户尽力张望。幸运的是，当他们开始最后进场时，精确进场路径指示器的灯光在视野中闪烁，透过烟雾若隐若现。尽管这提供了一定程度的视觉引导，但当"亚特兰蒂斯号"从浓烟中降落时，柯维和卡伯特森仍然只能看到灯光，跑道本身对他们来说是看不见的。终于，烟雾散去，几秒钟后航天飞机着陆场就出现在他们面前。多年后，柯维开玩笑说，他在 STS-38 上实现了航天飞机为数不多的"仅靠仪器抵近"降落返回，能见度实在是太差了。

　　随着 52 个卤素灯系统的引入，跑道照明的改进继续进行。该系统沿跑道中心线以 60 m 的间隔放置，并于 1997 年 2 月由 STS-82 首次使用，以更好地支持日益增加的夜间着陆任务。这在哈勃空间望远镜、和平号和国际空间站任务结束时变得越来越普遍。STS-82 机长肯·鲍沃索克斯表示："在晚上，判断我们在跑道上的航线有点困难。"

　　驾驶舱中辅助飞行员的其他仪器包括平视显示器（HUD），于 1983 年 4 月首次用于"挑战者号"的处女航 STS-6。在那次飞行中，指挥官保罗·韦茨和飞行员卡罗尔·"勃"·鲍勃科认为平视显示器是一种非常有用的着陆辅助装置，它将有关速度、下降率、高度和其他关键飞行参数的瞬时数据投射到驾驶舱窗户上方的透明观察玻璃上。平视显示器使航天飞机的飞行员能够从基于仪表飞行的"低头"状态中吸收数据，并通过"抬头"直接观察正在接近跑道的窗户。约翰·布莱哈曾驾驶过两次航天飞机任务并指挥另外两次飞行任务，他在加利福尼亚州圣何塞的凯撒电子公司从事平视显示器的开发工作，并记得早期的设计使得数据过于混乱，因而引发许多飞行员的厌恶。"最大的挑战是年长的、成熟的飞行员，没有驾驶过带有平视显示器的军用飞机。年轻人驾驶的飞机都带有平视显示器，因此（研发）遇到了一些阻力，"布莱哈回忆。公平地说，这种阻力是完全可以理解的，因为航天飞机平视显示器的早期版本数据确实过于混乱，而布莱哈的部分职责是将其内容减少到指挥官和飞行员需要的 4～5 个关键参数。平视显示器技术的实施也有利于在佛罗里达州的航天飞机着陆场实现精确着陆，与爱德华兹不同，佛罗里达州的跑道对着陆的宽容度要低得多（见图 8-13）。

　　另一项在航天飞机发展早期被取消的技术是用于在跑道上启用的制动减速伞。1985 年 4 月，"发现号"在一次特别严重的着陆后重新考虑了这一概念，当时"发现号"在侧风中着陆并持续出现制动卡死和爆胎。在"挑战者号"悲剧发生后，提高着陆安全性的方案被更为深入地研究，包括在起落架上安装一个专门的"防滑"机构，它（在爆胎的情况下）通过有效地提供"滚动配平"能力防止再次爆胎的发生，以实现可预测的航天飞机滑行。在爱德华兹空军基地和肯尼迪航天中心以及跨洋中止着陆站点的混凝土跑道末端还安装了拦阻屏障。"阻力滑道"的设计要求包括能够在跨洋中止着陆在不到 2 500 m 的跑道上着陆后，使满载的 112 500 kg 轨道器完全停止，附加条件包括 18.5 km/h 的顺风，施加了最大制动和 260 km/h 的相对地面速度。制动伞安装在垂直尾翼下方的圆柱形结构中，在主起落架触地之后和前起落架触地之前，航天员手动开启。当前进速度减慢到 110 km/h 左右时，它就会被抛弃。在再入过程中，主发动机摆动到比正常水平稍低的布局，以尽量降低损坏制动减速伞的风险。

图 8 - 13 "发现号"于 2011 年 3 月 9 日降落在航天飞机着陆场，结束它的第 39 次也是最后一次任务。请注意背景中巨大的垂直总装大楼

　　1990 年夏天，在爱德华兹空军基地的 NASA 德莱顿飞行研究中心（DFRC）进行了空中试验，其中制动减速伞被安装到改进的 B - 52"同温层堡垒"轰炸机上，并成功地以 260 km/h 至 370 km/h 之间的着陆速度进行了测试。这些试验使工程师能够确定制动减速伞的作用，进而有助于将航天飞机的着陆滑跑距离减少 300～600 m，并减轻航天飞机起落架和轮胎的压力。1991 年 1 月，NASA 修改了最新轨道器"奋进号"的采购合同，增加

了 3 330 万美元的资金用于设计、制造和安装制动减速伞。1992 年 5 月 16 日，在"奋进号"的首个任务 STS-49 结束时，第一次部署了制动减速伞。为确保第一次试验测试的安全性，只有所有 6 个轮子（主起落架和前起落架）都着陆时才开伞。当指挥官丹·布兰登施泰因和飞行员凯文·奇尔顿发出打开制动减速伞的命令时，火工品将伞舱盖分离，制动减速伞像迫击炮一般发射出去。首先开启了 3 m 长的引导伞，然后是主伞，后者在几秒钟内将其直径收缩到其总直径的 40%，以减轻航天飞机本身的结构载荷。制动减速伞直径有 12.6 m，伞带在"奋进号"后面延伸了 27.2 m。随着收线机的成功运行，制动减速伞的完全直径膨胀达到了 11.8 m。STS-49 着陆的照片分析表明，收伞的角度比预期的要"高"一些，并且被抛弃舱门的轨迹与 B-52 的测试不同。它这种与"奋进号"中心线"接近"的行为，后来归因于垂直尾翼全尺寸打开制动时影响了附近的气动特性（见图 8-13）。

在随后的任务中性能包络线进一步拓展。两个月后，"哥伦比亚号"——第二个接受改装的轨道器从 STS-50 返回，它的飞行员首次在主起落架和前起落架着陆之间开启了制动减速伞。然而，早期的观察是，它倾向于在滑行阶段将航天飞机稍微"拖"向一侧。这在 1992 年 11 月的 STS-52 着陆期间变得尤为明显。在那种情况下，航天员在前起落架触地前几秒钟开启了制动减速伞，在伞舱盖弹开到主伞收起的这段时间，可以察觉到风中的"拖曳"。事实上，它将航天飞机拉到航天飞机着陆场跑道中心线左侧约 4.6 m 处。幸运的是，航天飞机着陆场的 90 m 宽度使其成为 STS-52 指挥官吉姆·韦瑟比面临的相对较小的可操控性问题。"这并没有引起我的任何担忧，"他在飞行后说道，"如果我们在一条非常狭窄的跑道上着陆，比如在非洲上空，并且它拉得距离更远，那么这将引起更多的关注。"随着"发现号"和"亚特兰蒂斯号"分别于 1992 年和 1993 年安装了制动减速伞，所有 4 架航天飞机最终都配备了这些非常显眼且高效的着陆辅助设备。随着时间的推移和系统的成熟，初期的困难得到解决，一个又一个的任务顺利着陆。

但是在 1998 年 10 月 29 日，"发现号"执行 STS-95 任务时，发生了一个出人意料的事件（见图 8-14）。这是一项备受瞩目的任务，因为在航天飞机上有约翰·格伦——第一个进入轨道的美国人、现任美国参议员和 77 岁高龄的最年长的太空人。STS-95 相应地吸引了许多观众。升空几秒钟后，覆盖在制动减速伞上的小铝板不知何故脱落并掉了下来。在发射视频图像中，观察到 5 kg 重的面板从"发现号"的一台主发动机上弹起并从视野中消失。航天飞机进入轨道后不久，航天员就被告知这一事件，但由于制动减速伞是否已损坏、部分熔化甚至毁坏仍然未知，很少有 NASA 管理人员愿意冒险在任务的最后关头——返回滑入时使用。在接下来的几天里，制订了一系列应急计划。指挥官柯特·布朗和飞行员史蒂夫·林赛被要求在着陆后不要开启，并得到了有关如何在无意中打开制动减速伞时丢弃它的具体操作。在低于马赫数 2.8 的速度下，它可能根本不会膨胀，如果速度进一步降低，它可能会膨胀或完全撕裂。布朗被告知，如果它在不到 15 km 的高度开启，他可能会注意到机头向上倾斜。如果发生这种情况，他会把手从控制杆上移开，林赛会立即按下驾驶舱一侧的"准备""打开"和"弹出"开关，以放弃制动减速伞。如果在跑道上方不到 50 m 处发生意外展开，则需要林赛做出更快的响应。在这种情况下，如果机组人员什么都不做，制动减速伞可能会膨胀，将"发现号"的机头向上拉，并将增加航天飞机的着陆速度，以至于着陆将比预期的"困难"得多。

图 8-14　在 1998 年 10 月 29 日升空期间，减速伞舱盖从"发现号"脱落。作为预防措施，9 天后，减速伞没有在着陆时开启，指挥官和飞行员接到指示，必要时将其丢弃

　　因此，在 1998 年 11 月 7 日返航当天的早间邮件中，林赛被指示将手放在控制面板上，将"准备""打开"和"弹出" 3 个开关的盖子打开，让他在减速伞可以松开和膨胀之前有足够的时间翻转所有开关。但对于在职业生涯中驾驶过 3 次航天飞机任务并指挥过另外 3 次任务的布朗来说，对这个问题并未感到不安。"我已经在模拟器中进行了练习……我们在那里进行着陆和滑行训练，"他觉察到，"这更像是一次工程评估。这不是真正的训练，但感觉也差不多，因为我们做过这样的事情。"在这次事件之后，原因被追溯

到将制动减速伞舱盖固定到位的铝销失效，并为未来的任务进行了加固改造。由于对问题的调查还未结束，下一次飞行，即 1998 年 12 月的 STS-88，其制动减速伞被移除。但是，当"发现号"于 1999 年 5 月在 STS-96 上滑入地面跑道时，它配备了由铬镍铁合金制成的制动减速伞舱盖铰链，比之前的铝制产品坚固得多。

多年来，关于着陆异常的许多其他不寻常（甚至可笑）的轶事接二连三。1989 年 8 月 13 日，指挥官布鲁斯特·肖和飞行员迪克·理查兹在完成 STS-28 任务后将"哥伦比亚号"送回地球。在爱德华兹 17 号跑道的干涸湖床上着陆时，肖注意到，虽然有"条纹"勾勒出跑道的轮廓，但它的周长并不像混凝土跑道那样清晰，从而影响了他的高度感知。"当我们降落并拉平轨道器时，我不知道我们有多高，"他后来说，"看照片，我们的高度不是很高，但我基本上把轨道器拉平了，然后它就飘了起来。"结果是，肖允许"哥伦比亚号"在减速的大部分时间内"漂浮"在它的主起落架上，然后再旋转机头。"我们获得了很多关于轨道器低速飞行特性的重要数据，但它不应该以这种方式工作！"对于理查兹来说，他记得在再入时的一个时刻——大约马赫数 10，当时过热的空气流过航天飞机，产生和沉积了白热等离子体团，一个小球粘在他的驾驶舱窗户上。"哥伦比亚号"着陆后，理查兹请求一名技术人员查看仍呈液态的物质，并及时将其舀入咖啡杯中带走进行分析。几天后，理查兹找到了 NASA 飞行机组运营部的负责人唐·帕迪。

"他们说那种材料是什么？"

"你不会相信这个的，"帕迪在讲述这个故事之前回答道。技术人员拿起装有样品的杯子并将其放在柜台上。然后，另一名技术人员抓起杯子，倒上了咖啡，又把它放了回去。"那，"他略带厌恶地说道，"那是我喝过的最难喝的咖啡。"

直到今天，没有人知道 1989 年 8 月，在太空边缘理查兹的窗户上沉积的速度是声速的 10 倍的东西是什么。但是作为太空计划的一个新鲜事物（带有疑点的），至少是有人尝过它的味道了。

8.6　不真实

1979 年 3 月，也就是航天飞机首次发射前两年，NASA 采取了不同寻常的步骤，在新墨西哥州的图拉罗萨谷选择了一大片由白色的盐和石膏组成的紧实平整地块，作为新的可重复使用航天器的潜在着陆场。尽管长期以来计划将主要任务结束（EOM）着陆点设为爱德华兹（至少是 4 次轨道飞行测试和早期的"运营"飞行），以及随后的肯尼迪航天中心。这片新墨西哥州的土地就是众所周知的"白沙"试验场，全年提供近乎完美的天气条件，加上一条巨大的跑道，为这些重量级轨道器着陆提供了充足的安全边界。它巨大的尺寸和颜色与谷底晶莹剔透的白色相映成趣，即使在太空中，航天员也很容易看到它。它位于一个绰号为"碱性平原"的群山环绕地区，并于 20 世纪 40 年代首次被诺斯罗普航空公司用于测试军用靶机，为此获得了"诺斯罗普地带（Northrop Strip）"的绰号。由于在新闻稿中出现拼写错误，该名称被称为"诺斯拉普地带（Northrup Strip）"，并且新的

（错误的）名称被保留下来。到 1952 年，它成为白沙导弹靶场的一部分，并新增了两条 10 600 m 长的跑道，以 X 形相互交叉。

在 1981 年 4 月和 11 月的前两次航天飞机任务中，如果"哥伦比亚号"需要在单圈轨道运行后紧急返回地球，即称为 AOA 的紧急情况，白沙被保留为备用。"如果轨道器不在安全轨道上，它将因在萨摩亚以东的南太平洋高空离轨燃烧而减速，"NASA 概述道，"飞行路径将穿越加利福尼亚州和墨西哥索诺拉州，直到进入更稠密的大气层。机组人员将把失去动力的航天飞机驶入诺斯拉普地带。"直到 2011 年 7 月航天飞机计划的最后，白沙仍然作为 AOA 选项出现在 NASA 的应急着陆站点名单上，航天员定期在航天飞机训练机上磨炼他们的飞行技能。2006 年 12 月，在肯尼迪航天中心和爱德华兹遭遇一连串恶劣天气之后，STS－116 的机组人员比任何其他航班（除一次外）都更接近于在白沙着陆。最终，佛罗里达州的天气转晴，"发现号"安全降落在肯尼迪航天中心。

然而，另一项任务就没有那么幸运了。1982 年 3 月 22 日，"哥伦比亚号"在 STS－3 任务中升空，计划在太空中度过 7 天。杰克·洛斯马指挥官和飞行员戈登·富勒顿接受过在爱德华兹空军基地降落的训练，但非季节性的降雨使跑道淹没在几厘米的水下。因此，在"哥伦比亚号"起飞前 4 天，NASA 正式要求将白沙作为额外的着陆点启用。但在新墨西哥州的沙漠中，一切也不尽如人意。尽管全年 90% 的天气都是好天气，白沙试验场还是遭受了 1/4 个世纪以来最严重的狂风和沙尘暴……而且就在洛斯马和富勒顿着陆的那一天。前约翰逊航天中心运行主任肯尼斯·吉尔布雷斯（Kenneth Gilbreath）回忆道："那两三天的天气糟糕得令人难以想象。因为正值春天，是白沙试验场一年中风最大的时候。""而且，它是一种白色粉末，当风吹起它时，能见度变得极低。"

1982 年 3 月 29 日，一名航天员详细介绍了白沙的情况，他是未来的航天飞机指挥官和 NASA 局长查利·博尔登。"这场沙尘暴与我见过的任何东西都不一样，"他后来说，"它是石膏，而且非常细小，就像滑石粉一样。一切都被防护塑料覆盖，窗户是密封的，但没有任何区别。这暗示此时的白沙不是让航天飞机着陆的好地方。"

洛斯马和富勒顿准备着陆，幸好没有意识到白沙的恶劣天气。然后，在轨道机动系统离开轨道将他们带回家之前不到 30 min，任务控制中心通知说情况不可接受，他们将在第二天，也就是 30 日进行第二次尝试。由于天气或有效载荷相关问题，洛斯马和富勒顿成为 37 个任务延长至少 24 h 的机组中的第一个。STS－3 中给出的原因是地面阵风高于允许值，但实际上当时高空风对于"哥伦比亚号"安全着陆也是不可接受的。航天员们对在太空中多待的额外时间表示欢迎。"这太棒了，"富勒顿说，"我们脱下航天服，然后吃点东西，以我以前没有过的方式，看看世界。事实上，我们直接飞过白沙，机头朝下，我可以看到那里正在发生一场可怕的风暴。看起来它正在前往得克萨斯州，那里看起来很糟糕。"首席航天员约翰·扬在该地点上空进行了天气观测，并报告说条件远远不够，该地点的公共事务区域甚至被吹入了 50 cm 厚的沙子。白沙的设施经理格雷迪·麦克莱特（Grady McCright）说："跑道被风侵蚀了，所以当晚我们让人们驾驶压路机对它进行平整、压实，并准备第二天早上着陆。""直到那天晚上，风都没有停止。"

　　到 30 日黎明，沙尘暴消退，"哥伦比亚号"重新进入大气层，飞往新墨西哥州沙漠。在 3 km 的高度，洛斯马测试了航天飞机的自动着陆能力，NASA 正在考虑将其作为未来执行任务的能力，然后模拟手动控制着陆。起落架的展开将依据空速而不是高度，飞机在距地面只有 30 m 时机轮才开始向下伸出（见图 8 - 15）。然而，他们完成操作的时间比预期的要长，并且只在前起落架触地前几秒钟才被锁定到位。对于地面上的观察者来说，STS - 3 的回归是一个令人心惊胆战的景象，因为"哥伦比亚号"以超过 320 km/h 的速度下降，而它的着陆设备却仍在展开过程中。尽管着陆成功，但该事件导致 NASA 确定未来的任务将使用高度而不是空速作为起落架展开的依据（事实上，随后的航天飞机飞行通常将起落架开启在跑道上方约 75 m 处，同时以不高于 550 km/h 的地速飞行）。结果是，洛斯马在超过跑道入口 1.2 km 处着陆并不得不采用差速制动，以保持航天器靠近中心线。前起落架和主起落架的垂直撞击速度都在飞行规则范围内，但触地比预期的要严重得多，并导致一个轮胎出现类似划痕的擦伤、刹车盘破裂和被滚滚的石膏尘云带来的严重污染（见图 8 - 16）。

图 8 - 15　　"哥伦比亚号"于 1982 年 3 月 30 日在白沙着陆（见彩插）

　　灰尘太细了，以至于它浸入了轨道器并造成了大面积的污染，在它的下一次飞行 STS - 4 以及"哥伦比亚号"剩余的职业生涯中都没能完全解决。"在我飞行了几次后，我仍然能感觉到它。在我的第一次飞行中，当我们进入轨道时，石膏从所有的东西中飘了出

图 8 - 16　主起落架牢牢固定在地面上，"哥伦比亚号"的前起落架接地期间正在退转至起飞状态。
请注意热防护系统的灼烧感和航天飞机轮胎扬起的大量石膏粉尘（见彩插）

来，"博尔登回忆道，"他们以为已经清理了它……但眼前的一切让我怀疑清理是否真的做了！"当溅着石膏的航天飞机向跑道上疾驰而下时，它的前进档还在回位的过程中，机头突然抬起，出乎意料地回到了空中，再次让观察者的心一下子跳到了喉咙里。

就连 NASA 解说员平静的声音里都带着惊讶，因为他倒数着前起落架离地英尺数和机轮上的全部重量："着陆……前起落架……十（英尺）……五……四……三……"，此时机头上扬。他停顿了一下，重复了一遍——"……三……"，然后，当机头猛烈地向下撞击跑道时，"……触地！"

正如富勒顿所说，这种效果看起来是"一种平衡特技"。航天员试图阻止他们认为的可能是前起落架过早着陆的情况。"这指出了飞行软件中的另一个缺陷，"富勒顿说，"操纵杆和升降副翼之间的增益有利于在空中飞行，但当轮子在地面上时就不好了。杰克有点把它栽了下来，但后来回到了水平状态，机头又竖起来了。很多人认为这是一件可怕的事情，但我们改进了软件消除人们的疑虑，同时我们发现了一种敏感性。"STS - 3 还不知不觉地成为最长着陆距离的纪录保持者：近 4 200 m。尽管存在问题，洛斯马和富勒顿在航天飞机投入运行之前发现了问题还是起了很大作用的，STS - 4 机组人员增加了额外的设备并决定使用 60 m 的高度，作为放起落架的依据，而不是空速 500 km/h。关于非正常状态的 STS - 3 着陆的至关重要的一点是，它是成功、安全和具有指导意义的。

博尔登从他有利的视角专注地看着着陆。"一切似乎都很顺利，直到触地前几秒钟，突然我们看到航天飞机有点倾斜，然后有点硬着陆。我们发现，正如杰克·洛斯马所训练的那样，你需要移动操纵杆相当多的量，以脱离自动着陆模式。我们没有意识到这一点。他训练的方式只是用一根杆手动下降。当他这样做时，他脱离了航天飞机上的横滚轴，但他没有脱离俯仰轴，因此计算机在他进行横滚飞行时仍然在控制俯仰。富勒顿刚好抬了一下眉头，他注意到轨道器仍然在俯仰方向上自动驾驶。他告诉了杰克，所以杰克只是稍微拉回了操纵杆，这导致航天飞机倾斜。然后他抓住了它，把它放回原处，他拯救了整架航天飞机。"当维修车辆环绕"哥伦比亚号"时，它一动不动地立在跑道上，用富勒顿的话来说，"被白色石膏包围着"。损坏如此严重，以至于必须增加连接到前机身的清洗装置的水流速度，并关闭后舱的通风门，以防止进一步污染。然而，尽管付出了巨大的努力来去除石膏，但在"哥伦比亚号"的余生中，粉状物质仍然少量存在，隐藏在角落和缝隙中。"它发生的一切看起来都是不真实的，"博尔登感叹道。

8.7　好尴尬

在航天员杰夫·霍夫曼第一次航天飞机任务 STS - 51D 执行完后，航天飞机重新进入大气层，为他提供了一个壮观的视角。1985 年 4 月 19 日上午，他坐在"发现号"的飞行甲板上，目瞪口呆地看着外面燃烧的地狱之火。"你被舷窗周围的红色、橙色、黄色和白热等离子体包围着。在你身后，有着闪烁的波浪，就像摩托艇后面的尾流，但它是炽热的，令人敬畏。"10 min 后，他感觉自己好像骑在霓虹灯管的内部，景象逐渐减弱，霍夫曼逐渐感觉到重力作用的恢复。他在半空中松开一支铅笔，7 天来第一次，他看到它像雪花一样优雅地飘落到驾驶舱地板上。最后，当指挥官卡罗尔·"勃"·鲍勃科和飞行员唐·威廉姆斯准备进行着陆时，佛罗里达州的广阔土地和航天飞机着陆场笔直跑道真实地进入了眼帘。然而，接下来发生的事情就剩下着陆的例行公事了，毫无新意（见图 8 - 17）。

尽管有 4.5 km 长（世界上最长的跑道之一）和 300 m 宽，但航天飞机指挥官杰克·洛斯马曾表示，鉴于不确定的风险和挑战，为了让航天飞机更好地着陆，他更希望航天飞机着陆场的宽度缩减一半，长度变为两倍。航天飞机着陆场由摩擦系数极高的混凝土建造而成，其中心铺装厚度高达 40.6 cm，四周环绕着鳄鱼出没的壕沟。一位航天员开玩笑说，这是一种鼓励航天飞机飞行员留在跑道上的动力（事实上，短吻鳄就生活在这些水域中，并为其他可能想要越过壕沟并到达跑道的动物提供有效的威慑。有时短吻鳄甚至在航天飞机着陆场上晒太阳，因此跑道还得到了"鳄鱼日光浴场"的昵称）。由于从中心线到边缘有 60 cm 的"斜坡"，航天飞机着陆场并不是完全平坦的，这有助于 8 000 个小凹槽排水，每个小凹槽宽和深为 6.3 mm，嵌入到混凝土中。这种凹槽旨在避免湿润环境下航天飞机在跑道上打滑的风险。到 1985 年 4 月 19 日上午，尽管"挑战者号"在 STS - 41G 着陆时由于跑道条件恶劣，主起落架轮胎不断被损坏，但已经有 4 次任务顺利降落在航天飞机着陆场上。

图 8-17　STS-51D 于 1985 年 4 月着陆后，"发现号"破碎的轮胎之一

　　最初的计划要求鲍勃科和威廉姆斯执行航天飞机的第一次自动着陆，机组人员甚至为自己创造了一个自嘲的拉丁格言：Vide，mater，sine minibus（"看，妈妈，不用手！"）。但这将是一项冒险的测试。对于鲍勃科来说，这要求他在再入返回过程关注一个显示性能参数的"盒子"，以便在发生故障时他可以从自动着陆程序切换至有效的手动控制，并完成安全着陆。"问题是，"他后来说，"如何定义自动着陆系统已经偏离了正常工作范围从而进行手动切换，而不是让它发展到我无法接管并安全着陆的地步。"

　　阿诺德·奥尔德里奇回忆说："机组人员非常关注他们可以控制一切，以确保顺利返航。""他们担心的不是自动着陆系统不会使航天飞机正确飞行，而是如果在关键的进场点自动着陆系统出现故障，他们不得不重新手动控制。离开自动着陆并回到手动控制可能出现他们无法处理的事情。"查利·博尔登也同样不高兴，自动着陆居然是在接近着陆时进行测试。"我们开发了用于自动着陆的程序，但他们如何在最后时刻手动接管并继续使航天飞机着陆？"他回忆道，"我们建议这不是一件好事。你正在要求一个曾在太空执行任务的人被这种自动着陆程序取代并安全降落飞行器。航天员身体上的感受，精神上的感受，它们之间的平衡，这一切程序都一无所知。这看起来不是一个高明的主意。"当常识占了上风时，鲍勃科的任务被重新定位着陆到爱德华兹空军基地，在那里降落有更大的灵活性。

但是到了 1985 年 4 月，随着航天飞机任务量的增加和 NASA 热衷于避免每次着陆后航天飞机运输机从加利福尼亚飞到佛罗里达的 750 000 美元成本和浪费一周的处理时间，STS-51D 被要求直接降落在佛罗里达航天飞机着陆场。没有人会考虑让自动着陆对壕沟环绕、鳄鱼出没的航天飞机着陆场进行第一次"真实环境"测试。因此，鲍勃科将手动着陆"发现号"。不幸的是，当航天飞机降落在混凝土上时，遇到了 15 km/h 的侧风，阵风高达 22 km/h。这需要鲍勃科比左侧更用力地调整右手制动操纵杆和方向舵，以在长时间的滑跑期间将轨道器保持在跑道中心线上。这种"差速"制动导致右内侧制动器被锁定，随后不久其外侧制动器也被锁定。坐在驾驶舱右侧的座位上的威廉斯清楚地记得这件事。他说："我们大概减速到了步行的速度，然后是什么东西爆炸的声音，'砰，砰，砰'。""我马上就知道那是什么，轮胎爆了。""无论如何，当时我们都快停下来了，所以没什么大不了的，也不是什么问题。当然，唯一需要担心的是，（因为这个轮胎已经爆胎了）可能会出现一些碎片问题，进而扎坏航天飞机或诱发一些必须撤离的原因。"

8.8　达到了预期效果

在着陆后的紧急情况下撤离轨道器（虽然远不如发射台上的模式 1 撤离那么紧张）对机组人员来说仍然是一个悲惨的情况，尤其是因为有火灾或爆炸的风险。而且，航天飞机仍然处于热轮胎已完全加压、携带大量高挥发性推进剂的状态。航天飞机共有 8 种紧急撤离模式。模式 1-4 涵盖发射前阶段的紧急情况，其中航天员将在自主或在地面人员的支持下离开轨道器。模式 8 规定了航天员在陆地或水上的高空救援和降落伞辅助返回。剩下其他 3 种模式，用于处理在不正常的着陆后如何逃离轨道器。在跑道上的模式 5 撤离中，航天员将在无人帮助的情况下逃生，主要是通过抛弃中层甲板左舷的舱口并展开一个氯丁橡胶涂层尼龙织物充气滑梯，滑梯距离地面有 3 m 的落差。

但是，如果侧舱口以某种方式无法弹开或以其他方式也无法打开，机组人员将通过空中分离控制装置从轨道器疏散。该装置是通过打开轨道器飞行甲板上部的一个窗户来实现的。然而，在着陆后的几分钟内，轨道器驾驶舱顶部的热防护系统瓦片的温度估计会达到 48 ℃，而窗户玻璃的温度可能会达到 87 ℃。这需要航天员非常小心。模式 6 和模式 7 撤离设想了来自地面消防人员、直升机搜救（SAR）部队或跑道上预先部署的救援车队的援助。他们的职责是在发生"事故"导致轨道器从预定着陆点 45 km 范围内的着陆中，将航天员安全救出（见图 8-18）。

如果 STS-51D 的制动卡死和轮胎爆裂发生在更快速度的情况下，或者航天飞机的可操控性严重受损，撞车是一种现实的可能。"这是一个小奇迹，"迈克·马兰在《驾驭火箭》一书中写道，"'发现号'没有遇到方向控制问题……并且冲出跑道"。在轨道器的中层甲板上，霍夫曼从噪声中确信其中一个贮箱爆炸了，而乘员查理·沃克则怀疑他们是否撞到了鳄鱼。沃克回忆说："我们没有再想什么，直到我们出舱。"任务控制中心迅速通知航天员，轮胎爆裂并在跑道上留下了一段距离的碎片痕迹。因此，出于安全原因，他们将

图 8-18　STS-1 之后，爱德华兹空军基地跑道上被维修车辆包围的照片，航天飞机从其职业生涯的
　　　　开始到结束一直是一种试验性的飞行器（见彩插）

不被允许在着陆后对"发现号"进行常规的巡视检查，以免其他轮胎再发生爆炸。这一事件促使航天飞机降落在肯尼迪航天中心航天飞机着陆场上的计划立即取消。STS-51D 着陆 5 天后，NASA 宣布下一个任务——"挑战者号"的 STS-51B 将降落在爱德华兹空军基地。"这一决定将为'挑战者号'的轮胎和制动系统提供更多的安全余量，"据报道，"因为有不受限制的湖床和更光滑的表面，下一次飞行在爱德华兹着陆的决定，将使工程师有更多的时间在完成任务后正常返回肯尼迪航天中心的航天飞机着陆之前，找到合适的纠正措施。"但即使是 STS-51B，也遭受了严重的制动损坏，它的左侧主起落架的内侧转子在触地和滑跑期间被毁坏了。

　　当然，在这个时期内制动减速伞指望不上，因为它的开发是后来几年的事情。"幸运的是，我们当时处于几乎要停下来的状态，因为如果机轮在高速行驶时爆炸，情况可能会严重得多，"霍夫曼在事后反映道，"我认为这再次引起了管理层的注意。他们在安装新制动和固定前轮转向方面开展了更多工作。"在 STS-51D 之后的几个月里，对制动进行了改进，当"挑战者号"于 11 月从 STS-61A 返回时，它成功地试验了一种新的前轮转向能力。在该任务之前，左轮和右轮制动器用于在跑道上引导轨道器，但存在增加磨损和结构损坏可能性的风险。在 STS-61A 上，指挥官汉克·哈茨菲尔德能够踩下左舵踏板或右舵踏板，这表明"挑战者号"的计算机指示液压执行器转动前起落架并将航天飞机精确地引导到中心线。当航天飞机减速到 170 km/h 左右时，他故意偏离中心线几米，然后恢复正常，平稳制动停了下来。"进展非常顺利，"他后来指出，"我没有离中心线很远。"凭借这一成功，预计肯尼迪航天中心着陆场将在 STS-61C 任务中恢复使用，但由于天气恶劣，该任务被转移到爱德华兹空军基地。当"挑战者号"于 1986 年 1 月 28 日升空执行 STS-51L 任务时，这次悲剧的任务原定返回佛罗里达，但哈茨菲尔德并未将一次转向测试视为系统可操控性的证明。无论如何，这是一个有争议的问题，因为在"挑战者号"毁灭后，NASA 在此后的几年里恢复了爱德华兹空军基地作为主要任务结束着陆场的地位。

制动带来的困难并不是什么新鲜事。在 1982 年 11 月的第一次"运营"航天飞机任务 STS-5 中（注：前四次为"试验性"测试），万斯·布兰德在着陆后数秒内对"哥伦比亚号"的最大制动能力进行了测试。由于制动故障，左侧内侧车轮在滑行期间被锁定。"我们完全毁了制动，"布兰德回忆道，"我不得不尽我所能地猛踩它们，这表明我们在任务中进行了大量的飞行测试。虽然这是第一次商业飞行，但我认为我们的目的有一半是飞行测试，那次制动测试只是其中之一。"

跑道上的打滑痕迹、定子破裂和制动盘的严重损坏都很好地证明了着陆机构的损坏。"万斯真的刹车了，踩住了刹车，"布兰德的 STS-5 队员比尔·勒努瓦补充道，"但是我们降落得很好而且很急，然后就离开航天飞机了，一切都结束了。我们走下楼梯，然后雄赳赳气昂昂地离开了！"下一次任务是 1983 年 6 月的 STS-7，返回过程中右侧内侧制动器的 3 个固定片出现裂纹，并从"挑战者号"的一个车轮中传出了颤抖的声音。详细检查显示，它的右侧内侧制动器的两个转子受到了严重的结构性损坏，包括铍散热器和碳衬里。此外，右侧外侧制动器有两个松散的碳垫并丢失了固定垫圈。在所有制动组件中都发现了破裂的固定垫圈，并且发现在以前的航天飞机任务中可能发生过类似的情况，但没有产生不利影响。遗憾的是，之前没有一个被确定地识别出来。很明显，垫圈可能在制造或飞行前组装过程中破裂，结构和热分析证实，飞行和着陆都不会造成损坏。问题还在继续，在 STS-8 上，一个前起落架推进器活塞从飞行器上脱落并最终落在跑道上。1984 年 4 月，"挑战者号"降落时引发了转轴断裂、碳制动片缺口、垫圈缺失，并且被跑道表面的碎片污染。这些问题被描述为"正常"问题，不属于飞行安全问题。尽管如此，正如航天员舍伍德·伍迪·斯普林（Sherwood 'Woody' Spring）曾经说过的那样，在"挑战者号"之前的时代，"几乎每次着陆"都将制动器撕成了碎片。

在 STS-51D 事故之后，人们对跑道表面的质量也提出了严重的担忧。为此，航天飞机着陆场的横向交叉槽在每一端的前 1 000 m 都被磨掉了，以减少对轮胎的摩擦和磨损水平。到 1994 年底，整个表面都被打磨成光滑的纹理，以进一步减少轮胎磨损。鸟类也通过使用烟火、霰弹枪发射的空弹和围绕跑道周边布置的丙烷大炮进行驱离。然而，在后"挑战者号"时代，还有其他几起事件导致了不正常的着陆。1991 年 4 月，由于任务控制中心对高空风的错误播报，STS-37 指挥官史蒂夫·内格尔在距离跑道入口"短"了整整190 m 的地方降落了"亚特兰蒂斯号"。幸运的是，他正在返回爱德华兹广阔的干涸湖床，大多数观察者并没有发现这个错误。但是，如果该任务的目标是肯尼迪航天中心航天飞机着陆场，"亚特兰蒂斯号"将降落在跑道之前铺砌的路上，并且过早着陆的情况将会非常抢眼。

　　"在爱德华兹着陆并不是一个真正的好日子，"内格尔后来说，"有高空风和大风切变。"当他准备让"亚特兰蒂斯号"进行 270°头顶转弯以将它与跑道对齐时，内格尔自己承认，他允许航天飞机偏离转弯，"并没有真正积极地纠正"。轨道器以比平时稍低的速度进入最后抵近，但风切变的存在使它失去了很多空速。"如果我的飞行方式真的很有侵略性，"内格尔继续说道，"真的把它放慢速度并稍微拉长一点，我本来可以回到下滑道上的，但我并没有那么积极。"不到一个月后，在 STS-39 任务中，"发现号"的右侧起落架比左侧起落架早了整整 60 m 撞到跑道，导致它的一个轮胎的外侧"肩部"严重碎裂。

　　随着航天飞机操作的成熟，改进逐渐减轻了困扰制动和轮胎的风险。在 STS-61A 测试之后，改进的前轮转向系统安装在"哥伦比亚号""发现号"和"亚特兰蒂斯号"，这也将是"奋进号"的标配功能（此时"奋进号"尚未建造）。这使得它们在执行任务期间能够安全高速着陆并有效地实现横向控制，即使在大侧风和爆胎的情况下。带有更厚的碳衬里铍定子盘的改进制动器被正式应用，以提高可用的制动能量，并启动了一项开发全碳制动器的研制工作。预计这将通过增加最大能量吸收实现更高的制动能力。碳制动器于1990 年 4 月由"发现号"首次试飞，可承受 1 150 ℃的最高工作温度，远高于前期 950 ℃的能力。较早的制动器在单次任务后必须更换，但碳制动器的设计可支持多达 20 次航天飞机飞行，并且可以支持高达 415 km/h 的着陆速度，比 330 km/h 的时速有了显著提高。直到 2006 年 7 月，当"发现号"使用更大、更光滑的轮胎，以更好地承受更高载荷的STS-121 飞行时，起落架的改进仍处于高度优先地位（见图 8-19）。

　　然而，仅仅 5 年之后，在 2011 年 7 月 21 日黎明前的黑暗中，当"亚特兰蒂斯号"像一只巨大的猛禽一样掠过佛罗里达并最后一次顺利着陆时，人们才终于集体松了一口气。在两起无法形容的可怕且完全可以避免的悲剧中失去了 14 条人命，还有许多其他问题，从上升过程中的碎片脱落到制动和轮胎问题、航天服故障、热防护系统瓦片损坏和防热毯撕裂、有效载荷困难和由于地面上的各种技术和人为问题，航天飞机机队的幸存成员随着STS-135 的安全着陆而有尊严地退役了。

　　保证未来航天员安全的基本经验已经得到了学习。随着 Falcon 9 火箭上的 SpaceX 载人"龙"飞船、Atlas V 火箭上的波音"星际快线"以及 NASA 强大的太空发射系统（SLS）上的"猎户座"深空任务等计划的推进，像航天飞机这样的不对称飞行器是否会再次出现似乎值得怀疑。如果可能的话，几乎可以肯定，它们的中止能力将不包含阻碍航

图 8 - 19　　"发现号"在 2010 年 4 月 STS - 131 返回时展开了它的制动减速伞（见彩插）

天飞机的生存能力"黑区"（即固体助推器工作阶段）。

　　在 2003 年 2 月"哥伦比亚号"失事后的几个月里，经验丰富的航天员斯科特·"道克"·霍罗威茨、约翰·格伦斯菲尔德（John Grunsfeld）和玛莎·艾文斯（Marsha Ivins）参与了对航天飞机故障模式和机组人员从灾难中逃生方案的详细分析，并预测了航天员能活着回到家人和朋友身边的可能性。"基本的认识是我们制造了一型非常复杂的飞行器，"霍罗威茨说，他在 3 次航天飞机任务中担任飞行员并指挥了第 4 个任务。"无论我们多么努力地工作，在一次任务中成功或失败的机会大约是百分之一。"与早期声称风险约为几百分之一的说法相去甚远，这一现实既令人震惊又不足为奇。

　　"而那，"霍罗威茨不无忧伤地说，"已经达到了预期效果。"

参 考 文 献

'Task Groups to Handle Efforts on the Manned Space Station and Space Shuttle. ' NASA Headquarters News Release, 7 May 1969.

'MSC Establishes a Space Station Task Group. ' NASA Manned Spacecraft Center News Release, 14 May 1969.

'Two Aerospace Firms Selected to Undertake 11 - Month Contracts to Design a Reusable Space Shuttle. ' NASA Manned Spacecraft Center News Release, 13 May 1970.

'Phase A Study Contracts with Grumman, Lockheed and Chrysler for Alternate Space Shuttle Concepts. ' NASA Manned Spacecraft Center News Release, 15 June 1970.

'Request for Proposals for the Development of Landing Gear for the Space Shuttle. ' NASA Manned Spacecraft Center News Release, 4 May 1971.

'Request for Proposals for Development of Space Shuttle Thermal Protection System. ' NASA Manned Spacecraft Center News Release, 17 May 1971.

'Advantages and Disadvantages of Using Phased Approach for Developing the Space Shuttle. NASA Headquarters News Release, 16 June 1971.

'Shuttle Preliminary Design Contract Extension. ' NASA Manned Spacecraft Center News Release, 1 July 1971.

'McDonnell Douglas Selected for Contract for Study of Space Shuttle Auxiliary Propulsion System. ' NASA Manned Spacecraft Center News Release, 6 July 1971.

'Selection of Rocketdyne for Space Shuttle Main Engine Contract. ' NASA Headquarters News Release, 13 July 1971.

'Three Contracts Awarded for Development of New Surface Materials for Space Shuttle. ' NASA Manned Spacecraft Center News Release, 14 July 1971.

'Textron and Rocketdyne Awarded Contracts for Auxiliary Propulsion System on Space Shuttle. ' NASA Manned Spacecraft Center News Release, 12 August 1971.

'Space Shuttle Contract Extensions. ' NASA Headquarters News Release, 7 October 1971.

'Nixon/Fletcher Shuttle Statements. ' NASA Manned Spacecraft Center News Release, 5 January 1972.

'Space Shuttle Decisions. ' NASA Manned Spacecraft Center News Release, 15 March 1972.

'NASA Releases Space Shuttle RFP. ' NASA Manned Spacecraft Center News Release, 17 March 1972.

'Space Shuttle Operational Site Selected. ' NASA Manned Spacecraft Center News Release, 14 April 1972.

'Four Companies Submit Proposals for Space Shuttle Program. ' NASA Manned Spacecraft Center News Release, 12 May 1972.

'Shuttle Aircraft Contract. ' NASA Manned Spacecraft Center News Release, 5 July 1972.

'MSC Awards $ 540, 000 Shuttle RCS Contract to Ball Aerospace. ' NASA Manned Spacecraft Center News Release, 10 July 1972.

'Shuttle Contractor Selection. ' NASA Manned Spacecraft Center News Release, 26 July 1972.

'NASA/NR Sign Shuttle Letter Contract. ' NASA Manned Spacecraft Center News Release, 9 August 1972.

'Initial Space Shuttle Hardware Procurement Action Initiated by NR. ' NASA Manned Spacecraft Center News Release, 7 November 1972.

'NASA Signs Definitive Space Shuttle Contract with Rockwell International Corporation. ' NASA Johnson Space Center News Release, 16 April 1973.

'JSC to Remodel Orbiter Reproduction Facility in California. ' NASA Johnson Space Center News Release, 22 June 1973.

'Martin Marietta to Develop Space Shuttle Tank. ' NASA Johnson Space Center News Release, 16 August 1973.

'Space Shuttle Facility Construction to Begin in 1974. ' NASA Johnson Space Center News Release, 23 September 1973.

'Contract Funds Shuttle Orbiter Assembly Site. ' NASA Johnson Space Center News Release, 26 September 1973.

'NASA Awards Shuttle Solid Rocket Motor Contract to Thiokol. ' NASA Johnson Space Center News Release, 20 November 1973.

'Grumman Selected for Shuttle Training Aircraft. ' NASA Johnson Space Center News Release, 13 December 1973.

'747 Selected for Space Shuttle Orbiter Ferry Flights.' NASA Johnson Space Center News Release，17 June 1974.

'NASA to Award SRM Contract to Thiokol.' NASA Johnson Space Center News Release，27 June 1974.

'Initial Space Shuttle Flights to Land at Edwards.' NASA Johnson Space Center News Release，18 October 1974.

'Shuttle Orbiter Wing Delivery.' NASA Johnson Space Center News Release，30 April 1975.

'Canada to Build Shuttle Remote Manipulator.' NASA Johnson Space Center News Release，9 May 1975.

'Space Shuttle Approach and Landing Test Crews Named.' NASA Johnson Space Center News Release，24 February 1976.

'Shuttle Space Suit and Rescue System.' NASA Johnson Space Center News Release，24 March 1976.

'Space Shuttle Landing System Components Delivered to NASA.' NASA Johnson Space Center News Release，18 May 1976.

'Successful Orbiter Heat Shield Test.' NASA Johnson Space Center News Release，21 May 1976.

'Shuttle Training Aircraft Delivery to JSC.' NASA Johnson Space Center News Release，8 June 1976.

'Second of Two Shuttle Training Aircraft Delivered to JSC.' NASA Johnson Space Center News Release，15 September 1976.

'Orbiter Crews Escape System Tested.' NASA Johnson Space Center News Release，11 January 1977.

'NASA Names Astronaut Crews for Early Shuttle Flights.' NASA Johnson Space Center News Release，16 March 1978.

'Shuttle Maneuver Engine Tested at White Sands.' NASA Johnson Space Center News Release，7 September 1978.

'New Mexico Lakebed Airstrip Named as Shuttle Backup Landing Site.' NASA Johnson Space Center News Release，1 March 1979.

'First Shuttle Crew Trains for Parachute Water Landings.' NASA Johnson Space Center News Release，11 April 1980.

'NASA Signs Canadians to Build Shuttle Robot Arm. ' NASA Johnson Space Center News Release, 14 April 1980.

'Shuttle Columbia's Flight Engines to be Retested. ' NASA Johnson Space Center News Release, 1 May 1980.

'Martin Marietta to Build Space Shuttle Orbiter Tile Repair Kits. ' NASA Johnson Space Center News Release, 2 July 1980.

'Space Shuttle to Carry Space Toolbox. ' NASA Johnson Space Center News Release, 14 October 1980.

'Space Shuttle Columbia Requires Only Minor Work Before Final Orbital Test Flight. ' NASA Johnson Space Center News Release, 19 April 1982.

'STS – 5 Space Suit Inquiry. ' NASA Johnson Space Center News Release, 19 November 1982.

'Team Reports on STS – 5 Space Suit Failures. ' NASA Johnson Space Center News Release, 2 December 1982.

'Fifth Crew Member Named to STS – 7 and STS – 8. ' NASA Johnson Space Center News Release, 21 December 1982.

'Inquiry Team Reports on Space Suit Failures. ' Johnson Space Center News Release, 1 February 1983.

'IUS Investigation Board Members Named. ' NASA Johnson Space Center News Release, 7 April 1983.

'51K Crew Announcement. ' NASA Johnson Space Center News Release, 14 February 1984.

'NASA Announces Updated Flight Crew Assignments. ' NASA Johnson Space Center News Release, 3 August 1984.

'NASA Changes 51B Landing Site to Edwards Air Force Base. ' NASA Johnson Space Center News Release, 24 April 1985.

'Space Shuttle Challenger Tapes Being Analysed. ' NASA Johnson Space Center News Release, 17 July 1986.

'NASA Awards Contract for Orbiter Arresting System. ' NASA Johnson Space Center News Release, 2 June 1987.

'Astronaut S. David Griggs Killed in Air Crash. ' NASA Johnson Space Center News Release, 17 June 1989.

'Partial Shuttle Crew Assignments Announced. ' NASA Johnson Space Center News Release，29 June 1989.

'NASA Awards Space Shuttle Orbiter Drag Chute Contract Mod. ' Johnson Space Center News Release，4 January 1991.

'NASA Awards Space Shuttle Orbiter 14 – Inch Disconnect. ' NASA Johnson Space Center News Release，6 February 1991.

'Space Shuttle Discovery's Flight on STS – 39 Delayed，Atlantis on STS – 37 Next Up. ' NASA Johnson Space Center News Release，28 February 1991.

'Astronaut Seddon Injured During Training. ' NASA Johnson Space Center News Release，4 May 1993.

'Astronaut Story Musgrave Injured During Training. ' NASA Johnson Space Center News Release，1 June 1993.

'Super Lightweight External Tank to be used by Shuttle. ' NASA Headquarters News Release，28 February 1994.

'Contract Signed for Glass Cockpit Shuttle Upgrade. ' NASA Johnson Space Center News Release，10 May 1994.

'NASA Receives First New Shuttle Engine. ' *Flight International* ，4 January 1995.

'New Space Shuttle Main Engine Ready for Flight. ' NASA Headquarters News Release，21 March 1995.

'NASA Managers Set Launch Dates for Discovery and Endeavour. ' NASA Johnson Space Center News Release，7 June 1995.

'NASA Delays Launch of Space Shuttle. ' NASA Headquarters News Release，12 July 1996.

'Shuttle Super Lightweight Fuel Tank Completes Test Series. ' NASA Headquarters News Release，18 July 1996.

'Shuttle Super Lightweight Fuel Tank Completes Tests. ' NASA Headquarters News Release，11 September 1996.

'Astronaut Cady Coleman Begins Training as Backup Mission Specialist for STS – 83. ' NASA Johnson Space Center News Release，18 February 1997.

'Rominger to Replace Ashby as STS – 85 Pilot. ' NASA Johnson Space Center News Release，18 March 1997.

'Shuttle's New Lighter, Stronger External Tank Completes Major Pressure Tests. ' NASA Headquarters News Release, 28 March 1997.

'Shuttle Program Reviewing Reflight of STS – 83 Mission. ' NASA Johnson Space Center News Release, 11 April 1997.

'Microgravity Science Laboratory Mission Set for July; Remaining 1997 Shuttle Manifest Adjusted Slightly. ' NASA Headquarters News Release, 25 April 1997.

'New Space Shuttle External Tank Ready to Launch Space Station Era. ' NASA Headquarters News Release, 15 January 1998.

'Sen. Glenn Gets a 'Go' for Space Shuttle Mission. ' NASA Headquarters News Release, 16 January 1998.

'Astronaut Class of 1998 Reports for Duty. ' NASA Johnson Space Center News Release, 19 August 1998.

'Astronaut Crew Assignments Build on Space Station Experience. ' NASA Johnson Space Center News Release, 15 August 2002.

'NASA Announces Backup Commander for STS – 134 Mission. ' NASA Johnson Space Center News Release, 13 January 2011.

'Astronaut Steve Bowen Named to STS – 133 Space Shuttle Crew. ' NASA Johnson Space Center News Release, 19 January 2011.

Abbott, Matthew R. (2009)NASA Johnson Space Center Oral History Project.

Aldrich, Arnold D. (2002)NASA Johnson Space Center Oral History Project.

Allen, Joseph P. (2004)NASA Johnson Space Center Oral History Project.

Blaha, John E. (2004)NASA Johnson Space Center Oral History Project.

Bolden, Charles F. (2004)NASA Johnson Space Center Oral History Project.

Brand, Vance D. (2000)NASA Johnson Space Center Oral History Project.

Brand, Vance D. (2002)NASA Johnson Space Center Oral History Project.

Brandenstein, Daniel C. (1999)NASA Johnson Space Center Oral History Project.

Cleave, Mary L. (2002)NASA Johnson Space Center Oral History Project.

Covey, Richard O. (2006)NASA Johnson Space Center Oral History Project.

Covey, Richard O. (2007)NASA Johnson Space Center Oral History Project.

Creighton, John O. (2004)NASA Johnson Space Center Oral History Project.

Duffy, Brian (2004) NASA Johnson Space Center Oral History Project.

Engle, Joe H. (2004) NASA Johnson Space Center Oral History Project.

Fabian, John M. (2006) NASA Johnson Space Center Oral History Project.

Fullerton, Charles G. (2002) NASA Johnson Space Center Oral History Project.

Garman, John R. (2001) NASA Johnson Space Center Oral History Project.

Gavin, Joseph G. (2003) NASA Johnson Space Center Oral History Project.

Gibson, Robert L. (2016) NASA Johnson Space Center Oral History Project.

Gilbreath, Kenneth B. (2003) NASA Johnson Space Center Oral History Project.

Greene, Jay H. (2004) NASA Johnson Space Center Oral History Project.

Gregory, Frederick D. (2006) NASA Johnson Space Center Oral History Project.

Griffin, Gerald D. (1999) NASA Johnson Space Center Oral History Project.

Hanley, Jeffrey M. (2016) NASA Johnson Space Center Oral History Project.

Hart, Terry J. (2003) NASA Johnson Space Center Oral History Project.

Hauck, Frederick H. (2003) NASA Johnson Space Center Oral History Project.

Hauck, Frederick H. (2004) NASA Johnson Space Center Oral History Project.

Hawley, Steven A. (2002) NASA Johnson Space Center Oral History Project.

Heflin, J. Milton (2017) NASA Johnson Space Center Oral History Project.

Hill, Paul S. (2015) NASA Johnson Space Center Oral History Project.

Hoffman, Jeffrey A. (2009) NASA Johnson Space Center Oral History Project.

Holloway, Thomas W. (2015) NASA Johnson Space Center Oral History Project.

Holt, John D. (2005) NASA Johnson Space Center Oral History Project.

Howell, Jefferson D. (2015) NASA Johnson Space Center Oral History Project.

Hutchinson, Neil B. (2000) NASA Johnson Space Center Oral History Project.

Hutchinson, Neil B. (2004) NASA Johnson Space Center Oral History Project.

Hyle, Charles T. (1999) NASA Johnson Space Center Oral History Project.

Jackson, Bruce G. (2009) NASA Johnson Space Center Oral History Project.

Johnson, Caldwell C. (1999) NASA Johnson Space Center Oral History Project.

Johnson, Gary W. (2010) NASA Johnson Space Center Oral History Project.

Kehlet, Alan B. (2005) NASA Johnson Space Center Oral History Project.

Leestma, David C. (2002) NASA Johnson Space Center Oral History Project.

Lenoir, William B. (2004) NASA Johnson Space Center Oral History Project.

Lind, Don L. (2005) NASA Johnson Space Center Oral History Project.

Lounge, John M. (2008) NASA Johnson Space Center Oral History Project.

McBarron, James W. (2000) NASA Johnson Space Center Oral History Project.

McCright, Grady E. (2000) NASA Johnson Space Center Oral History Project.

Nagel, Steven R. (2002) NASA Johnson Space Center Oral History Project.

Nelson, George D. (2004) NASA Johnson Space Center Oral History Project.

O'Connor, Bryan D. (2006) NASA Johnson Space Center Oral History Project.

Peterson, Donald H. (2002) NASA Johnson Space Center Oral History Project.

Pohl, Henry O. (1999) NASA Johnson Space Center Oral History Project.

Richards, Richard N. (2006) NASA Johnson Space Center Oral History Project.

Ride, Sally K. (2002) NASA Johnson Space Center Oral History Project.

Ross, Jerry L. (2003) NASA Johnson Space Center Oral History Project.

Ross, Jerry L. (2004) NASA Johnson Space Center Oral History Project.

Seddon, Margaret R. (2010) NASA Johnson Space Center Oral History Project.

Seddon, Margaret R. (2011) NASA Johnson Space Center Oral History Project.

Shaw, Brewster H. (2002) NASA Johnson Space Center Oral History Project.

Shelley, Carl B. (2001) NASA Johnson Space Center Oral History Project.

Shriver, Loren J. (2002) NASA Johnson Space Center Oral History Project.

Silveira, Milton A. (2006) NASA Johnson Space Center Oral History Project.

Smith, Emery E. (2006) NASA Johnson Space Center Oral History Project.

Stevenson, Robert E. (1999) NASA Johnson Space Center Oral History Project.

Stewart, Troy M. (1998) NASA Johnson Space Center Oral History Project.

Stone, Brock R. (2006) NASA Johnson Space Center Oral History Project.

Sullivan, Kathryn D. (2007) NASA Johnson Space Center Oral History Project.

Sullivan, Kathryn D. (2008) NASA Johnson Space Center Oral History Project.

Templin, Kevin C. (2012)NASA Johnson Space Center Oral History Project.

Thompson, Robert F. (2000)NASA Johnson Space Center Oral History Project.

Van Hoften, James D. A. (2007)NASA Johnson Space Center Oral History Project.

Vaughan, Chester A. (1999)NASA Johnson Space Center Oral History Project.

Walker, Charles D. (2004)NASA Johnson Space Center Oral History Project.

Walker, Charles D. (2005)NASA Johnson Space Center Oral History Project.

Walker, Charles D. (2006)NASA Johnson Space Center Oral History Project.

Weitz, Paul J. (2000)NASA Johnson Space Center Oral History Project.

Whittle, David W. (2006)NASA Johnson Space Center Oral History Project.

Williams, Donald E. (2002)NASA Johnson Space Center Oral History Project.

Wren, Robert J. (2007)NASA Johnson Space Center Oral History Project.

Burrough, Bryan (1998)Dragonfly: NASA and the Crisis Aboard Mir. London: Fourth Estate.

Cabbage, Michael and Harwood, William (2004)Comm Check. New York: Free Press.

Cooper, Henry S. F., Jr. (1987)Before Liftoff. Baltimore, Maryland: The Johns Hopkins University Press.

Evans, Ben (2005)Space Shuttle Columbia. Chichester: Praxis.

Evans, Ben (2011)At Home in Space. Chichester: Praxis.

Evans, Ben (2012)Tragedy and Triumph in Orbit. Chichester: Praxis.

Evans, Ben (2013)Partnership in Space. Chichester: Praxis.

Evans, Ben (2014)The Twenty-First Century in Space. Chichester: Praxis.

Galison, P. and Roland, A. (2013)Atmospheric Flight in the Twentieth Century. Berlin: Springer Science and Business Media.

Glenn, John, with Taylor, Nick (1999)John Glenn: A Memoir. New York: Bantam Books.

Heppenheimer, T. A. (1999)The Space Shuttle Decision: NASA's Search for a Reusable Space.

Vehicle. Washington D.C.: NASA History Office, Office of Policy and Plans.

Hilmers, David, with Houston, Rick (2013)Man on a Mission. Grand Rapids, Michigan:

Zonderkidz.

Husband, Evelyn, with Vanliere, Donna (2003) High Calling. Nashville: Thomas Nelson, Inc. .

Jenkins, Dennis R. (2001) Space Shuttle: The History of the National Space Transportation System. Hinckley: Midland Publishing.

Jones, Tom (2006) Sky Walking. New York: Harper Collins Publishers.

Kelly, Scott J. (2017) Endurance. London: Penguin Random House.

Lenehan, Anne E. (2004) Story: The Way of Water. New South Wales, Australia: The Communications Agency.

Linenger, Jerry M. (2000) Off the Planet. New York: McGraw – Hill.

Massimino, Mike (2016) Spaceman. London: Simon & Schuster.

Melvin, Leland (2017) Chasing Space. New York: Amistad.

Morgan, Clay (2001) Shuttle – Mir: The United States and Russia Share History's Highest Stage. Houston, Texas: NASA History Series.

Mullane, Mike (2006) Riding Rockets. New York: Scribner.

Nelson, Bill with Buckingham, Jamie (1988) Mission. San Diego: Harcourt Brace Jovanovich.

Portree, David S. F. and Trevino, Robert C. (1997) Walking to Olympus: An EVA Chronology.

NASA Johnson Space Center: NASA History Series.

Reichhardt, Tony (2001) Space Shuttle: The First 20 Years. Washington, D. C. : Smithsonian Institution.

Young, John W. with Hansen, James R. (2012) Forever Young. Gainesville, Florida: University Press of Florida.

关于作者

本·埃万斯（Ben Evans）是一位英国作家，他对人类太空探索的兴趣可以追溯到他记忆的深处。1992 年 3 月，他为英国行星际学会的《太空飞行》杂志撰写了他的第一篇文章，并为《天文学》《BBC 夜空》《现在的天文学》《关于太空的一切》和《倒计时》做出了贡献。自 2003 年以来，他为 Springer - Praxis 撰写了 9 本书。除了本书之外，还有《旅行者号外太阳系任务概览》《哥伦比亚号和挑战者号的职业生涯》以及六卷本的《人类太空探索史》。该系列的第一卷《逃离地球的束缚》入围 M. Emme 航天文学奖。自 2012 年以来，他为 AmericaSpace.com 撰写太空新闻和历史故事。

后　记

行文至此，《航天飞机——三十年的挑战》一书的全部内容便已向读者们展现完毕，无论您是航天工程技术人员，从事航天项目研究的管理人员，相关专业学习和深造的高校学生，抑或是普通航天爱好者，相信一定会被书中的人物、故事，尤其是那架迷人的、"蝴蝶"一般展翅而起、急速飞驰的载人飞行器所深深吸引。那些扣人心弦的紧张环节，惊心动魄的精彩瞬间，飞行成功的巨大喜悦，遭遇挫折的痛彻心扉，困难面前的永不妥协，黯然离场的无限惆怅，无不牵动着大家的心，也同样冲击着译制团队。

作为同行，我们既对 NASA 及航天飞行研制和运行团队的实力和毅力深怀感佩，也对他们所经历的起起伏伏感同身受。运载火箭，作为当前人类摆脱地球引力束缚的唯一工具，它的诞生注定了要在追求极限的道路上一直奔跑。当一架飞行器既要承担可靠进入空间的使命、又要负责将航天员安全带回地面时，它所面临的挑战绝不是简单的加成，而是一次重生和飞跃。时至今日，航天飞机机队已经淡出公众视线 11 年了，但每当捧起此书，似乎主发动机那震耳欲聋的轰鸣和固体助推器的耀眼白光又再次刺破了时空，与我们相遇，瞬间的恍惚感牵扯着无限思绪，久久不能平息。

人始终是最重要的。航天飞机是一架载人飞行器，同样也由人设计、建造、运行和完善。30 年里，轻质环保的材料增强了性能，先进丰富的工具提升了效率，日新月异的技术拓展了能力，但这都无法取代它的每一步前行中，人所发挥的决定性的作用。立项之初，NASA 与美国空军的性能指标之争差点葬送了它的初生。同样也是为了运载能力，不得不让航天员的逃逸窗口和支持设施一次次收窄和减配。每一个参数的判读和决策，每一道口令的协调和发出，每一项动作的执行和判断，都决定了航天飞机能否如期起飞，能否平安通过 2 分钟的"黑区"，能否顺利返回。执念推动着重复使用从概念走向应用，毅力帮助团队无数次化险为夷，勇气支撑航天员们一次次选择告别家人和伙伴、登上悬梯、冲入云霄。同时，无情的政治攻讦让优秀的承包商含冤受屈，长期的固有偏见将无辜的人员和产品推向风口浪尖，龌龊的私利之心和傲慢的自以为是时常战胜理性而左右着飞行产品的命运。对问题的视而不见、对数据的心怀侥幸、对可靠性的盲目自信最终导致了两次悲剧的发生，14 条生命消失在了他们所热爱和为之奋斗的深邃天空之中。135 次飞行后，曾与机队并肩作战的人们最终宣布了任务的终结，这是一个时代的结束，也预示着另一个时代的开启。

改进永无止境。系统工程中有一句老话，"Better is the enemy of good（更好是好的敌人）"，理性而又无情地提醒着人们对改进需要慎之又慎。但每一位航天飞机工程师、管理者都没有因为惧怕而停止改进的步伐，这源于摆脱地球引力的使命赋予了它对性能的极限追求，改进已成天然属性。从轨道器、外挂贮箱、主发动机（SSME）、固体助推器、移动发射平台，到航天服、计算机、控制器、成像显示仪；从绝热材料、密封圈、刹车片、捆绑连杆、传感器，到粘接工艺、焊缝数量、排水沟槽、照明大灯、飞行程序；改变无处不在，改变无时无刻不在进行。"试验飞行器"是航天飞机最真实的写照，为了满足指标要求得改，为了解决故障问题得改，为了更安全更可靠得改，有些改动是小打小闹，有些改动则伤筋动骨，边飞边改，边改边飞。有些意外发生后，最令人懊悔的是为什么当初没有下定决心提早改！例如密封圈和绝热层，也许本可以挽救"挑战者号"和"哥伦比亚号"。历史没有如果，改进也从不随意。每一项改进在飞行前都开展充分的测试，"以飞行的状态测试，以测试的状态飞行"。航天飞机三十年的飞行和改进实践在航天运输领域沉淀了一大批技术、准则、经验类成果，并牵引了材料科学、空气动力学、机械制造、仿真技术、试验技术的飞跃，加之 NASA 的慷慨分享，全人类都为之受益，本书也属其中之一。

　　千头万绪，感慨唏嘘，汇集成文，是为后记。

译者
2022 年 8 月

图 1-1　图中显示了非同寻常的"蝴蝶和子弹"构型的"哥伦比亚号"航天飞机、移动发射平台以及
转运装置于 1980 年 12 月 29 日转运到 39A 发射台。清晰可见的是白色涂装的外挂贮箱和两个
固体助推器（P2）

图 1 - 3　航天飞机最终的构型采用"平行燃烧"布局，具有 3 台主发动机（参考 STS - 51 的点火程序）和 2 枚固体助推器，在发射台上同时点火并验证健康状态（P7）

图 1 - 5　从 1971 年 6 月起，航天飞机的 3 台主发动机的推进剂被移出轨道器并进入外挂贮箱（喷涂"铁锈"般的颜色），并被安装在两枚固体助推器（SRBs）上，上述这一操作在垂直总装大楼进行（P10）

图 1-6　外挂贮箱和两枚固体助推器（SRBs）。图中显示的是在 2002 年早些时候，STS-110
飞行机组正站在他们的"座驾"前合影。固体助推器和外挂贮箱的连接点清晰可见（P12）

图 1-9　安装在鼻锥上的前向反作用控制系统（FRCS）在飞行前进行测试。喷管出口用红色盖子固定。
图中中部偏右的是碳纤维增强轨道器（RCC）鼻锥罩（P19）

图 3-2　美国东部时间早上 7 点，"哥伦比亚号"首次从 39A 发射台升起（P58）

图 3-5　1981 年 4 月至 1982 年 7 月，"哥伦比亚号"的前 4 队机组人员穿着 S1030A 型弹射逃生服（EES）（P65）

图 3-6 1993 年 8 月，STS-51 指挥官弗兰克·卡伯特森（Frank Culbertson）（前）和
飞行员比尔·雷迪（Bill Readdy）（后）身着 S1032 型发射和再入服（LES）（P66）

图 3-11　1984 年 6 月 26 日，"发现号"的 3 台主发动机在升空前的最后几秒关闭后，
烟雾从 39A 发射台飘离（P78）

图 3-12　在 STS-41D 发射中止后，"发现号"的机尾襟翼上有明显的灼烧痕迹。左侧可以看到航天飞机
的发动机之一，背景是橙色的外挂贮箱和一个白色固体助推器（P80）

图 3-14　在 2011 年 5 月 STS-134 发射前，沿着轨道器接入臂的长度向 "奋进号" 侧舱口看过去的壮观视角（P86）

图 4 - 2　2000 年 2 月 STS - 99 发射前外贮箱最下方的液氢贮箱上结霜明显，上面的是液氧贮箱，请注意顶部的氧气通风罩（通俗地称为"便帽"）（P95）

图 4-3　通径 43 cm 的连接解锁装置将推进剂从左侧的外挂贮箱输送到轨道器的腹部，
并从那里输送到 3 台主发动机的燃烧室（P96）

图 4 - 8   201 年 7 月，执行最后一次航天飞机任务 STS - 135 之前，发射台上"亚特兰蒂斯号"令人
印象深刻的视图（P107）

图 5 - 4   1986 年 1 月 28 日"挑战者号"升空几毫秒，右侧固体助推器的后段冒出灰色烟雾（右下方）（P117）

图 6 - 4　在这张 STS-1 照片中可以清楚地看到"哥伦比亚号"轨道机动系统吊舱上缺失的瓦片（P138）

图 6 - 5　在 1982 年 11 月的 STS-5 着陆后的这张照片可以看到"哥伦比亚号"上的斑点和表面
热防护系统损坏（P139）

左侧机翼前缘
上方的碎片

图 6-6　STS-107 发射 81 s 时，一大块碎片从外挂贮箱连杆斜坡上掉落，并朝"哥伦比亚号"的
左机翼飞去（P143）

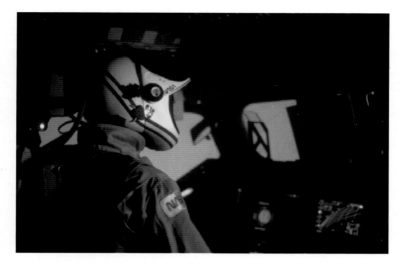

图 6 - 7　1984 年 10 月"挑战者号"从太空降落时，STS - 41G 飞行指挥官鲍勃·克里平注视着他的
显示器。请注意航天飞机窗户外的电离等离子体呈浅橙色（P145）

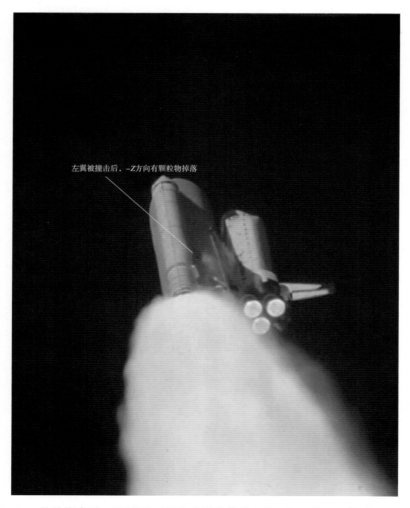

左翼被撞击后，-Z方向有颗粒物掉落

图 6 - 10　泡沫撞击后，"哥伦比亚号"左翼前缘的 8 号面板上落下一簇颗粒（P152）

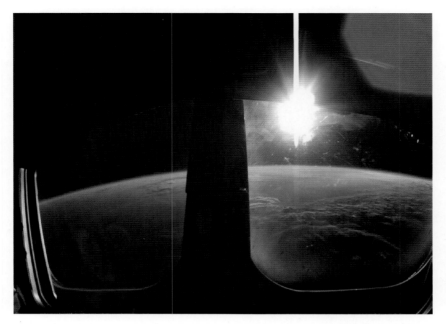

图 6-13　在 STS-107 期间，透过"哥伦比亚号"驾驶舱的窗户看到的地球美丽景色（P156）

图 7-1　乔·艾伦（右）和戴尔·加德纳在 1984 年 11 月成功完成 STS-51A 任务后，在 Palapa-B2
通信卫星和 Westar-VI 卫星上展示了"待售"的标牌。这个高调的救援任务虽然壮观，
但却助长了宣扬航天飞机是一种可运营的飞行器的神话（P165）

图 7-5　乔治·"皮克尼"·尼尔森（右）和詹姆斯·"奥克斯"·范·霍夫坦
在 1984 年 4 月 STS-41C 任务期间修复 Solar Max（P177）

图 7 - 8　航天员吉姆·达顿（Jim Dutton）展示了 STS-131 航天飞机尾部飞行甲板的狭小。
请注意图片右侧的指挥官和飞行员座位，以及左侧尾部飞行甲板窗户（P182）

图 7 - 9　STS-75 号航天员（左起）富兰克林·昌·迪亚兹（Franklin Chang - Diaz）、杰夫·霍夫曼和
克劳德·尼克里埃尔（Claude Nicollier）在"哥伦比亚号"上的睡眠站里吃早餐（P183）

图 8 - 6   1981 年 4 月 14 日，当"哥伦比亚号"航天飞机安全返回时，任务控制中心松了一口气（P196）

图 8 - 7   "哥伦比亚号"于 1981 年 4 月 14 日在爱德华兹着陆（P197）

图 8-15 "哥伦比亚号"于 1982 年 3 月 30 日在白沙着陆 (P215)

图 8-16 主起落架牢牢固定在地面上,"哥伦比亚号"的前起落架接地期间正在退转至起飞状态。
请注意热防护系统的灼烧感和航天飞机轮胎扬起的大量石膏粉尘 (P216)

图 8 - 18 STS - 1 之后，爱德华兹空军基地跑道上被维修车辆包围的照片，航天飞机从其职业生涯的
开始到结束一直是一种试验性的飞行器（P220）

图 8 - 19 "发现号" 在 2010 年 4 月 STS - 131 返回时展开了它的制动减速伞（P223）